碳产业链丛书

二氧化碳捕集和资源化利用技术进展

周 理　林青瑾　陈赓良　孙晓艳　王宏莉　陈正华　谢 羽 ◎ 编著

石油工业出版社

内容提要

本书根据国内外发表的文献资料，结合中国石油西南油气田公司天然气研究院从事气体脱碳工艺、溶剂吸收法回收二氧化碳及物理分离方法回收二氧化碳等有关技术开发的成果与经验，系统介绍了碳中和背景下二氧化碳捕集和资源化利用的技术进展。

本书可供从事气体净化和新能源技术开发的工程技术人员阅读、参考，也可作为石油高等院校、高职高专院校相关专业师生的参考用书。

图书在版编目（CIP）数据

二氧化碳捕集和资源化利用技术进展 / 周理，林青瑾，陈赓良等编著. -- 北京：石油工业出版社，2024.10.
ISBN 978-7-5183-6750-4

Ⅰ. X701.7

中国国家版本馆 CIP 数据核字第 2024W6K204 号

出版发行：石油工业出版社
　　　　　（北京安定门外安华里 2 区 1 号楼　100011）
　　　　　网　　址：www.petropub.com
　　　　　编辑部：（010）64523561　　图书营销中心：（010）64523633
经　　销：全国新华书店
印　　刷：北京九州迅驰传媒文化有限公司

2024 年 10 月第 1 版　2024 年 10 月第 1 次印刷
787 毫米 × 1092 毫米　开本：1/16　印张：11.75
字数：300 千字

定价：128.00 元
（如出现印装质量问题，我社图书营销中心负责调换）
版权所有，翻印必究

前言

2020年9月22日，国家主席习近平在第75届联合国大会一般性辩论上发表重要讲话，指出中国将提高国家自主贡献力度，采取更加有力的政策和措施，二氧化碳排放力争于2030年前达到峰值，努力争取2060年前实现碳中和。

在实现"双碳"目标的过程中，气体脱碳工艺及其在碳捕集利用与封存（CCUS，Carbon Capture，Utilization and Storage）技术的二氧化碳捕集环节占据重要地位。而且作为第一代碳捕集技术用的化学溶剂吸收法早已实现工业规模化应用。但总体而言，已经投入工业应用的4种气体脱碳工艺都存在能耗、净化度、腐蚀性等一系列技术、经济问题，故开发全新的、高科技型的气体脱碳工艺正是新一代CCUS工艺的关键技术之一。

CCUS是一项针对温室气体的减排技术，能够大幅减少化石燃料使用过程中的温室气体排放，它涵盖二氧化碳捕集、运输、利用与封存4个环节。捕集阶段目前主要涵盖3种技术：（1）燃烧后捕集，主要应用于燃煤锅炉及燃气轮机发电设施；（2）燃烧前捕集，需要搭配整体煤气化联合循环发电技术（IGCC），投资成本较高，一般用于新建发电厂；（3）富氧燃烧，通过制氧技术获取高浓度氧气，实现烟气再循环。

随着中国"双碳"目标任务的不断推进，大力发展CCUS技术不仅是未来减少二氧化碳排放的主要措施之一，也是构建生态文明和实现可持续发展的重要手段。根据工程技术手段的不同，二氧化碳利用可分为地质利用、化工利用和生物利用等。其中，二氧化碳地质利用是将二氧化碳注入地下，进而实现提高油气采收率、促进资源开采（如开采地热、深部咸水或卤水、铀矿等多种类型资源）的过程。二氧化碳捕集利用与封存—提高原油采收率（CCUS-EOR）技术的核心是在二氧化碳捕集封存的同时，强化石油开采。据估计，全球陆上二氧化碳理论封存容量为$6\times10^{12}\sim42\times10^{12}$t，海底理论封存容量为$2\times10^{12}\sim13\times10^{12}$t。在所有封存类型中，深部咸水层封存容量占比约98%，是较为理想的适合二氧化碳封存的早期地质场所。

发达国家的经验表明，必须在能源需求增长的过程中实现去碳化转型。目前绝大部分发达国家人均用能都已进入了峰值，并维持平稳增长或开始下降。但中国人均用能和人均国内生产总值（GDP）在今后的一段时间内仍均处于快速增长阶段，人均GDP从1990年的318美元（现价）增加到2021年的12556美元（现价），人均用能相应地从0.86吨标准煤（tce）增加至3.7tce。

加之，中国能源结构长期以煤为主的现实国情，使得中国实现"双碳"目标相当困难。综合目前国内能源结构现状及能源低碳发展需求分析，现阶段大力发展可再生能源对"双碳"目标的实现具有重要意义。

限于编著者的水平，本书不足之处在所难免，祈请广大读者不吝赐教。

目 录

第一章 绪论 … 1
第一节 二氧化碳排放与温室效应 … 1
第二节 治理温室效应的有关国际会议 … 4
第三节 治理大气温室效应的技术对策 … 7
第四节 能源转型期天然气产业的发展前景 … 12
参考文献 … 14

第二章 气体脱碳工艺技术基础 … 15
第一节 二氧化碳的物理性质 … 15
第二节 二氧化碳的化学性质 … 21
第三节 脱碳装置的工艺核算 … 23
第四节 新型脱碳分离技术 … 28
参考文献 … 29

第三章 溶剂吸收法回收二氧化碳 … 30
第一节 热钾碱法 … 31
第二节 醇胺法 … 33
第三节 物理溶剂吸收法 … 37
第四节 工业上常用的几种脱碳工艺 … 41
第五节 以MDEA为基础的配方型溶剂 … 60
参考文献 … 67

第四章 物理方法回收二氧化碳 … 68
第一节 膜分离法回收二氧化碳 … 68
第二节 变压吸附法回收二氧化碳 … 90

第三节　低温分离法回收二氧化碳 ················· 93
　　第四节　离子液体支撑液膜分离二氧化碳 ············· 98
　　参考文献 ································· 108

第五章　中国 CCUS 技术发展思路 ················· 109
　　第一节　CCUS 的技术内涵 ····················· 110
　　第二节　CCUS 技术发展路线研究 ················· 117
　　第三节　CCUS 技术的应用及其技术经济分析 ·········· 124
　　第四节　"双碳"目标下 CCUS 的减排需求与潜力 ······· 129
　　第五节　CCUS-EOR 技术示例 ··················· 138
　　参考文献 ································· 143

第六章　可再生能源利用现状与发展趋势 ·············· 145
　　第一节　工业发展与能源转型 ···················· 145
　　第二节　中国可再生能源利用现状与发展趋势 ·········· 150
　　第三节　中国生物质能源开发利用现状与发展前景 ······· 156
　　第四节　中国油气行业面临的挑战与机遇 ············· 161
　　第五节　可再生能源制生物天然气 ················· 164
　　第六节　氢能的开发与利用 ····················· 173
　　参考文献 ································· 181

第一章 绪 论

第一节 二氧化碳排放与温室效应

一、自然界的碳循环

碳循环是碳元素通过大气圈、生物圈、土壤圈、岩石圈和水圈的变化和传递的总过程。陆地生态系统与全球碳循环如图 1-1 所示。碳在生物圈中的存在形式主要为有机碳（OC）；碳在水圈中的存在形式为溶解的无机碳（DIC）、溶解的有机碳（DOC）、沉淀的有机碳（POC）以及碳在岩石圈中的存在形式化石燃料和碳酸盐；碳在土壤圈中的存在形式为活生物和死生物；碳在大气圈中的存在形式主要为二氧化碳（CO_2）和甲烷（CH_4）等[1]。

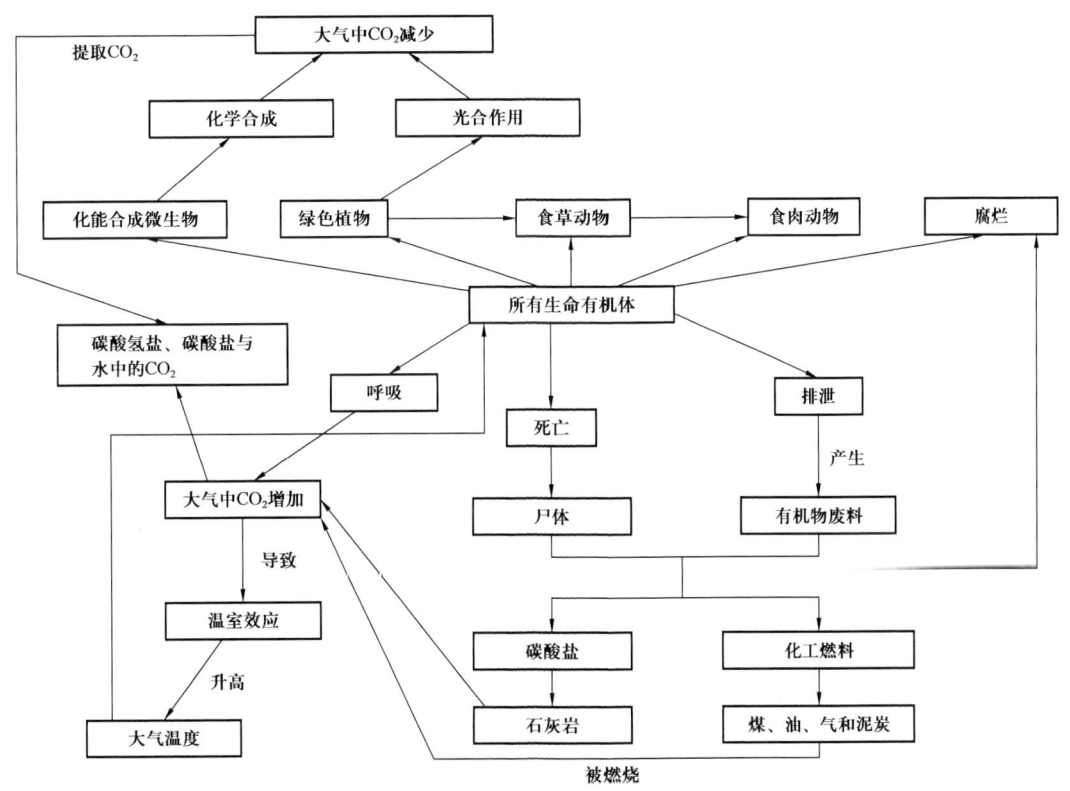

图 1-1 陆地生态系统与全球碳循环示意图

碳是构成生物原生质的基本元素，虽然它在自然界中的蕴藏量极为丰富，但绿色植物能够直接利用的仅仅限于空气中的二氧化碳。生物圈中的碳循环主要表现为绿色植物从空气中吸收二氧化碳，经光合作用转化为葡萄糖，并释放出氧气。碳的生物地球化学循环为大气中氧的产生提供了必要条件。在这个过程中也少不了水的参与。有机体再利用葡萄糖合成其他有机化合物。碳水化合物经食物链传递，又成为动物和细菌等其他生物体的一部分。生物体内的碳水化合物一部分作为有机体代谢的能源经呼吸作用被氧化为二氧化碳和水，并释放出其中储存的能量。借助于这个碳循环，大气中的二氧化碳大约20年就完全更新一次。

在生态系统中，物质从物理环境开始，经生产者、消费者和分解者，又回到物理环境，完成一个由简单无机物到各种高能有机化合物，最终又还原为简单无机物的生态循环。通过该循环，生物得以生存和繁衍，物理环境得到更新并变得越来越适合生物生存的需要。在这个物质的生态循环过程中，太阳能以化学能的形式被固定在有机物中，供食物链上的各级生物利用。可以说数亿万年以来，地球上的碳的传递和循环基本上处于一个平稳顺当的状态，碳的积累更多是通过森林、化石燃料、碳酸盐岩石、海底碳沉积等固化方式予以储存。大气中的碳（CO_2）基本处于一个稳定的状态，但自工业革命开始则改变了这样的状态。

二、二氧化碳排放与全球气候变暖的关系

从格陵兰和南极大陆采集的极冰冰芯中的气泡化石为人类提供了远古时期大气的化学组成样本。这些样本显示，在距今10000年到250年间，大气中二氧化碳的体积分数非常稳定，基本上维持在$260×10^{-6}$~$280×10^{-6}$之间。在过去的250年中，二氧化碳体积分数增加到了$370×10^{-6}$，其中大部分增长出现在最近几十年。在此期间，除去大气中的二氧化碳体积分数增加了31%，过去10000年中相当稳定的甲烷（CH_4）和氧化亚氮（N_2O）❶的体积分数也分别增长了151%和17%。图1-2示出了1000~2000年间二氧化碳、甲烷和氧化亚氮这三种温室气体在大气中的体积分数变化情况。这些结果表明，在工业化前，自然碳循环处于很好的平衡态，而伴随着工业化革命，大气中的温室气体大量增加。

由于大气中温室气体浓度的增加，地球表面温度自工业革命以来，几乎呈指数型增加。图1-3示出了1860—2000年间和1000—2000年间地球表面的温度变化的模拟情况。从图1-3中可以看出，从1961年到1990年地球表面平均温度骤升。诸多因素清楚地表明，人类活动是温室气体浓度增加的主要原因。其中由二氧化碳（CO_2）引起的温室效应增加占目前温室效应增加的2/3。有确切的证据表明，这些增长主要源自交通、取暖、发电等人类活动中化石燃料的燃烧。

三、温室效应及其影响[2]

近几十年的观测研究表明，大气中的温室气体浓度正在不断增加，其中二氧化碳在大气中的浓度由工业化前的$280×10^{-6}$（体积分数）上升至2004年的$379×10^{-6}$（体积分数）。

---

❶ 氧化亚氮（N_2O）又称一氧化二氮，俗称笑气。

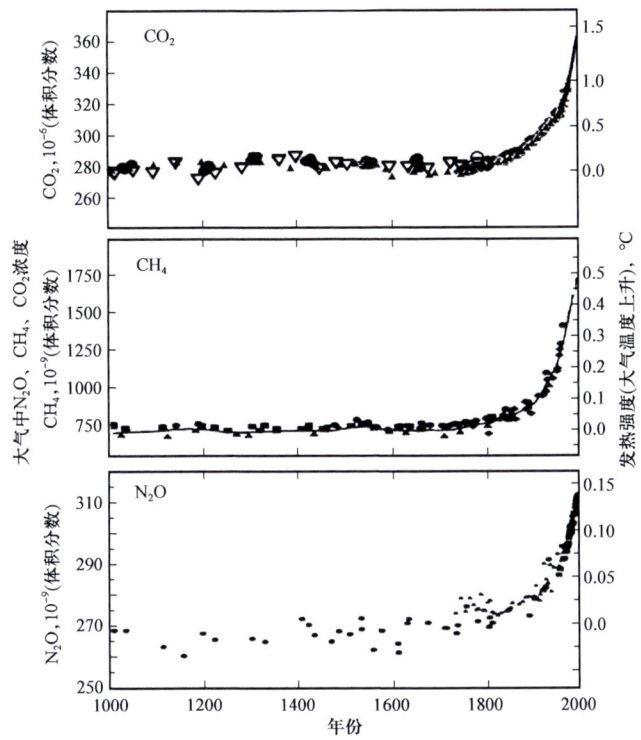

图 1-2 过去1000年间地球大气中温室气体的体积分数变化

近一个多世纪以来，全球大气中二氧化碳浓度增长率大约为每年0.4%。因此，1997年12月于日本京都召开的《联合国气候变化框架公约》缔约方第三次会议上通过了旨在限制发达国家温室气体排放量以抑制全球变暖的《京都议定书》。《京都议定书》规定，到2010年，所有发达国家二氧化碳等6种温室气体的排放量，要比1990年减少5.2%。2009年12月192个国家的环境部长和其他官员们在丹麦首都哥本哈根召开联合国气候会议，商讨了《京都议定书》一期承诺到期后的后续方案，就未来应对气候变化的全球行动签署了新的协议。

温室效应是由于大气环境中温室气体（主要是二氧化碳、甲烷等）含量增大而形成的。近几十年来，由于人口剧增，工业迅猛发展，呼吸产生的二氧化碳及煤炭、石

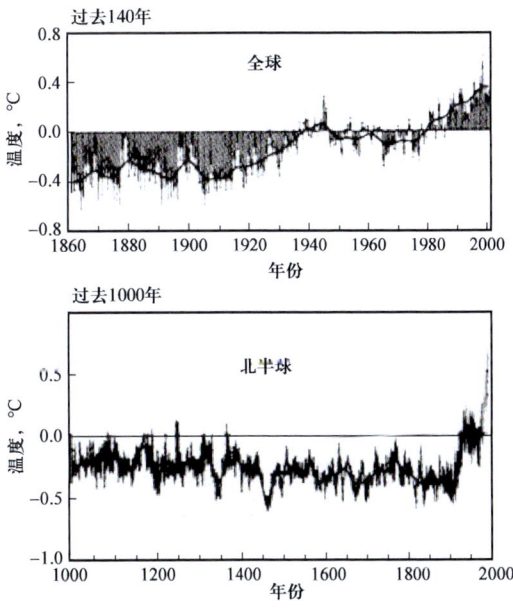

图 1-3 过去140年和1000年地球表面温度变化情况

- 3 -

油、天然气燃烧产生的二氧化碳，远远超过了以往的水平。另外，由于对森林乱砍滥伐，大量农田建成城市和工厂，破坏了植被，减少了将二氧化碳转化为有机物的条件；再加上地表水域逐渐缩小，降水量大大降低，减少了吸收溶解二氧化碳的条件，破坏了二氧化碳生成与转化的动态平衡。

大气中二氧化碳（CO_2）浓度增加不仅使全球变暖，还造成了全球大气环流调整和气候带向极地扩展。中国北方在内的中纬度地区降水量减少；加上升温使蒸发量加大，故气候存在趋干旱化。大气环流的调整，除了中纬度干旱化之外，还可能造成世界其他地区气候异常和灾害。气温升高还会引起和加剧传染病流行等。温室效应是当今世界公认的环境危机，减少温室气体排放以改善全球环境，需要每一个国家提高自主贡献的力度。

温室气体分子在其产生后能在大气中存留很长时间。例如，二氧化碳的寿命可达200年左右，氧化亚氮也可达150年左右。所谓的全球变暖潜能值（GWP）是各种温室气体与二氧化碳的变暖效果相比较而计算出来的。二氧化碳的GWP被定义为1，温室气体的GWP值愈高则对温室效应的贡献愈大。由此可见，GWP表示的是某种温室气体一段时间内的平均强度，这个时间段则从数十年到数百年不等。表1-1是联合国政府间气候变化专门委员会（IPCC）在2007年的一份报告中公布的6种主要温室气体的全球变暖潜能值。

表1-1 各种温室气体的全球变暖潜能值

温室气体类型	大气中寿命，a	全球变暖潜能值		
		20a	100a	500a
甲烷（CH_4）	12	72	25	7.6
氧化亚氮（N_2O）	114	289	298	153
氟里昂（CFC-12）	100	11000	10900	5200
碳氟化合物（HFC-134a）	14	3830	1430	435
六氟化硫（SF_6）	3200	16300	22800	32600
四氟甲烷（CF_4）	50000	5210	7390	11200

第二节 治理温室效应的有关国际会议

温室效应是生态危机与环境问题，但也是关乎发展模式的抉择；国际社会已经日益认识到实现低碳、可持续发展是应对气候变化的内在要求。自1988年至今，气候变化谈判已历经30余年，国际社会先后制定《联合国气候变化框架公约》《京都议定书》《巴黎协定》等重要文件，为全球合作应对气候变化和实现低碳发展提供了基本的政治框架和法律制度。同时，有关国家和地区也形成了独具特色的低碳发展模式和气候治理法规制度建构。作为对这些实践经验的科学化、体系化总结和升华，低碳发展学方兴未艾[1]。

一、《联合国气候变化框架公约》

温室气体排放导致的全球气候变暖正引起普遍关注。由于主要的温室气体二氧化碳（CO_2）多数来自人类活动以及化工和能源工业，因而一些大的公司已寻求措施以降低二氧化碳排放。但要达到二氧化碳排放量的显著降低，以控制气候的变暖速度，仅靠个人和企业的行动是远远不够的。因此，政府在此担当了更重要的角色。《联合国气候变化框架公约》（The United Nations Framework Convention on Climate Change）是1992年5月22日联合国政府间谈判委员会就气候变化问题达成的一项公约，于1992年6月4日在巴西里约热内卢召开的联合国环境与发展大会上通过，由154个家和签署。此公约于1994年3月21日生效。截至2023年10月加入该公约的缔约国增加至198个。缔约方会议是这项公约的最高决策机构。1995年3月28日首次缔约方大会在德国柏林举行。之后，缔约方每年都召开会议。1996年7月第二次缔约方会议（COP2）在瑞士日内瓦召开。最新召开的第28次缔约方大会（COP28）于2023年11月30日至12月12日在阿联酋迪拜举办。

二、柏林授权书

《联合国气候变化框架公约》（简称《公约》）是一个原则性的框架协议，规定了发达国家缔约方于2000年将其温室气体排放稳定在1990年水平上，没有涉及2000年以后的排放义务。因此，《公约》第一次缔约方大会（COP1）认为《公约》第4.2款A项和B项相关规定是不充分的，同意立即开始谈判，就2000年后应该采取何种适当的行动来保护气候进行磋商，以加强对发达国家缔约方在2000年以后所应采取的限控政策和目标。COP1通过了《柏林授权书》等文件，并决定在1997年第三次缔约国大会上签订一项议定书，议定书应明确规定在一定期限内发达国家所应限制和减少的温室气体排放量。由于在德国柏林启动，此进程称为"柏林授权"进程。这一进程通过《公约》"柏林授权书"特设工作组展开，制订政策和措施，并确定在2010年或2020年等指定期限内，实现数量限制和减少的目标。

三、《京都议定书》和《马拉喀什协定》

从1995年8月以来，特设工作组围绕有关政策与措施、温室气体减排目标、推进现有义务的执行，以及法律文书的形式等进行谈判。发达国家之间、发展中国家内部以及发达国家内部都存在激烈的斗争。经过漫长而艰苦的谈判，《京都议定书》在1997年12月11日日本京都召开的《联合国气候变化框架公约》第三次缔约方大会（COP3）上获得通过。按照议定书的规定，批准议定书的国家达到足够多数（55个以上），并且这些国家的温室气体排放量的总和达到世界总量的55%，《京都议定书》将生效。据此，该条约已于2005年2月16日正式生效。

《京都议定书》是全球第一次以国际公约的方式缔结的关于控制二氧化碳（CO_2）排放的具有法律约束力的气候文件，对人类生活的地球环境状况改善，特别是全球变暖问题的缓解，具有里程碑意义。尽管《京都议定书》已经被大多数国家采纳了，但是还是会有很多可理解的"未尽事宜"存在。为了明确《京都议定书》的细则，2001年10月29日至11月9日在摩洛哥马拉喀什召开的COP7会议上，又进行新一轮的谈判，继续讨论议定书的具体规则问题，会议谈判成果就是签订了《马拉喀什协定》。《马拉喀什协定》制定了京都机制的实施细则，同时还对整个《联合国气候变化框架协议》的实施提出了一些重要的步骤。但此时《京都议定书》对于温室气体的减排目标已经比1997年通过时的协议的要求降低了不少。《马拉喀什协定》相对于《京都议定书》对附件1国家减排义务的规定大大弱化。

四、《巴黎协定》

《巴黎协定》（2016）是由全球178个缔约方共同签署的一个气候变化协定，是对2020年后全球应对气候变化做出的统一安排。该协定要求全球平均气温较前工业化时期的上升幅度控制在2℃以内，并努力将温度上升幅度控制在1.5℃以内。《巴黎协定》的主要内容和重要意义在于以下三个方面：

（1）从环境治理角度看，《巴黎协定》的最大贡献是规定了全世界共同追求的"硬指标"；

（2）从人类社会发展看，该协定将全球所有国家和地区都纳入了生态保护的命运共同体；

（3）从经济发展角度看，该协定大力推动全球各方以"自主贡献"的方式参与全球应对气候变化行动，积极向绿色可持续的增长方式转型。

2020年9月22日，国家主席习近平在第75届联合国大会一般性辩论上发表重要讲话，指出中国将提高国家自主贡献力度，采取更加有力的政策和措施，二氧化碳排放力争于2030年前达到峰值，努力争取2060年前实现碳中和。

2022年11月13日，《联合国气候变化框架公约》第26次缔约方大会与会各方达成了一项新的协议，以应对未来的气候危机。协议包括逐步减少使用煤炭等化石燃料，并制定了针对2015年《巴黎协定》确定的将全球气温升幅控制在1.5℃以内的行动路线。2023年于阿联酋迪拜举行的《联合国气候变化框架公约》第二十八次缔约方大会（COP28）会议上全球近200个缔约方最终就《巴黎协定》首次全球盘点、减缓、适应、资金等多项议题达成《阿联酋共识》。这项历史性协议将首次推动各国"摆脱"化石燃料，以避免气候变化带来的最严重影响。

第三节　治理大气温室效应的技术对策[1]

一、大力推进植树造林

森林中的树木和植被吸收二氧化碳成为碳汇，是应对气候变化的重要途径。

北京大学方精云等利用大量的生物量实测资料及新中国成立以来50年的森林资源清查资料，建立了推算区域尺度森林生物量的"生物量换算因子法"，构建了世界上第一个国家尺度的长时间序列的生物量数据库。在此基础上，研究了1949—1998年森林植被二氧化碳（CO_2）源汇功能的动态变化（图1-4）。图1-4表明，20世纪70年代中期以前，主要由于森林砍伐等人为作用，中国森林碳库和碳密度都是减少的，碳储量减少了$0.62 \times 10^8 t$，年均减少约$0.024 \times 10^8 t$。1977—1998年森林碳库大致呈增加趋势。由70年代末期的$4.38 \times 10^8 t$增加到1998年的$4.75 \times 10^8 t$，共增加$0.37 \times 10^8 t$，表明中国森林植被正在起着大气碳汇的作用。这20年中，中国森林植被总共净吸收了相当于此间国内工业二氧化碳总排放量的3%~4%。这种碳汇功能的增加主要是由人工造林增加所致。由于人工林增加导致碳汇增加$0.45 \times 10^8 t$，年平均增加吸收$0.021 \times 10^8 t$。这些结果从某些侧面支持了国际社会于1997年在日本京都签署的《京都协定书》所提出的用植树造林来缓解大气中二氧化碳浓度增加的方案的合理性，尽管这只是一个暂时的应急对策。中国实施的"天然林保护工程"和"植树造林"政策对减缓大气二氧化碳浓度上升有一定的贡献。该结果向国际社会表明，中国森林植被净吸收的二氧化碳量可以部分抵消其工业排放量，从而为中国争得额外的二氧化碳排放份额，给中国的发展带来相当的经济利益。进入21世纪以来，人工造林和森林恢复性生长过程加速。第九次全国森林资源清查（2014—2018年）资料显示，全国森林覆盖率为22.96%，森林面积$22045 \times 10^8 m^2$，森林植被总碳储量$91.86 \times 10^8 t$。

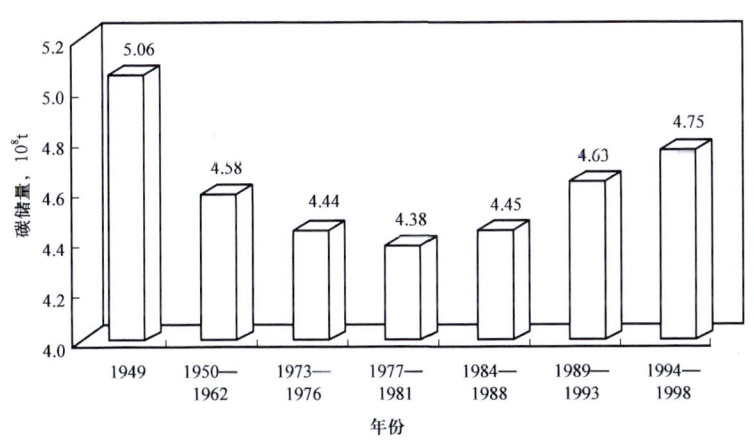

图1-4　1949—1998年中国森林植被碳储量的变化

二、发展低成本的回收分离与固定化方法

低成本的二氧化碳（CO_2）回收、捕集、提纯浓缩与储存技术是大规模处理二氧化碳的基础。目前，已开发出了溶剂吸收法、膜分离法、变压吸附法、低温分馏法等二氧化碳回收工艺方法，以及物理、化学和生物等固定二氧化碳的方法。但总体而言，这些技术在经济性方面还不能完全满足要求。

图1-5示出从各种含二氧化碳（CO_2）气体中回收分离及固定化二氧化碳的方法。二氧化碳分离方法用于燃煤火电厂的能耗比较见表1-2。由此可见，现有分离技术能耗较高，均在50%以上，热效率较低，因而导致电能成本增加。

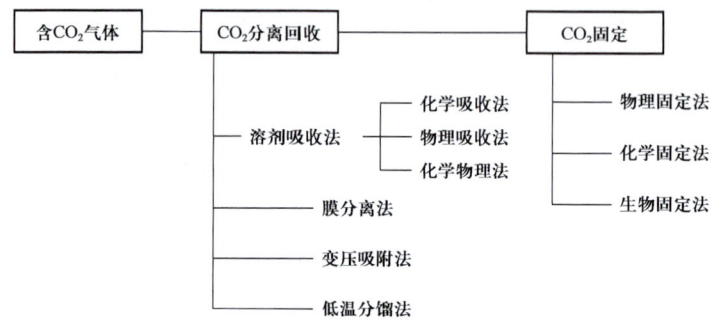

图1-5 二氧化碳（CO_2）的回收分离及固定化方法

表1-2 各种二氧化碳（CO_2）分离方法的能耗比较

方法	能耗 占煤燃烧能的比例 %	能耗 热效率 %	煤耗 kg/(kW·h)	煤耗 占比 %	净CO_2排放 kg/(kW·h)	净CO_2排放 占比 %	回收CO_2 回收率 %	回收CO_2 纯度 %
未处理	0	35	0~35	100	0.88	100	0	
胺液吸收法	47~49	7~19	0.66~1.68	189~476	0.17~0.42	19~48	90	90
膜分离法	50~75	9~18	0.72~1.41	200~400	0.35~0.70	40~80	80	80

由于各种工业装置，特别是火力发电厂是当前二氧化碳（CO_2）气体排放的主要来源，因此，有针对性地开发相应的二氧化碳分离回收及固定化技术成为未来发展的重点。德国电力工业巨头莱茵集团（RWE）于2006年4月宣布，该公司计划投资10亿欧元，建设全球第一家不向空中直接排放二氧化碳的火力发电厂，发电容量400~450MW，将于2014年完工并开始发电，总投资包括电厂以及二氧化碳的运输和储藏设施的建设费用。目前，德国在二氧化碳的运输和储藏技术领域处于世界领先地位，该项目的完成将推动电力领域的一场生态革命。

数量巨大的二氧化碳（CO_2）量超过社会需求量，必须固化回收。某些国家致力于发展二氧化碳深海溶解技术。海洋能对大气中约50倍的二氧化碳进行溶解。据估计假如现

在海洋的二氧化碳的吸收量增加 0.4%，即可消除工业革命以来所增加的二氧化碳。

日本电力中央研究所进行过 880m³/h 小试，他们将火电厂排放的烟气二氧化碳（CO_2）用胺溶液吸收分离，再压缩至 14MPa 的液体，并送入 500m 以下深海，液体二氧化碳的密度小于海水，能在上浮过程中溶于海水之中。据他们估算，一个 500MW 级 LNG 火电厂排放的二氧化碳经胺法回收，回收率达 90%。液化后深海处理时，需提高电价 60%～100% 以消化二氧化碳处理费用。

三、发展二氧化碳地质埋存与驱油利用技术

美国曾经从 1970 年开始在得克萨斯州把二氧化碳注入油田作为提高石油采收率的一种技术手段。

美国能源部 2006 年 3 月称，通过向进入枯竭期的油田注入二氧化碳，可使美国石油储量翻两番。为进入枯竭期的油田注入气体二氧化碳，可迫使地层深处的石油上浮。美国在过去几十年中针对此项技术进行了小规模尝试并取得成功，使其石油储量大大增加。据《油气杂志》（OGJ）2024 年 3 月份发布的报告称，美国已经探明的石油储量目前超过了 $700×10^8$ bbl。

中国从 1965 年在大庆油田长垣区块开展井组规模碳酸水试注，迈出二氧化碳驱提高石油采收率的第一步。之后又于 1984 年在大庆油田萨南东部过渡带进行二氧化碳驱油可行性研究与矿场先导试验。经过多年探索和应用，到 2022 年二氧化碳捕集、利用与封存（CCUS）项目在驱油利用方向正式迈入工业化应用阶段，走出了一条由重驱油向驱油和减碳并重的全产业链一体化发展的 CCUS 产业发展之路。

四、发展以二氧化碳为资源的综合利用技术

二氧化碳是一种温室气体，但同时也是一种重要的资源和工业气体，广泛用于食品、化工、机械、农业、医药、烟草、运输、石油开采、国防、消防等部门。

当前，对二氧化碳的综合利用已成为全球研究的一个热点，为开拓二氧化碳新的利用途径和开发新的、先进的生产工艺技术，使其尽早工业化，造福人类，科学家们正在进行积极探索和不懈努力，有的国家还通过立法（如挪威对排放二氧化碳征收碳税）以及国家财政支持来引导人们加快二氧化碳的利用和转化工作。

对二氧化碳利用现状和研发情况的分析表明，除二氧化碳驱油和驱气、超临界二氧化碳应用等物理利用方法以外，将其用作碳—化工的原料；特别是以其为原料合成高分子材料等，将是具有较好发展前景的二氧化碳利用途径。为此，各国正在积极发展以二氧化碳为资源的综合利用技术。

五、发展循环经济与优化二氧化碳资源利用

发电厂、合成氨厂每年向外排放大量的二氧化碳，而有的工厂则以二氧化碳为生产原料。若能将前者排放的二氧化碳供给后者，不仅能减少二氧化碳的排放量，同时还能提高

经济效益。美国密西西比河下游化工园区的结构优化就是一个二氧化碳循环利用的很好例子。该化工园区内有许多工厂，每年排放的二氧化碳有60多万吨，经结构优化和整合后，取消了原有的醋酸厂，新增加了以二氧化碳加氢制甲酸，由二氧化碳和甲烷合成制醋酸的新工艺，由二氧化碳、氢气（H_2）和氨气（NH_3）合成甲胺，由二氧化碳还原制石墨等工厂。最终该化工园区每年的二氧化碳排放量减至20多万吨，边际效益从每年$412×10^8$美元增加到每年$574×10^6$美元。

图1-6所示为化工园区结构优化前的化工厂生产结构图；图1-7则为最优化生产结构示意图。

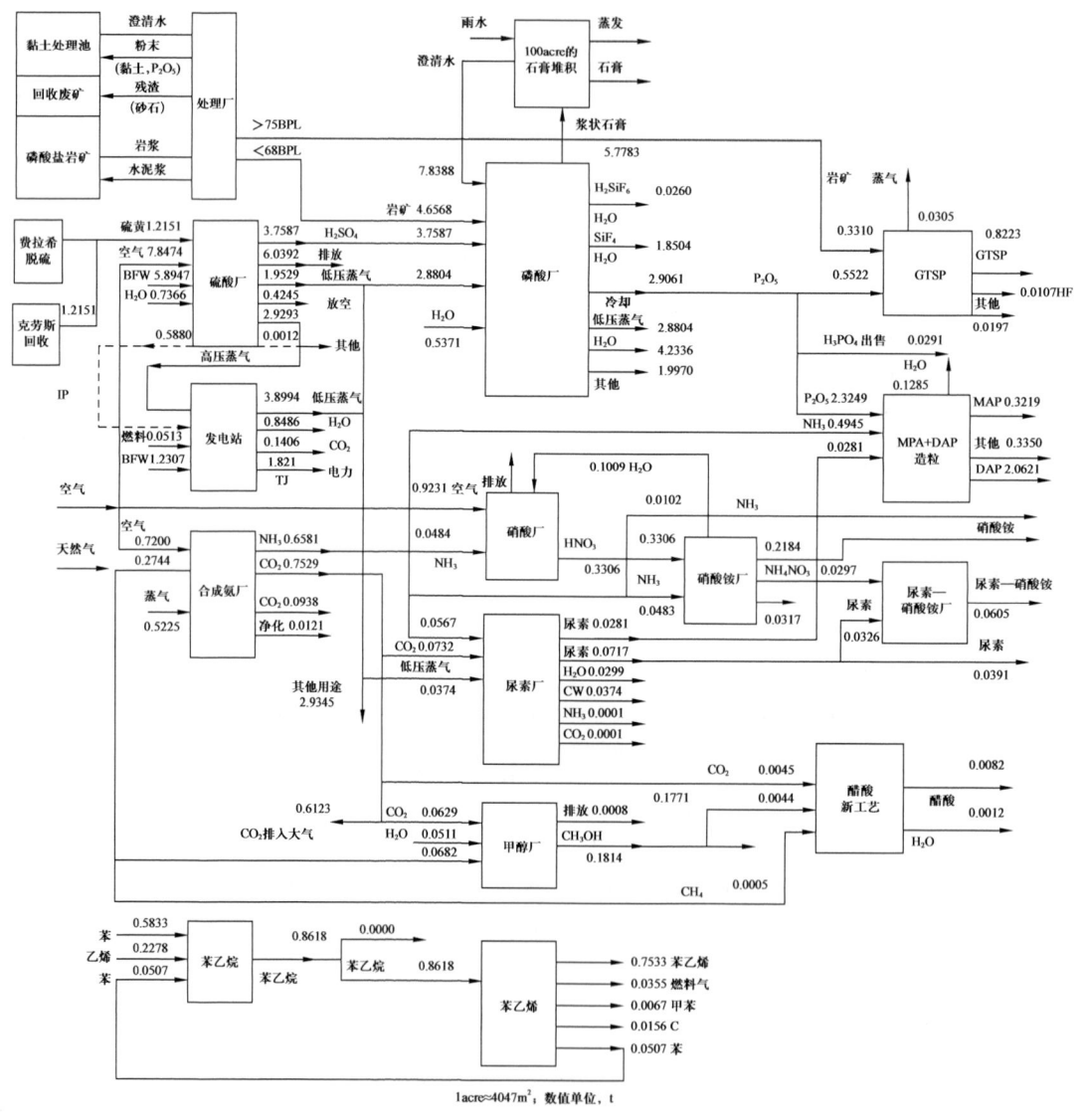

图1-6 化工园区结构优化前的化工厂生产结构图

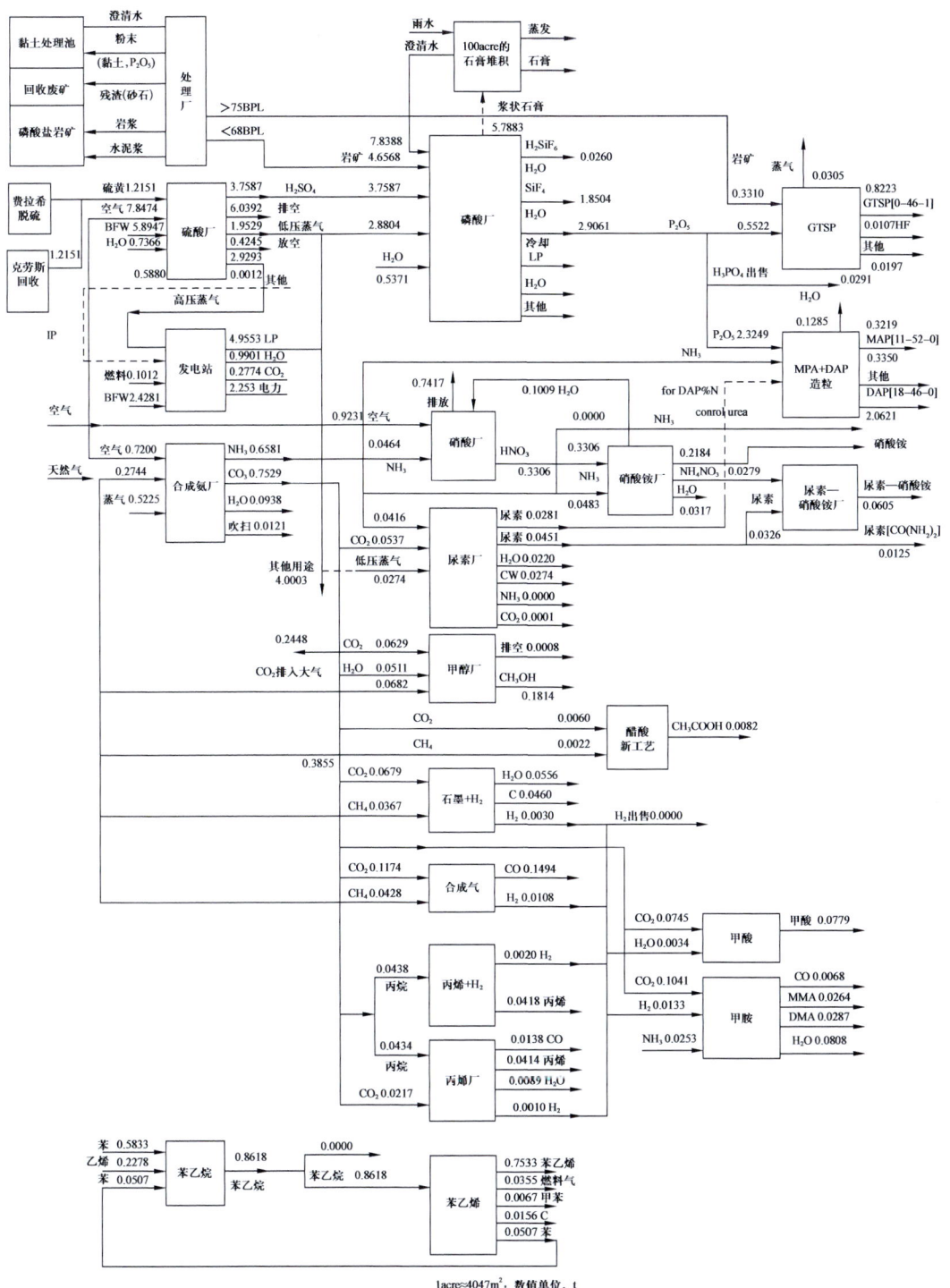

图 1-7 化工园区结构最优化的化工厂生产结构图

第四节 能源转型期天然气产业的发展前景

一、优化能源结构的需求[3-5]

2019年全球天然气在一次能源消费中占比为24.2%，其中日本为20.8%，韩国为16.3%，欧洲为23.8%。中国能源消费高碳化情况严重，2019年煤炭在一次能源消费中占比高达57.6%，天然气占比仅为7.8%，与世界平均水平特别是与欧盟及美国、日本、韩国等发达国家相比仍有非常大的差距，也由此带来了严重的生态环境及温室气体排放问题。从中国温室气体排放清单看2005—2014年间，能源活动产生的二氧化碳（CO_2）占比高达87%~90%（图1-8），故实现碳减排目标必须首先从减少化石能源消费、优化能源结构入手。2014年国家提出的能源新战略，首次提出推进能源生产和消费革命，构建清洁低碳、安全高效的现代能源体系。2017年，《能源生产和消费革命战略（2016—2030年）》提出2030年能源消费总量控制在$60 \times 10^8 tce$以下，天然气消费占比达约15%，非化石能源消费占比达到20%左右。碳达峰碳中和目标提出到2030年非化石能源占一次能源消费比重达到25%左右，较之前的能源革命战略20%的目标增加了5%，能源消费清洁低碳转型进程加快。

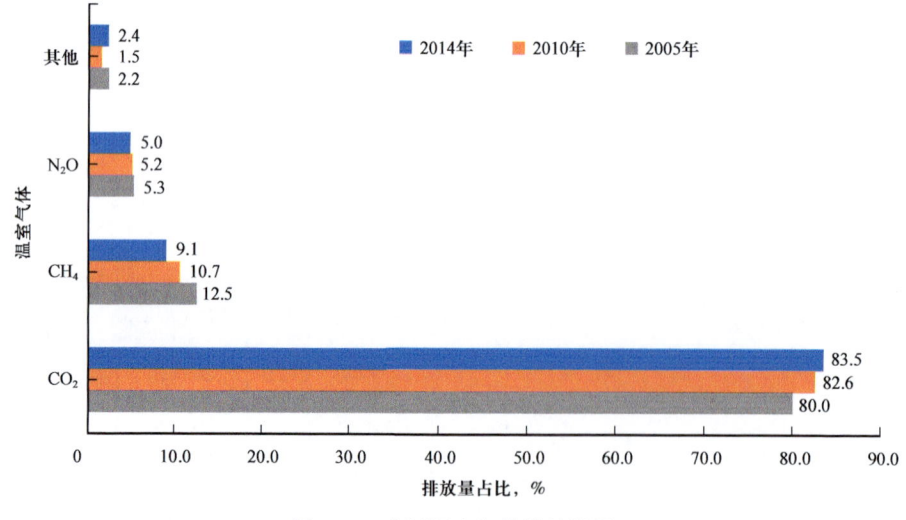

图1-8 中国温室气体排放情况

二、中国能源活动的碳减排一定程度上还要借注天然气

有关研究结果表明，中国2060年碳中和目标的实现大体分为以下4个阶段（图1-9）：2020—2030年，能源消费及碳总量达峰阶段。此阶段内煤炭、石油等高碳能源消费相继达峰并开始缓慢下降，天然气发挥其低碳、清洁、灵活的作用，保持较快增长，可再生能

源高速增长。

2025年能源消费总量53.6×10⁸tce，天然气需求量4400×10⁸m³，在一次能源消费中占比11%。2030年能源消费总量达到峰值58×10⁸t，天然气消费量增至5260×10⁸m³，在一次能源消费中占比超过12%。2030—2035年，能源消费总量及碳排放总量波动下行。此阶段内煤炭、石油消费加速下降，天然气与可再生能源充分融合发展，消费需求小幅增长并趋于峰值，可再生能源逐渐发展成为主体能源之一。能源消费总量缓慢下降，2035年约为57×10⁸tce。天然气需求量在2035年左右达到峰值约6500×10⁸m³。2035—2050年，能源消费总量缓慢下降、碳排放总量线性高速下降阶段。此阶段内煤炭和石油消费量也迅速下降，天然气与可再生能源充分融合；利用重点由终端燃料转向发电，消费量在峰值水平上小幅下降，2050年需求量大致为5500×10⁸m³。非化石能源以指数级增长，在气电、储能等技术支撑下树立核心地位，成为绝对的主体能源。2050—2060年，能源消费总量持续下降、二氧化碳（CO_2）实现净零排放阶段。天然气通过气电联合、碳捕集等技术仍然发挥对可再生能源的支撑保障作用。2060年需求量大致为4300×10⁸m³。在此阶段中，特别需要加大非二氧化碳温室气体减排力度，加强碳汇吸收、碳捕集与利用等技术的研发与应用，从而促进在2075年前后实现全部温室气体净零排放。

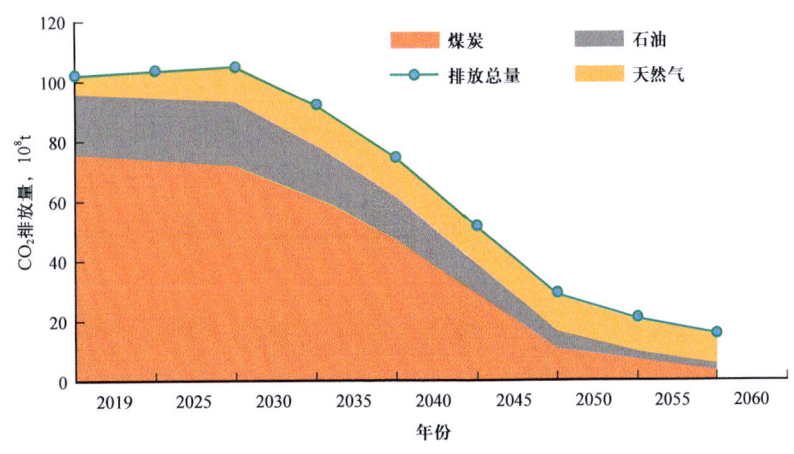

图1-9　碳国和目标下中国能源活动二氧化碳排放量

三、2060年达到碳中和的情景预测[5]

部分机构预测2050年中国能源消费及气体排放情况见表1-3。根据清华大学2020年10月发布的报告《中国低碳发展与转型路径研究》预测：控制温升不超过2.0℃情景下，一次能源消费2030年达到峰值58×10⁸tce后开始缓慢下降，2050年约为52×10⁸tce。天然气消费在2035年左右达到峰值7500×10⁸m³，之后逐步下降，2040年约为6600×10⁸m³，2050年降至约4400×10⁸m³。

表 1-3　部分机构预测 2050 年中国能源消费及气体排放情况

能源消费、碳排放		2.0℃情景（清华大学气候变化与可持续发展研究院）	2060年碳中和情景（清华大学能源环境经济研究所）	强化行动情景（世界资源研究所）	电气化加速情景（国网能源研究院）	快速转型情景（英国BP）
能源消费	能源消费峰值，10^8tce	2030年58.0	2060年57.0	持续缓慢增加	2030年57.7	2030年53.0
	能源消费需求量，10^8tce	2050年52.0	2060年47.0	2050年55.0	2060年51.4	2050年48.4
	煤炭占比，%	13.0	7.0	28.0	8.1	7.0
	石油占比，%	5.0	8.0	12.0	7.1	9.1
	天然气占比，%	11.0	4.0	11.0	10.7	13.3
	非化石能源占比，%	72.0	81.0	59.0	74.1	70.7
碳排放	温室气体总排放量，10^8t	2050年51.5	—	2060年72.0		
	CO_2排放量，10^8t	2050年33.9（能源活动29.2）	2050年28.7；2060年12.3（能源活动）	2060年36.0（全部）	2050年40.0；2060年25.0（能源活动）	2050年14.7（能源活动、净排放）
	CO_2排放峰值，10^8t	2025年101.0	2025年102.0	2026年74.0	2025年104.0	2025年前<100.0
	碳汇+碳捕集量，10^8t	7.0+5.1	12.3	14.0	—	2060年15.0

参 考 文 献

[1] 师春元，黄黎明，陈赓良. 机遇与挑战——二氧化碳资源开发与利用[M]. 北京：石油工业出版社，2006.
[2] 丁一汇，任国玉，林而达，等. 气候变化国家评估报告[M]. 北京：科学出版社，2007.
[3] 周淑惠，王军，梁严. 碳中和背景下中国"十四五"天然气行业发展[J]. 天然气工业，2021，41（2）：171.
[4] 黄震，谢晓敏，张庭婷. "双碳"背景下中国中长期能源需求预测与转型路径研究[J]. 中国工程科学，2022，24（6）：8.
[5] 清华大学气候变化与可持续发展研究院. 中国长期低碳发展战略与转型路径研究[M]. 北京：中国环境出版集团，2021.

第二章 气体脱碳工艺技术基础

第一节 二氧化碳的物理性质

二氧化碳俗称碳酸气，又名碳酸酐。在标准状况下，二氧化碳是无色、无臭、略有酸性的气体，相对分子质量为44.01，不能燃烧，容易被液化，相对密度约为空气密度的1.53倍。二氧化碳的主要物理性质见表2-1[1]。

表2-1 二氧化碳的主要物理性质

性质	数值	性质		数值
分子直径，nm	0.35~0.51	表面张力（-25℃时），mN/m		9.13
摩尔体积（0℃，0.101 MPa），L/mol	22.6	升华状态（0.101 MPa）		
临界状态		温度，℃		-78.5
温度，℃	31.06	升华热，kJ/kg		573.6
压力，MPa	7.382	固态密度，kg/m³		1562
密度，kg/m³	467	气态密度，kg/m³		2.814
三相点		比热容	C_p	0.845
温度，℃	-56.57	（-20℃，0.101MPa），kJ/(kg·K)	C_v	0.651
压力，MPa	0.518			
汽化热，kJ/kg	347.86	热导率（0℃，0.101MPa），W/(m·K)		52.75
熔化热，kJ/kg	195.82	气体黏度（0℃，0.101MPa），mPa·s		0.0138
气体密度（0℃，0.101MPa），kg/m³	1.977	折射率（0℃，0.101 MPa，λ=546.1nm）		1.0004506
汽化热（0℃时），kJ/kg	235	生成热（25℃），kJ/mol		393.7

一、二氧化碳物理状态的相态分布

从图2-1中可看出二氧化碳的物理状态的三态（气态、液态和固态）与温度和压力密切相关。

用下列方程式能准确计算出三相点和临界点之间的二氧化碳蒸气压：

$$\lg p_R = 4.2397 - \frac{4.4229}{T_R} - 5.3795 \lg T_R + 0.1832 \frac{p_R}{T_R^2} \tag{2-1}$$

式中　p_R——对比压力，$p_R = p/p_C$；

p_C——临界压力，$p_C = 7.382$ MPa；

T_R——对比温度，$T_R=T/T_C$；

T_C——临界温度，$T_C=304.2K$。

固态二氧化碳的饱和蒸气压数据（-189~56.6℃）见表2-2。

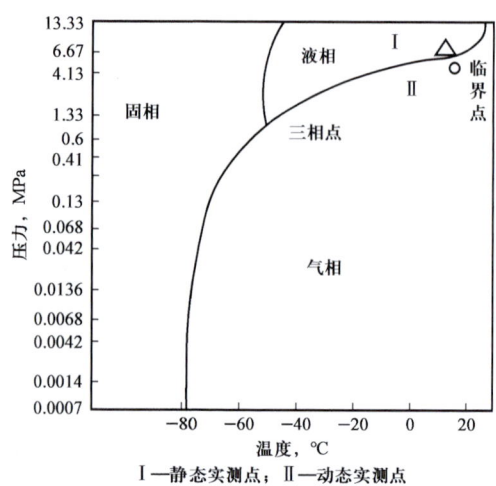

Ⅰ—静态实测点；Ⅱ—动态实测点

图2-1 二氧化碳相态分布图

表2-2 固态二氧化碳蒸气压

温度，℃	压力，Pa（mmHg）	温度，℃	压力，Pa（mmHg）
-189	$4.00×10^{-5}$（$3.00×10^{-7}$）	-142	$3.97×10$（$2.98×10^{-1}$）
-184	$4.00×10^{-4}$（$3.00×10^{-6}$）	-128	$4.17×10^2$（3.13）
-177	$4.93×10^{-3}$（$3.70×10^{-5}$）	-111	$4.10×10^3$（$3.08×10$）
-170	$4.93×10^{-2}$（$3.70×10^{-4}$）	-89	$4.09×10^4$（$3.07×10^2$）
-162	$4.78×10^{-1}$（$3.60×10^{-3}$）	-60	$4.10×10^5$（$3.07×10^3$）
-153	4.19（$3.14×10^{-2}$）	-56.6	$5.185×10^5$（$3.89×10^3$）

固态二氧化碳在$1.01×10^5$Pa时的升华温度为-78.476℃（194.67K），乃是1968年国际实用温标（IPTS-1968）定义的二级定点温度之一。

在常温下（31℃以下）二氧化碳能被压缩成液体，常压下能冷凝成固体，即干冰。干冰是由二氧化碳分子组成的晶体，属立方晶系，晶胞中包含4个二氧化碳分子。晶体由直线形O—C—O分子通过微弱的范德华（Vander Waals）力相互结合而成[2]。C处在立方面心，晶体为简单立方点阵形式，空间群为T_h^6-P_a^3，三重轴通过直线分子，在空间三重轴并不相交。二氧化碳晶体结构如图2-2所示。

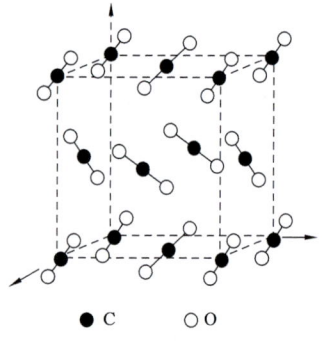

图2-2 二氧化碳晶体结构图

二、二氧化碳液相密度

对于密闭容器中的二氧化碳,其液相密度(ρ)值将随温度升高而降低,变化范围为463.9~1177.9kg/m³;而气相二氧化碳密度则随温度升高而增大,范围为13.8~463.9kg/m³。

二氧化碳(干冰)的密度值范围为1512.4~1595.2kg/m³,随着温度的增加,密度将稍有下降[3]。

在理想状况下二氧化碳的状态方程可用下式来表示:

$$pV=nRT \qquad (2-2)$$

式中 p——气体的绝对压力,Pa;
V——气体的体积,m³;
T——气体的热力学温度,K;
n——在p、V、T条件下的物质的量,mol;
R——气体常数,$R=8.314$J/(mol·K)。

当温度低于31℃时,二氧化碳能被液化,流体密度变大,并有较低的压缩因子。压缩因子是指相同压力与温度下的实际气体体积与理想气体体积的比值。图2-3所示为不同二氧化碳分压下的压缩度A。

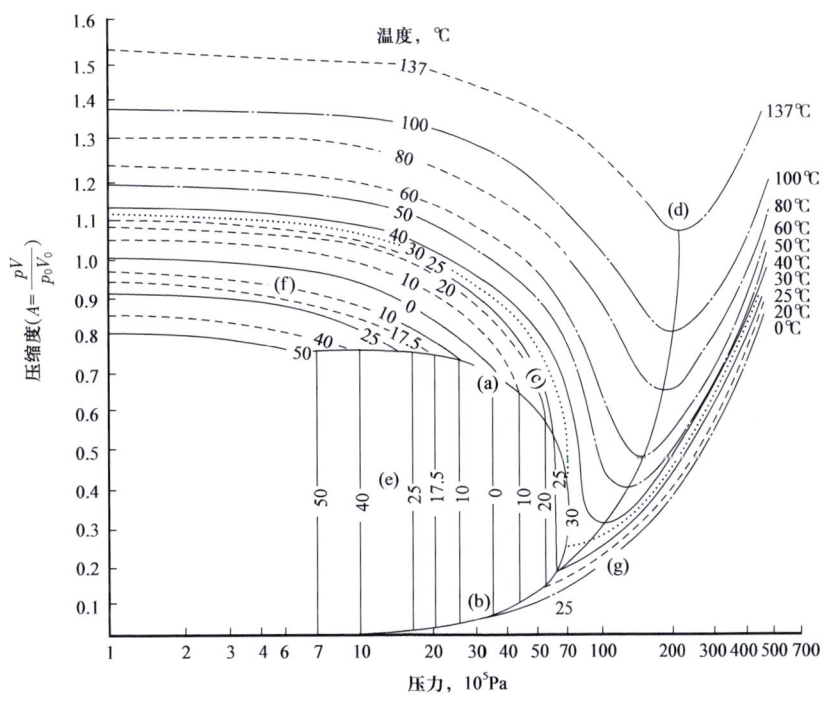

图2-3 不同二氧化碳分压下的压缩度
(a)饱和蒸气压线;(b)饱和液体线;(c)临界温度线($T=31$℃);(d)波义耳轴线;(e)气液两相区;(f)气相区(过热蒸气区,其液相体积为0);(g)液相区(其气相体积为0)

$$A = \frac{pV}{p_0 V_0} \quad (2-3)$$

式中 p、p_0、V、V_0——分别代表真实气体和理想气体的压力和体积。压缩因子 Z 可由 A 值求得。

$$Z = A(T/T_0)$$

式中 T、T_0——分别代表气体的真实温度和标准态温度。压缩因子与对比压力 p_r 及对比温度 T_r 有关，相同的对比压力和对比温度下应具有相同的压缩因子。对比压力和对比温度表示如下：

$$T_r = T/T_c \quad (2-4)$$

$$p_r = p/p_c \quad (2-5)$$

式中 T_c——气体临界温度，K；
p_c——气体临界压力，MPa；
T——真实气体的热力学温度，K；
p——真实气体的绝对压力，MPa。

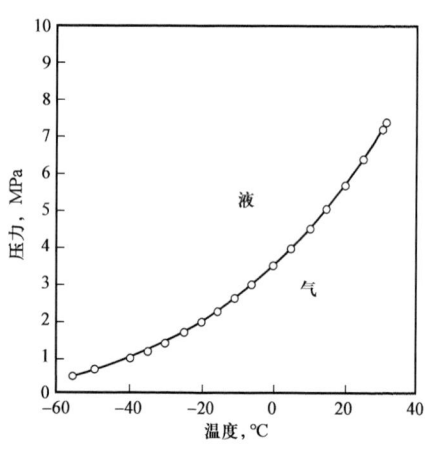

图 2-4 CO$_2$ 气体饱和蒸气压曲线

在临界温度下，液体分子会逸出液面形成气体，即发生汽化过程。二氧化碳在某一稳定的气体压力和温度下，也会出现气体和液体共存的现象，气体与液体达到平衡状态形成饱和蒸气，其相应的压力为饱和蒸气压。图 2-4 示出了二氧化碳气体的饱和蒸气压曲线图。饱和蒸气压曲线为温度高于三相点并低于临界点时二氧化碳气液两相分隔的临界线。当温度小于临界温度时，饱和蒸气压高于对应温度下的压力则流体为气相，饱和蒸气压低于对应温度下的压力则流体为液相。

超临界二氧化碳流体系指二氧化碳的温度和压力均超过临界点的压缩气体。它很稠密，密度较大且随压力增大而增大，具有液体的部分性质。但与液体二氧化碳有四个区别：液态二氧化碳具有表面张力，而超临界二氧化碳气体没有；液态二氧化碳温度低于临界温度时可以看到气液界面，而超临界状态的二氧化碳气体永远看不到气液界面；另外，二者的折射率和压缩率不同。

超临界二氧化碳气体具有黏度低、流动性好、扩散性强、对溶质有较强的溶解能力等特点。因此，超临界二氧化碳气体是一种安全、高效、节能和无污染的萃取溶剂，化工上应用较多。

三、二氧化碳的溶解度

二氧化碳是非极性分子，但可溶于极性较强的溶剂中，其溶解度大小与温度、压力和溶剂的性质有关。表 2-3 所列为二氧化碳在某些溶剂中的溶解度。二氧化碳易溶于水，在 0.1MPa 压力下，它的饱和水溶液中所溶的二氧化碳体积与水的体积比随温度不同而不同，在 18℃时二氧化碳在水中的溶解热为 19.92kJ/mol，在 25℃时则为 20.30kJ/mol。不同温度下饱和水溶液中所溶的二氧化碳体积与水体积之比见表 2-4。二氧化碳在水中的溶解度分布如图 2-5 所示。

表 2-3　二氧化碳在某些溶剂中的溶解度

溶剂	溶解度，mL/g								
	−80℃	−60℃	−40℃	−20℃	0℃	10℃	20℃	30℃	40℃
甲醇	220	66	24.5	11.4	6.3	5.0	4.1	3.6	3.2
乙醇	100	40.4	28	—	5.3	4.3	3.6	3.2	—
苯	—	—	—	—	—	2.9	2.71	2.59	—
甲苯	21	8.7	4.4	3.0	3.5	3.4	3.0	2.8	—
二甲苯	—	7.8	4.9	2.6	1.9	—	2.31	—	—
乙醚	300	90	36	17.5	9.6	7.8	6.3	—	—
醋酸甲酯	350	101	41	20.5	11.5	9.2	7.4	6.0	—
丙酮	460	127	50	24	13	10.5	8.2	6.0	5.4

表 2-4　不同温度下（0.1MPa）饱和水溶液中所溶解的二氧化碳体积与水体积之比

温度，K	体积比	温度，K	体积比	温度，K	体积比
273	1.71	293	0.88	333	0.36
283	1.19	298	0.76		

从图 2-5 可以看出，二氧化碳溶解度随温度的升高而减少。常温常压下饱和水溶液中所溶解二氧化碳的气体体积与水的体积比近乎为 1，二氧化碳的浓度为 0.4mol/L。大部分二氧化碳是以结合较弱的水合物分子形式存在的，只有一小部分形成碳酸，碳酸是二元弱酸，其第一电离常数为 $3.5×10^{-7}$（18℃时），第二电离常数为 $4.4×10^{-11}$（25℃时）。在 0.10MPa 压力和 25℃温度下，二氧化碳饱和水溶液的 pH 值为 3.7，在 2.37MPa 压力和 0℃温度下 pH 值为 3.2。所以二氧化碳溶于水所形成的 H_2CO_3 是一种弱酸。

H_2CO_3 达到水解平衡的过程是很慢的[3]。

$$CO_2+H_2O \rightleftharpoons H_2CO_3 \quad K_0=[CO_2]/pCO_2 \;(\text{pH}>5) \quad (2-6)$$

$$H_2CO_3 \rightleftharpoons H^++HCO_3^- \quad K_1=[H^+][HCO_3^-]/[CO_2] \quad (2-7)$$

$$HCO_3^- \rightleftharpoons H^++CO_3^{2-} \quad K_2=[H^+][CO_3^{2-}]/[HCO_3^-] \quad (2-8)$$

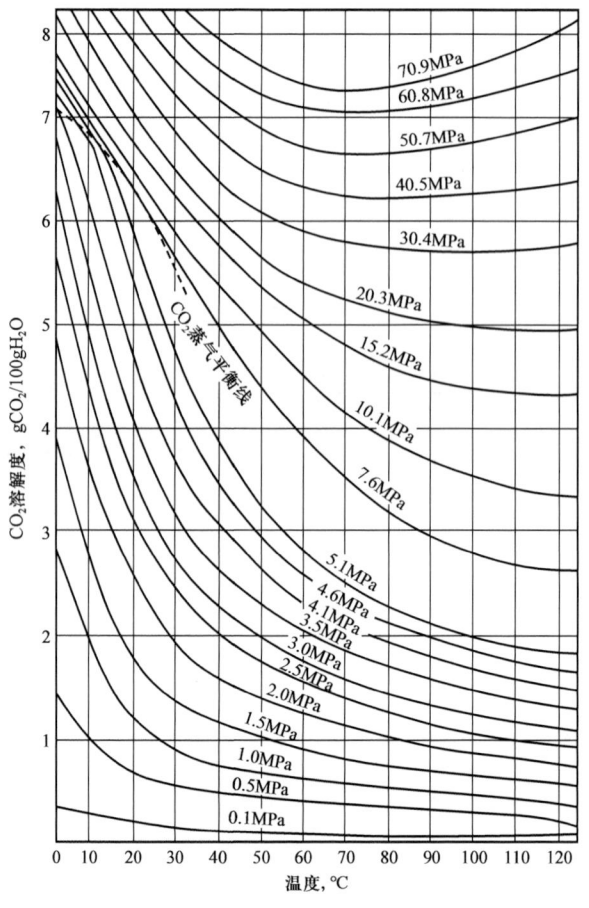

图 2-5 二氧化碳在水中的溶解度

其中 K_0、K_1、K_2 分别为二氧化碳的溶解平衡常数和 H_2CO_3 的一级、二级离解常数，这些常数受到温度、溶液的离子强度、压力、溶剂和溶质性质等因素的影响。在标准状况下，在水溶液中的 K_0、K_1、K_2 分别为 600、4.2×10^{-7}、5.6×10^{-11}。其中 K_1 为表观离解常数，因为假定了所有溶于水的二氧化碳都以 H_2CO_3 的形式存在，实际上大部分溶解的二氧化碳是以弱的水合分子形式存在，如在 273K、4.5MPa 下，二氧化碳与水形成化合物 $CO_2\cdot 8H_2O$。若采用真实的 H_2CO_3 浓度，第一有效离解常数大约为 2×10^{-4}。在常温常压下，各种粒子的浓度可简化为：

$$\lg[CO_2]=\lg K_0+\lg pCO_2=-1.5+\lg pCO_2 \quad (2-9)$$

$$\lg[HCO_3^-]=\lg K_1+\lg[CO_2]+pH=-7.8+\lg pCO_2+pH \quad (2-10)$$

$$\lg[CO_3^{2-}]=\lg K_1+\lg K_2+\lg[CO_2]+2pH=-18.1+\lg pCO_2+2pH \quad (2-11)$$

碳酸是二元弱酸，会形成两类盐，即碳酸盐和碳酸氢盐。铵和碱金属的碳酸盐易溶解于水，其他金属的碳酸盐难溶于水。对于难溶的碳酸盐来说，相应的碳酸氢盐的溶解度较大。但易溶于水的 Na_2CO_3、K_2CO_3、$(NH_4)_2CO_3$ 的相应碳酸氢盐溶解度却相对较低。碳酸盐和碳酸氢盐的另一个重要性质是受热条件下不太稳定,一般来说,碳酸盐的热稳定性高于碳酸氢盐。

当压力低于 0.5MPa 时,溶解度与压力成正比。超过 0.5MPa 时,由于碳酸的形成,压力升高时,二氧化碳溶解度增大的幅度增加。

第二节　二氧化碳的化学性质

一般情况下,二氧化碳性质稳定。但在高温或催化剂存在情况下,二氧化碳可参与某些化学反应。

一、还原反应

1. 高温下的还原反应

(1) 高温下,二氧化碳可分解为一氧化碳和氧:

$$CO_2 \rightleftharpoons CO+1/2O_2-283kJ \tag{2-12}$$

反应为吸热可逆反应。1200℃时,二氧化碳的平衡分解率仅为 3.2%。加热到 1700℃以上时,平衡分解率明显增大,到 2227℃时,约有 15.8% 的二氧化碳分解。紫外光和高压放电均有助于二氧化碳的分解反应,但是分解率都不会很高。

(2) 在二氧化碳中燃烧着的镁、铝和钾等活性金属可以继续保持燃烧,反应生成金属氧化物,析出游离态碳。

$$CO_2+2Mg \longrightarrow 2MgO+C \tag{2-13}$$

(3) 二氧化碳还可以用其他方法还原。常用的还原剂为氢气:

$$CO_2+H \longrightarrow CO+H_2O \tag{2-14}$$

反应式(2-14)是一氧化碳变换反应的逆反应,是吸热反应,需在高温和有催化剂存在的条件下进行。

在含碳物质燃烧过程中,常伴有二氧化碳被碳还原的反应。

$$CO_2+C \longrightarrow 2CO \tag{2-15}$$

在加热和催化剂作用下,二氧化碳还可以被烃类还原,例如:

$$CO_2+CH_4 \longrightarrow 2CO+2H_2 \tag{2-16}$$

反应式(2-14)至反应式(2-16)可应用于一氧化碳的生产。

2. 电化学还原反应

在电极上施加一定的电位,会使电极上吸附的二氧化碳发生电化学还原反应,生成一系列有机原料(下标 ads 意为"吸附")。

$$(HCO_3^-/CO_2)+2Pd-H \longrightarrow HCOOH+2Pd \qquad (2-17)$$

$$(HCO_3^-/CO_2)_{ads}+4Pd-H \longrightarrow HCHO+H_2O+4Pd \qquad (2-18)$$

$$(HCO_3^-/CO_2)_{ads}+6Pd-H \longrightarrow CH_3OH+H_2O+6Pd \qquad (2-19)$$

$$CO_2 \xrightarrow{-e} CO_{ads} \xrightarrow{4H_{ads}} (=CH_2)_{ads}+H_2O \qquad (2-20)$$

$$CO_{ads}+4H_{ads} \longrightarrow (=CH_2)+H_2O \qquad (2-21)$$

$$(=CH_2)_{ads} \longrightarrow 碳氢化合物 \qquad (2-22)$$

二、有机合成反应

1. 二氧化碳合成尿素 CO(NH₂)₂

在高温（170~200℃）和高压（13.8~24.6MPa）条件下，二氧化碳（CO_2）和氨气（NH_3）发生反应生成尿素。具体反应过程为：

$$CO_2+2NH_3 \Longleftrightarrow NH_2COONH_4 \Longleftrightarrow CO(NH_2)_2+H_2O \qquad (2-23)$$

这个反应是二氧化碳化工应用中最重要的反应之一。它被广泛用于尿素及其衍生物的生产过程中。

尿素生产的另一种方法是氰氨和碳酸钙法，在氰氨化钙水溶液中通二氧化碳使之分解生成氰氨和碳酸钙：

$$CaCN_2+H_2O+CO_2 \Longleftrightarrow NH_2CN+CaCO_3 \qquad (2-24)$$

滤去碳酸钙，加入硫酸作催化剂，加热使氰氨水解生成尿素：

$$NH_2CN+H_2O \longrightarrow CO(NH_2)_2 \qquad (2-25)$$

这种方法以及用 NH_3 与二氧化碳直接合成法均为尿素工业化生产方法中比较节能的工艺[3]。

2. 二氧化碳与苯酚钠的羧化反应

二氧化碳在有机合成工业中的另一个重要反应是 Kolbe-Schmitt 反应，如苯酚钠的羧基化反应制备水杨酸：

$$CO_2 + C_6H_5ONa \xrightarrow[0.5MPa]{150℃} \text{邻羟基苯甲酸钠} \xrightarrow[加热]{[H^+]} \text{水杨酸} \qquad (2-26)$$

反应温度约 150℃，压力约 0.5MPa，反应生成水杨酸。反应式（2-26）被广泛应用于医药、农药和染料工业。

3. 二氧化碳合成甲醇

在升温加压和有铜—锌催化剂存在时，用 CO_2、CO 和 H_2 的气态混合物可合成甲醇：

$$CO_2 + 3H_2 \rightleftharpoons CH_3OH + H_2O \qquad (2-27)$$

4. 二氧化碳合成甲烷

在特定的条件下，二氧化碳可以与 H_2 反应生成甲烷：

$$CO_2 + 4H_2 \longrightarrow CH_4 + 2H_2O \qquad (2-28)$$

三、生化反应

二氧化碳在地球的生态环境中起着重要的作用。在植物新陈代谢过程中，在光和叶绿素的催化作用下，空气中的二氧化碳和水反应生成糖等有机物，同时放出 O_2，即

$$6CO_2 + 6H_2O \rightleftharpoons C_6H_{12}O_6 + 6O_2 \qquad (2-29)$$

在热带雨林中发生的上述反应约占整个地球上这一反应的 60% 以上。在动物的呼吸循环中，发生上述反应的逆过程，即从大气中吸入氧气，与体内的糖发生反应，产生动物生命活动所需的能量，同时排出二氧化碳。可以想象，如果没有这一反应来平衡动物的呼吸循环，地球的生态环境会是什么样子。

四、中和反应

二氧化碳和碱的作用以两种途径发生[3]。

pH 值小于 8 时，主要发生下述反应：

$$CO_2 + H_2O \rightleftharpoons H_2CO_3 \text{（慢）} \qquad (2-30)$$

$$H_2CO_3 + OH^- \rightleftharpoons HCO_3^- + H_2O \text{（瞬时）} \qquad (2-31)$$

该反应为一级反应。

当 pH 值大于 10 时，主要是二氧化碳与 OH^- 直接反应：

$$CO_2 + OH^- \rightleftharpoons HCO_3^- \qquad (2-32)$$

$$HCO_3^- + OH^- \rightleftharpoons CO_3^{2-} + H_2O \text{（瞬时）} \qquad (2-33)$$

在 pH 值为 8~10 的范围内，两种机理都较为合理。

第三节 脱碳装置的工艺核算[4]

20 世纪 80 年代，德国巴斯夫（BASF）公司推出以活性 MDEA 水溶液用于高二氧化碳含量的工业气流，尤其是天然气脱碳的 a-MDEAProcess 系列，其公布的专利活化剂之

一是哌嗪（Piperazine）。同时，法国的道达尔（Total）公司推出用途更为广泛的Ad-MDEA工艺，活化剂是以二乙醇胺（DEA）活化的MDEA水溶液。中国石油西南油气田公司天然气研究院曾采用测定有关节点的酸气负荷，结合计算机计算的方法成功地核实了某天然气脱碳工业装置在实际工况下装置的产能。

一、工艺系统的物料平衡

系统物料平衡如图2-6所示。

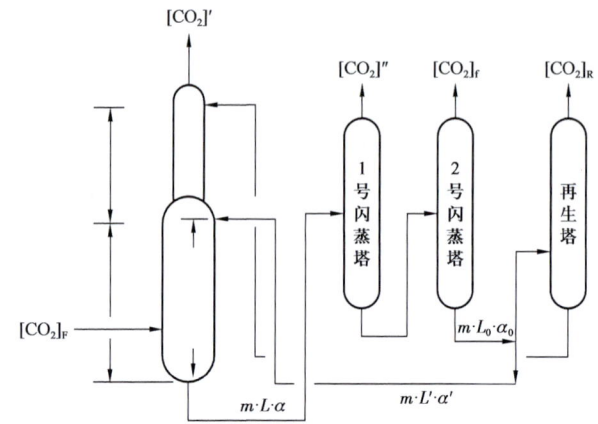

图2-6 系统物料平衡图

$$[CO_2]_F = [CO_2]' + [CO_2]'' + [CO_2]_f + [CO_2]_R \quad (2-34)$$

已知，
$$[CO_2]_f = m \cdot L \cdot (\alpha - \alpha)' \quad (2-35)$$

$$[CO_2]_R = m \cdot L_0 \cdot (\alpha' - \alpha_0) \quad (2-36)$$

$$L = L' + L_0 \quad (2-37)$$

若令 $R = \dfrac{L'}{L_0}$，$L = L_0 \cdot (1+R)$，$\Delta[CO_2] = [CO_2]_F - [CO_2]' - [CO_2]''$

则有，

$$L_0 = \frac{\Delta[CO_2]}{m \cdot [(1+R) \cdot (\alpha - \alpha') + (\alpha' - \alpha_0)]} \quad (2-38)$$

式中 m——溶液质量浓度，kmol（MDEA+P）/m³；
　　L_0——贫液流量，m³/h；
　　L'——半贫液流量，m³/h；
　　L——总溶液流量，m³/h；
　　α_0——贫液中残存的酸气负荷，kmol CO₂/kmol（MDEA+P）；
　　α'——半贫液中残存的酸气负荷，kmol CO₂/kmol（MDEA+P）；

α——塔底总溶液中的酸气负荷，kmol CO_2/kmol（MDEA+P）；

$[CO_2]_F$——原料气带入的 CO_2 浓度，kmol/h；

$[CO_2]'$——净化气带出的 CO_2 浓度，kmol/h；

$[CO_2]''$——1# 闪蒸塔带出的 CO_2 浓度，kmol/h；

$[CO_2]_f$——系统闪蒸出的 CO_2 浓度，kmol/h；

$[CO_2]_R$——再生塔排出的 CO_2 浓度，kmol/h。

提高贫液流量 L_0 可以提高上段的吸收能力。若不苛刻要求净化气中 CO_2 含量 $[L_0 \approx 1\%（y）]$，一般推荐 $R=3.8\sim4.2$；如要求 $y（CO_2）$ 小于 0.2%，有例报道其值可取为 $R<3$。

如图 2-6 所示，塔上段吸收的 CO_2 量 q_1 即相当于是再生塔排出的酸气量 $[CO_2]_R$；下段吸收的 CO_2 量（q_2+q_3）即是 2 号闪蒸塔闪蒸出的酸气，$[CO_2]_f$。

二、主要设计参数

原料天然气组成和生产装置操作参数分别见表 2-5 和表 2-6。

表 2-5 原料天然气组成表（设计值）（3.2MPa，20℃）

组分	占比，%
CH_4	55.58
C_2H_6	0.71
C_3H_8	0.24
C_4H_{10}	0.06
C_{5+}	0.03
N_2	13.38
CO_2	30.0

表 2-6 装置生产操作数据表（设计值）

位置	项目	数值
装置进口	原料气温度，℃	20
	原料气压力，MPa（表压）	3.10
	原料气流量，m³/h	100000
吸收塔 DN4000mm/DN2600mm H42500mm	原料气温度，℃	35
	净化气温度，℃	66.6
	贫液温度，℃	50
	贫液流量，m³/h	220

续表

位置	项目	数值
吸收塔 DN4000mm/DN2600mm H42500mm	半贫液温度，℃	73
	半贫液流量，m³/h	1130
	富液温度，℃	85.8
	富液压力，MPa（表压）	3.20
闪蒸塔	闪蒸温度，℃	85.1
	闪蒸压力，MPa（表压）	0.80
再生塔 DN4400mm/DN3200mm H58550mm	半贫液进口温度，℃	103.5
	半贫液进口压力，MPa（表压）	0.50
	酸气温度，℃	67.2
	酸气压力，MPa（表压）	0.04
	半贫液出口温度，℃	72.3
	贫液温度，℃	114.4
	贫液压力，MPa（表压）	0.06

净化气中：CO_2 含量小于 1.5%（y）；活化 MDEA 水溶液：w（MDEA）=40%，w（哌嗪）=3%；贫液酸气负荷：0.042kmol CO_2/kmol（MDEA+P）。

三、运行考察情况

考察期间，在基本上相当设计的压力、温度操作参数的前提下，按最大处理量（公称处理量 $10 \times 10^4 m^3/h$）、日常处理量（公称处理量 $6 \times 10^4 m^3/h$）、最小处理量（公称处理量 $2 \times 10^4 m^3/h$）三种工作状态，记录相应生产数据，同时在现场采集了 3 组共 24 个气液样品，进行分析、整理。最大处理量工况下测得的溶液酸气负荷见表 2-7。

表 2-7　最大处理量工况下测得的溶液酸气负荷

样品名称		CO_2 含量	
		g/L	kmol/kmol
贫液	Ⅰ	15.4	0.095
	Ⅱ	17.8	0.1093
半贫液	Ⅰ	59.0	0.3640
	Ⅱ	68.0	0.4195
富液	Ⅰ	74.3	0.4584
	Ⅱ	81.8	0.5087

在表 2-8 物料平衡的情况下，得出表 2-9 的 $[CO_2]_f/[CO_2]_R$。

表 2-8　$10 \times 10^4 m^3/h$、$6 \times 10^4 m^3/h$ 处理量的物料平衡

物理量①	p_C=0.96MPa 设计值	p_C=0.64MPa 实测数据				
		$10 \times 10^4 m^3/h$②				$6 \times 10^4 m^3/h$
		Ⅰ	Ⅱ	Ⅲ	Ⅳ	
α	0.5668	0.5087	0.4584	0.4836	0.5426	0.4140
α'	0.3454	0.4195	0.3640	0.3918	0.4300	0.3305
α_0	0.042	0.1098	0.095	0.10	0.1196	0.083
$[CO_2]_F$	1266	777.32				457.75
$[CO_2]'$	57.63	52.71				2.95
$[CO_2]''$	28.8	26.63				2.70
$[CO_2]_R$	246.96	251.68	218.97	237.53	252.66	140.10
$[CO_2]_f$	1105.89	388.45	411.10	399.78	498.19	328.41
$\sum[CO_2]$③	1439.30	719.47	709.41	716.64	830.69	474.16
$\Delta[CO_2]$④	173.4	57.85	67.91	60.98	53.37	16.41
$\dfrac{\Delta[CO_2]}{[CO_2]_F}$	12.05	7.4	8.7	7.8	6.9	3.1

① 各物理量单位见式（2-34）至式（2-38）中表示（以下同）；
② Ⅰ、Ⅱ含义见表 2-7，Ⅲ是Ⅰ和Ⅱ的平均值，Ⅳ是运算后得出的计算值；
③ $\sum[CO_2]$ 是 $[CO_2]'$、$[CO_2]''$、$[CO_2]_R$、$[CO_2]_f$ 之和；
④ $\Delta[CO_2]$ 是 $[CO_2]_F - \sum[CO_2]$ 的绝对值。

表 2-9　物料平衡的构成分析

物理量	$10 \times 10^4 m^3/h$		$6 \times 10^4 m^3/h$ 实测
	设计	实测平均值	
$\dfrac{[CO_2]_f}{[CO_2]_R}$	4.47	1.77	2.34
$\dfrac{L'}{L_0}$	5.14	4.32	4.32
	占 $[CO_2]_R$ 的百分数，%		
$[CO_2]'$	4	3.7	0.6
$[CO_2]''$	2	7.3	0.6
$[CO_2]_R$	17	35	30
$[CO_2]_f$	77	54	68.8

从表2-9物料平衡构成分析可以看出，实际工况下操作，闪蒸出的CO_2量与再生出的CO_2量相比远远小于设计值。说明装置的节能状况不理想，有待在操作中调整参数，详加考察。

第四节 新型脱碳分离技术

一、新型分离技术的分类

新型分离技术是相对传统分离技术而言的。新型分离技术的发展特点是通过多种技术的耦合来实现以局部的原始创新带动系统的集成创新（图2-7）。新型分离技术大致可以分为三大类：

第一类为对传统分离过程或方法加以变革后形成的分离技术，如基于萃取分离的超临界萃取、液膜萃取等。

第二类为基于材料科学的发展而形成的分离技术，如超过滤、反渗透、膜分离技术等。

第三类为分离材料与传统分离技术相结合形成的新型分离技术，如膜蒸馏、膜基吸收，以及膜反应器等。

图2-7所示为以膜溶剂萃取、离子交换和膜分离技术为基础的，通过相互融合和发展派出来的诸多新型分离技术。

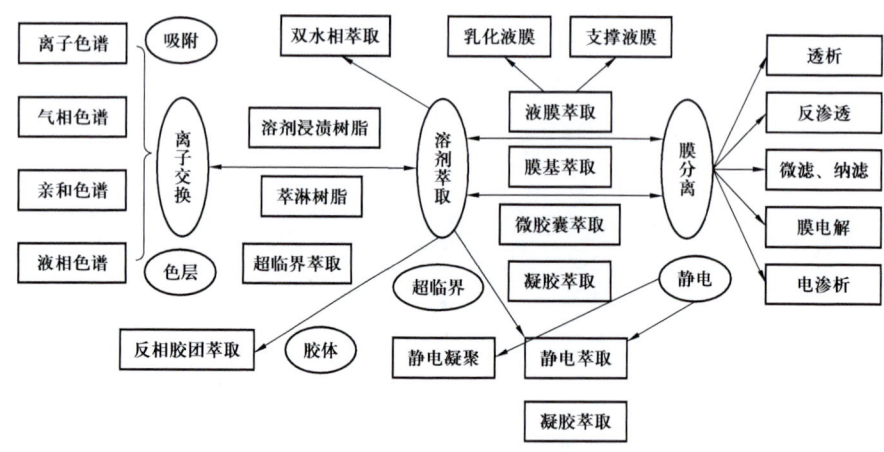

图2-7 新型分离技术的衍生与拓展

二、基于材料科学的发展而形成的分离技术——膜分离技术

膜分离技术是利用膜对混合物中各组分选择渗透性能的差异来实现分离、提纯或浓缩的新型分离技术。组分通过膜的渗透能力取决于分子本身大小与形状，分子的物理、化学性质，分离膜的物理化学性质以及渗透组分与分离膜的相互作用。膜分离技术的主体是

膜，而膜涉及多个学科，因而在膜的分类上也不统一；但概括起来大致可按膜的性质、结构、材料、功能的作用机理分为五大类。在化工生产过程中，使用具有分离与反应性能的合成膜[5]。

气体分子以溶解—扩散机理通过膜。按作用机理可以分为有孔膜筛分机理、无孔膜的溶解机理、活性基团的反应和吸附机理等。另外，还有两类正在开发与推广应用的新型膜技术。一类是膜接触器（包括膜基吸收、膜基萃取、膜蒸馏、膜基汽提等），另一类是以膜为关键技术的集成分离过程，包括膜与蒸馏、膜与吸附、膜与反应等相结合的集成过程。新型膜技术具有常规分离过程不能企及的优点，也正在受到重视和发展。

三、基于多种分离方法耦合与集成的新型分离技术

多数分离过程都是由多个分离单元操作构成的。集成过程的特点是：实现物料与能量消耗的最小化、工艺过程效率的最大化，或为达到清洁生产的目的，或为实现混合物质最优分离和获得最佳的浓度。美国环球油品公司单级膜吸收与胺法耦合脱碳工艺流程如图2-8所示。

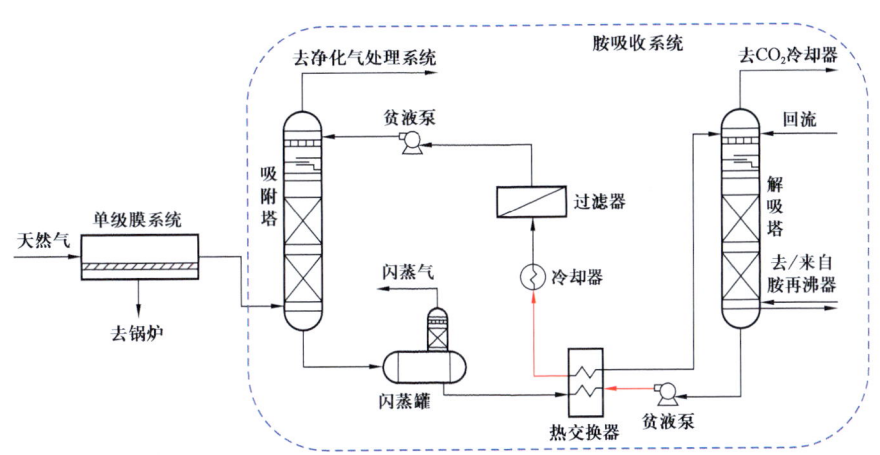

图2-8 美国环球油品公司单级膜吸收与胺法耦合脱碳工艺流程图

参 考 文 献

[1] 师春元，黄黎明，陈赓良.机遇与挑战——二氧化碳资源开发与利用[M]. 北京：石油工业出版社，2006.
[2] 张阿玲，等.温室气体CO_2的控制和回收利用[M].北京：中国环境科学出版社，1996.
[3] 张学元，等.二氧化碳腐蚀与控制[M].北京：化学工业出版社，2000.
[4] 朱利凯，陈怀龙.天然气脱碳装置产能核定实例介绍[J].石油与天然气化工，2013，42（4）：331.
[5] 李永绣，刘艳珠，周雪珍，等.分离化学与技术[M].北京：化学工业出版社，2017.

第三章 溶剂吸收法回收二氧化碳

二氧化碳（CO_2）分离是一个重要的气体分离工艺过程，在许多化工操作中都会涉及。CO_2 来源范围较广，各种含 CO_2 的原料气体来源和组成不同，分离 CO_2 的目的不一样，选择用于 CO_2 分离的方法也不相同。通常，CO_2 分离主要应用于以下两类情形：一类是将 CO_2 作为一种无用或有害成分进行脱除，如在天然气等矿产伴生气及合成氨和制氢等工艺过程气中脱除 CO_2，以使气体组成能满足管输及后序工艺要求；另一类则是将 CO_2 作为一种重要含碳原料和具有较高利用价值的产品加以回收，如从工业副产气、烟道气、窑炉气及废气等气体中回收 CO_2，以便进一步加工和利用[1]。

二氧化碳（CO_2）分离方法的发展始于 20 世纪四五十年代，其工业应用已有相对较长的历史。经过多年的不断改进和完善，有的方法现已基本成熟。本章将重点介绍 CO_2 分离的一些主要工艺方法及其进展，以及若干近年来出现的新工艺。由于 CO_2 在气体中总是随硫化氢（H_2S）等含硫化合物相伴而存在的，因此 CO_2 分离方法的发展主要是随气体脱硫方法的发展而进步的，但同时也出现了一些专门适用于 CO_2 分离的工艺方法。目前，用于 CO_2 分离的方法很多，大体上可分为溶剂吸收法、膜分离法、变压吸附法以及低温分馏法等。

在二氧化碳（CO_2）分离方法中，溶剂吸收法是当前应用最为广泛的方法。根据采用吸收溶剂种类的不同，溶剂吸收法主要分为化学吸收法、物理吸收法和化学物理吸收法三类。溶剂吸收法的工艺基本流程如图 3-1 所示，通常包含 CO_2 的吸收和溶剂的再生两个主要步骤。溶剂吸收法采用热再生的方式较多，而物理吸收法则更多采用闪蒸再生的方式以利于节能。同时，为了节省投资和降低能耗，结合到具体所采用的吸收溶剂，各个工艺流程都在此基本流程的基础上进行了演变和发展。

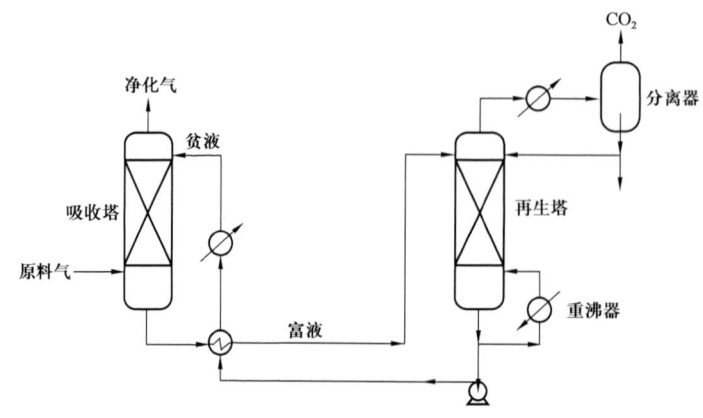

图 3-1 醇胺法工艺的基本流程

第一节 热钾碱法[1]

以强碱性碳酸盐热溶液作为吸收溶剂的热钾碱法工艺及在此基础上发展而来的各种改进工艺是脱除二氧化碳（CO_2）最为重要的方法之一，尤其在合成氨工业中应用较多。

利用碳酸钾溶液作为吸收剂进行气体中二氧化碳（CO_2）脱除的历史较长。在早期，CO_2吸收反应是在温度21~37℃条件下进行的，而且为防止出现沉淀，碳酸钾溶液浓度被限定在12%（质量分数）左右。这样该工艺只适用于烟道气CO_2回收等少数领域。1950年由美国矿务局的Benson和Field及其同事在由煤合成液体燃料的过程中，将其应用于煤制合成气中的酸气脱除，开发出著名的热钾碱工艺，才拓展了该工艺的应用范围。在热钾碱工艺中，CO_2的吸收温度与再生温度相近，且接近于其在大气压下的沸点，溶液浓度可高达40%（质量分数）而不会出现沉淀，因而溶液循环量小，使得热量消耗降低和设备小型化。

常温下碳酸钾溶液的二氧化碳（CO_2）分压较低，要达到一定的气体净化度是不成问题的。但在温度较低时，化学反应速度慢，达不到预期的目的；而温度较高时，能使CO_2在碳酸钾中的溶解度增加，可获得较高的溶液CO_2负荷，但同时也加大了溶液的腐蚀性。热的碳酸钾溶液具有很强的腐蚀性，这是热钾碱工艺的最大缺点。为了克服这些缺点，人们在热钾碱工艺的基础上进行了大量的改进工作，出现了许多改进的热钾碱工艺。

改进的热钾碱工艺在采用的溶液配方上未作较大的改变，只是在溶液中加入了一些活化剂及腐蚀防护剂，从而形成各种专有工艺技术。在脱碳溶液中加入少量高效活化剂，溶液性能将明显得到改善，不但可以增加溶液的传质速率，提高其吸收能力和解吸速率，有利于再生能耗的降低，而且能保证溶液的化学稳定性和热稳定性，避免溶剂变质而导致溶液发泡、加剧设备腐蚀及在系统中沉淀。活化剂的使用加快了碳酸钾溶液吸收二氧化碳（CO_2）和再生的速度，使净化气中CO_2含量降得更低，而蒸汽消耗更少，同时还可以用于脱硫，使该工艺在制氢、合成氨的合成气净化以及天然气净化中应用相当广泛。在中国，热钾碱法及改进工艺主要用于合成氨装置合成气中CO_2的脱除和回收。

改进热钾碱工艺的反应原理是：碳酸钾水溶液吸收二氧化碳（CO_2）生成碳酸氢钾，后者在加热后又分解，释放出CO_2，碳酸钾得以再生，并重复利用。整个过程用反应式表示为：

$$CO_3^{2-} + CO_2 + H_2O \rightleftharpoons 2HCO_3^- \tag{3-1}$$

实际上，反应过程又分为以下几步：

$$CO_2 + H_2O \longrightarrow H_2CO_3 \tag{3-2}$$

$$H_2CO_3 \longrightarrow H^+ + HCO_3^- \tag{3-3}$$

$$CO_3^{2-} + H^+ \longrightarrow HCO_3^- \tag{3-4}$$

上述反应过程表明，CO_2 分子溶于水中的过程是首先与 H_2O 分子生成 H_2CO_3，然后 H_2CO_3 电离成 H^+ 和 HCO_3^-，接着 H^+ 和 CO_3^{2-} 结合生成 HCO_3^-。离子间的反应都是瞬间完成的，惟有反应式（3-2）的 CO_2 水合反应是很慢的，是整个反应过程的控制步骤。加入醇胺或氨基乙酸等活化剂后，CO_2 的反应历程发生了变化。反应过程如下（以 DEA 为例）：

$$R_2NH + CO_2 \longrightarrow R_2NCOOH \tag{3-5}$$

$$R_2NCOOH \longrightarrow R_2NCOO^- + H^+ \tag{3-6}$$

$$H^+ + CO_3^{2-} \longrightarrow HCO_3^- \tag{3-7}$$

$$R_2NCOO^- + H_2O \longrightarrow R_2NH + HCO_3^- \tag{3-8}$$

可见，R_2NH 在整个反应过程中只是循环使用。在上述 4 个反应过程中控制步骤是反应式（3-5），但此反应的速度却远快于 CO_2 的水合反应式（3-2）。因此，加入少量的烷基醇胺或氨基乙酸等作活化剂，起着提高反应速率的作用，使总的 CO_2 吸收速率大大加快。

目前，改进热钾碱工艺在国外主要有 Benfield 工艺、G-V 工艺、Catacarb 工艺、Flexsorb HP 工艺、Carsol 工艺以及 Alkazid 工艺等。表 3-1 给出这些热钾碱改进工艺选用的活化剂及其应用情况。

表 3-1 改进热甲碱工艺采用的活化剂与应用情况

工艺	工艺开发者或专利拥有者	所用活化剂	工业装置数量 套
Benfield	美国环球油品公司（UOP）	DEA、ACT-1	>700
C-V	意大利 GV 法（改良砷碱法脱硫，Ciammarco-Vetrocoke Process）	氧化砷、氨基乙酸	>200
Catacarb	美国艾克梅尔联合有限公司（Eickmeyer & Associates）	烷醇胺、硼酸	>100
Flexsorb HP	美国埃克森美孚公司（Exxon Mobil Corporation）	空间位阻胺	3
Carsol	比利时石油化学公司（Carbochim）	烷醇胺	31
Alkazid	德国法本工业公司（I.G.Farbenindustrie）	甲基氨基丙酸、二甲基氨基乙酸	>100

国内在引进消化和吸收国外先进工艺技术的基础上，进行了大量深入的研究开发工作，取得了一些重要成果。开发的典型工艺主要有 SCC-A 工艺和复合催化工艺等。这些工艺在国内一些大中型合成氨工业装置上得到了较为广泛的应用。

SCC-A 工艺是由中国四川化工总厂在 20 世纪 70 年代初开发成功的一种有机催化热钾碱液脱碳工艺。它是以二乙撑三胺（DETA）为活化剂的催化热钾碱法，用于脱除合成气中的二氧化碳（CO_2），于 1975 年 5 月正式投入工业应用。该工艺具有无毒、吸收速度快、性能稳定、溶液抗污染能力强、基本不发泡、对装置腐蚀极微等优点。以二乙撑三胺作为活化剂，明显地降低了溶液的二氧化碳分压，能活化热钾碱溶液对二氧化碳的吸收和解吸，既具有吸收速度快的优点，又有较高的吸收容量。同时，该工艺选用五氧化二钒作为缓蚀剂，使碳钢在热钾碱溶液中的腐蚀速度大大降低。目前，应用 SCC-A 工艺的工业装置有 9 套，其中建于国外的装置有 4 套。

复合催化工艺是由中国南京化工研究院（现简称为南化集团研究院）在 20 世纪 80 年代初开始先后相继开发的一系列改进热钾碱溶液脱碳工艺。复合催化工艺是将两种或两种以上不同的活化剂同时加入热钾碱溶液，在吸收或解吸二氧化碳（CO_2）的过程中能够产生出比任一单一组分活化剂有较好的活化效果，它结合多种活化剂各自的优点聚之为一的同时，又克服各自的不足。根据采用活化剂的不同，分为 NCR-PC1、NCR-PC2 和 NCR-PC3 三种类型。表 3-2 给出三种类型工艺采用活化剂及应用情况[1]。

表 3-2　复合催化工艺采用的活化剂及应用情况

工艺类型	NCR-PC1 工艺	NCR-PC2 工艺	NCR-PC3 工艺
活化剂	氨基乙酸+DEA 或 DETA+硼酸	位阻胺 AMP+DEA	位阻胺 AMP+DEA+DETA
应用装置数量，套	16	2	1

南化集团研究院在多年从事热钾碱法脱碳工艺技术的研究基础上，开发了包括新型活化剂、计算机流程模拟优化系统和节能工艺流程等在内的整套新技术。其中，空间位阻胺新型活化剂达到了国外最先进催化剂的综合效能，吸收能力比 Benfield 溶液提高了 10%～30%，再生热耗降低了 30% 以上；流程模拟系统其计算值与实际值的偏差在 10% 以内，达到 20 世纪 90 年代国际先进水平，依此模型开发的"气体净化节能辅助操作软件"属国内首创，实现了从当前工况出发进行模拟调优，既能求出目标方案，也能提供操作步骤；低供热源变压再生新工艺，显著改变了再生系统各点的操作参数，使低变气所含热量得到充分利用，贫液闪蒸出的蒸汽供半贫液二次利用，以加压塔的再生气为动力通过喷射器抽吸降低了常压再生塔的气相二氧化碳（CO_2）分压，增大溶液的解吸推动力，大幅度降低了再生热耗。2001—2002 年，在此基础上又研制出了新型活化剂。新型活化剂在热钾碱溶液脱碳过程中同时对吸收速率和再生速率起着促进作用，属于均相催化剂（称之为 H-Cat）。齐鲁公司第二化肥厂工业侧流试验结果表明，加入新型催化剂 H-Cat，可以使原有的 Benfield 溶液吸收能力提高 16.9%，再生热耗降低 22.8%，达到了使用 ACT-1 活化剂的 Benfield 工艺水平。

第二节　醇　胺　法

一、主要醇胺的性质

各种醇胺在分子结构中至少含有一个羟基和一个氨基。通常认为分子中含有羟基可使化合物的蒸气压降低和增加其水溶性，而氨基的存在则使其在水溶液中显碱性，因而可与酸性气体发生反应。常用于二氧化碳（CO_2）及硫化氢（H_2S）脱除的醇胺主要有一乙醇胺（MEA）、二乙醇胺（DEA）、三乙醇胺（TEA）、甲基二乙醇胺（MDEA）、二异丙醇胺（DIPA）、二甘醇胺（DGA）等。它们的主要物性参数见表3-3[2]。

二、醇胺法

1. 简介

用于二氧化碳（CO_2）脱除的醇胺法工艺以MDEA配方（型）溶液为主，它们目前是天然气脱碳采用的最为重要方法。这些MDEA配方溶液工艺主要包括巴斯夫集团（BASF）的a-MDEA工艺、英力士集团（INEOS）的GAS/SPEC工艺、道达尔公司（Total）的energizedMDEA工艺、荷兰皇家壳牌集团（Shell）的ADIP-X工艺以及国内开发的MDEA脱碳工艺。

醇胺法（脱硫脱碳）工艺不仅广泛应用于天然气和炼厂气净化，在合成氨工业以及通过合成气制备下游产品的工业也经常使用。对需要通过后续克劳斯装置大量回收硫黄的天然气净化厂，醇胺法脱硫脱碳工艺可以认为是最有效的工艺。20世纪80年代中期以来，由中国石油西南油气田公司天然气研究院开发成功的、在MDEA选吸脱硫工艺基础上发展起来的配方型系列溶剂，当前已成为技术开发的主流；并在长期发展过程中形成了一整套较为完善的设计与操作经验[2]。

2. 机理

二氧化碳（CO_2）在溶液中与醇胺发生的反应相当复杂。这里以碱性及活性最强的MEA为例说明其反应过程。主要发生以下反应：

$$2RNH_2+CO_2 \rightleftharpoons RNHCOONH_3R \qquad (3-9)$$

$$2RNH_2+CO_2+H_2O \rightleftharpoons (RNH_3)_2CO_3 \qquad (3-10)$$

$$(RNH_3)_2CO_3+CO_2+H_2O \rightleftharpoons 2RNH_3HCO_3 \qquad (3-11)$$

这些产物都具有相当高的蒸气压，并随温度升高而迅速增加，因此，加热可以将被吸收气体从溶液中解吸出来而使溶液获得再生。

3. 工艺

醇胺法工艺主要用于从天然气和合成气中脱除二氧化碳（CO_2）和硫化氢（H_2S），只是在应用过程中的重点有所不同。早期的醇胺法工艺主要使用MEA和DEA，它们在20世纪80年代以前应用较多；其中MEA法工艺还曾经是从烟道气中回收二氧化碳的重要方法。由于MEA和DEA溶剂存在较严重的化学降解和热降解，设备腐蚀严重，只能在低浓度下使用，从而导致溶液循环量大、能耗高。进入20世纪80年代以后，具有选择性脱硫功能的MDEA等脱碳脱硫溶剂逐渐进入工业应用。MDEA工艺具有使用溶剂浓度高、酸气负荷大、腐蚀性低、抗降解能力强、脱硫化氢选择性高、能耗低等优点，取代

表 3-3　主要醇胺的物理性质

化学名称		MEA	DEA	TEA	MDEA	DIPA	DGA
分子式		HOC$_2$H$_4$NH$_2$	(HOC$_2$H$_4$)$_2$NH	(HOC$_2$H$_4$)$_3$N	(HOC$_2$H$_4$)$_2$NCH$_3$	(CH$_3$CHOHCH$_2$)$_2$NH	HOC$_2$H$_4$—OC$_2$H$_4$NH$_2$
相对分子质量		61.1	105.1	149.2	119.2	133.2	105.1
密度（20/20℃），g/cm^3		1.018	1.092（30/20℃）	1.126	1.042	0.989（45/20℃）	1.055
比热容（温度82.2℃），J/(kg·K)		15.91（质量分数为15%的溶液）	14.08（质量分数为50%的溶液）	—	—	14.58（质量分数为40%的溶液）	13.59（质量分数为60%的溶液）
沸点，℃	0.1013MPa	171	269（分解）	360	247.2	248.7	221
	6.666kPa	100	187	244	164	167	—
	1.332kPa	69	150	208	128	133	—
凝固点，℃	纯物质	10.5	28.0	21.2	−21.0	42	−9.5
	常用溶液浓度	5.5	−17.8	—	—	−9.4	−40
蒸气压（20℃），Pa		48.0	1.33	1.33	1.33	1.33	1.33
水中溶解度（20℃），%（质量分数）		全溶	96.4	全溶	全溶	87	全溶
黏度（20℃），10^{-2}Pa·s		24.1	380（30℃）	1013	101	198（45℃）	26（24℃）
蒸发热（0.1013MPa），kJ/kg		825.6	669.8	534.9	518.6	429.1	509.5
反应热，kJ/kg	CO$_2$	1918.0	1518.1	988.0	1104.3	1673.9	1976.1
	H$_2$S	1906.3	1188.0	930.0	—	1104.3	1566.9
化学降解	CO$_2$	不发生	不发生	—	不发生	不发生	不发生
	H$_2$S	可逆	不发生	—	微量	可逆	可逆
	COS	几乎不可逆	微量	—	微量	有些不可逆	可逆

了 MEA 和 DEA，应用相当普遍。但由于 MDEA 碱性弱，与二氧化碳反应速度较慢；在较低吸收压力和/或 CO_2/H_2S 比（碳硫比）很高的情况下净化气中二氧化碳的净化度很难达标。同时，在某些特定场合，如生产液化天然气（LNG）原料气时要求对二氧化碳进行深度脱除；为满足深度脱碳的技术要求，以 MDEA 为基础的各种配方型溶剂（包括活化 MDEA、混合胺等）工艺被开发了出来。目前，基于单独采用一种醇胺溶剂的工艺较少采用，配方型溶剂工艺已成为脱碳脱硫工艺技术的主流[4]。醇胺法工业装置的主要操作条件见表 3-4。

表 3-4 醇胺法工业装置的主要操作条件

工艺方法	MEA 工艺	DEA 工艺	TEA 工艺	MDEA 工艺	DGA 工艺	ADIP 工艺
采用溶液	MEA	DEA	TEA	MDEA	DGA	DIPA
水溶液浓度 %（质量分数）	10～20	20～40	30～36	20～55	40～75	25～45
溶液酸气负荷 %（摩尔分数）	0.25～0.45	0.50～0.85	—	0.1～0.9	0.35～0.45	0.50～0.85
溶液损失（$10^4 m^3$ 净化气）kg	3.2～8.0	1.6～3.2	—	1.6～3.2	1.6～3.2	3.2～6.4
吸收塔操作温度，℃	38～45	38～45	38～40	38～40	38	35～40
再生塔操作温度，℃	110～120	100～120	100～120	100～120	120	100～120

三、空间位阻胺

空间位阻胺是另一种用于气体脱除二氧化碳（CO_2）和硫化氢（H_2S）的胺类化合物[2]。空间位阻胺是指那些在与氮原子相邻的碳原子上具有一个或两个取代基从而形成空间位阻效应的新型有机胺，主要包括 2-氨基-2-甲基-1-丙醇（AMP）、1,8-甲基二胺（MDA）和 2-哌啶乙醇（PE）等，其结构式如图 3-2 所示。美国埃克森美孚公司（Exxon Mobil）开发出了基于空间位阻胺的 Flexsorb 系列溶剂工艺用于气体的脱碳和脱硫。近年来，日本关西电力公司和三菱重工公司合作开发出了一种空间位阻胺 KS-1 溶剂用从电厂烟道气中回收 CO_2 来合成尿素。

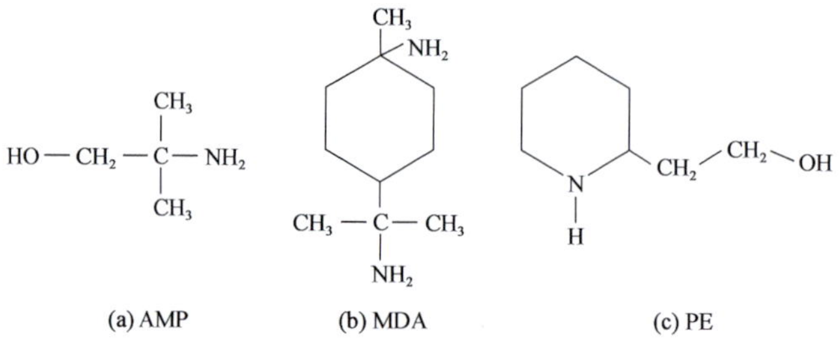

图 3-2 空间位阻胺结构式

根据空间位阻效应的概念，美国埃克森美孚研究与工程公司（Exxon Mobil Research & Engineering）详细研究了在醇胺分子中的氨基（—NH$_2$）上引入不同有机基团对选吸效果的影响，并提出可以用 Taft 空间位阻常数（E$_s$）来加以衡量。研究表明，氨基上的 H 原子被空间位阻常数大于 1.74 的叔丁基取代后，就能得到选吸效果比 MDEA 好得多的空间位阻胺。循此分子设计开发思路，该公司研制成功了一系列牌号为 Flexsorb 的空间位阻胺脱硫溶剂，广泛应用于天然气脱硫与 SCOT 法尾气处理，已建有 30 多套工业装置，是目前天然气工业中应用最广泛的空间位阻胺选择性脱硫溶剂。该公司现有 FlexsorbSE、FlexsorbSE+、FlexsorbSE（混合）、FlexsorbPS 和 FlexsorbHP 等 5 个产品牌号。其中，FlexsorbSE、FlexsorbSE+ 主要用于气体的选择性脱硫。FlexsorbSE+ 是 FlexsorbSE 的改进，加有一种特殊的添加剂，进一步改进了对硫化氢（H$_2$S）的选吸性能。

FlexsorbSE（混合）是由 SE 空间位阻胺溶剂、水和物理溶剂混合组成，可选择性脱除硫化氢（H$_2$S），并可兼脱有机硫。由于 Flexsorb 溶剂脱除硫化氢的传质速率高，酸气负荷也高，因而溶剂循环量低，再生蒸汽的用量也较低。并且溶剂抗发泡、腐蚀和降解的能力较强。FlexsorbPS 也是由空间位阻胺和物理溶剂混合而成，其性能与 Sulfinol-M 相似，但对二氧化碳（CO$_2$）的共吸收率则低得多，主要用于气体的脱硫脱碳。FlexsorbHP 则是含有空间位阻胺促进剂的热碳酸钾溶液，是对传统的助剂型热碳酸钾工艺的改进[3]。

第三节　物理溶剂吸收法

一、方法简介

物理吸收法是利用二氧化碳（CO$_2$）在吸收溶剂中进行溶解而实现脱除的方法。这类吸收溶剂有水、甲醇、碳酸丙烯酯（PC）、N-甲基吡咯烷酮（NMP）、聚乙二醇二甲醚、磷酸三正丁酯（TBP）、聚乙二醇甲基异丙基醚以及甲酰吗啉衍生物等。用于吸收二氧化碳的溶剂要求具备对二氧化碳溶解度大、选择性好、无腐蚀、性能稳定等特性。表 3-5 给出了各种气体在这些物理溶剂中的溶解度[4]。

表 3-5　各种气体在不同溶剂中的溶解度①

溶剂 气体	甲醇（25℃）	聚乙二醇二甲醚	碳酸丙烯酯	N-甲基吡咯烷酮	聚乙二醇甲基异丙基醚	磷酸三正丁酯
H$_2$	0.54	1.3	0.78	0.64	0.50	—
N$_2$	1.2	—	0.84	—	—	—
O$_2$	2.0	—	2.6	3.5	—	—
CO	2.0	2.8	2.1	2.1	—	—
CH$_4$	5.1	6.7	3.8	7.2	6.6	42

续表

气体\溶剂	甲醇（25℃）	聚乙二醇二甲醚	碳酸丙烯酯	N-甲基吡咯烷酮	聚乙二醇甲基异丙基醚	磷酸三正丁酯
C_2H_6	42	42	17	38	—	—
C_2H_4	46	49	35	55	—	—
CO_2	100	100	100	100	100	100
C_3H_8	235	102	51	107	—	—
$i-C_4$	—	187	113	221	—	—
$n-C_4$	—	233	175	348	—	—
COS	392	233	188	272	254	—
$i-C_5$	—	447	350	—	—	—
C_2H_2	333	453	287	737	—	—
NH_3	2320	487	—	—	—	—
$n-C_5$	—	553	500	—	—	—
H_2S	706	893	329	1020	686	560
NO_2	—	—	1710	—	—	—
$n-C_6$	—	1100	1350	4270	—	—
CH_3SH	—	2270	2720	3400	2310	—
$n-C_7$	—	2400	2920	5000	—	—
CS_2	—	2400	3090	—	—	—
$Cyclo-C_6$	5950	—	4670	—	—	—
$n-C_8$	—	—	6560	—	—	—
C_2H_5SH	—	—	—	7880	—	—
SO_2	—	9330	6860	—	—	—
$(CH_3)_2S$	—	—	—	9190	—	—
C_6H_6	—	25300	20000	—	—	—
$n-C_{10}$	—	—	28400	—	—	—
C_4H_4S	—	54000	—	—	—	—
H_2O	—	73300	30000	400000	—	—
HCN	—	120000	—	—	—	—

① 指相对于25℃下的CO_2溶解度，%。

图 3-3 示出了各物理溶剂蒸气压随温度变化的情况。

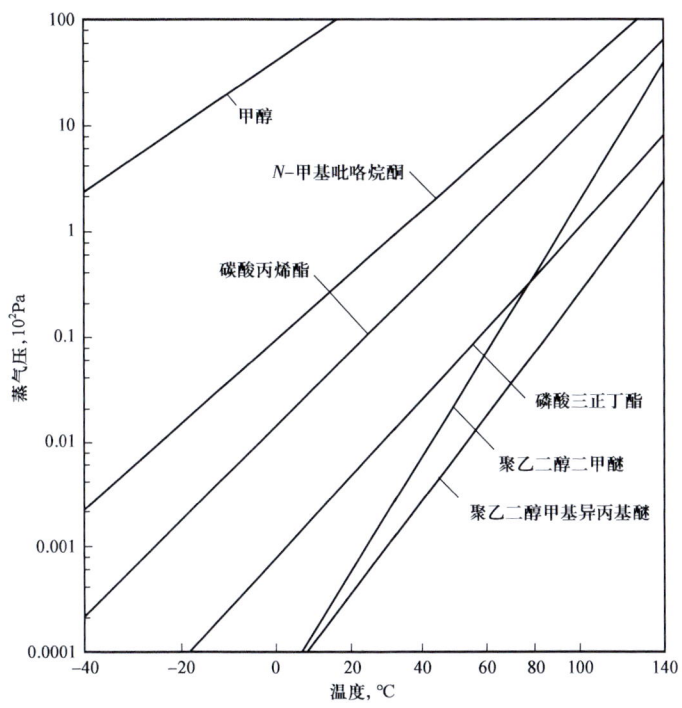

图 3-3　物理溶剂蒸气压随温度的变化情况

二、方法优缺点及应用情况

物理吸收法的优点是工艺流程简单,吸收在低温、高压下进行,吸收能力大,吸收剂用量少,再生容易,不需要加热,采用降压或常温汽提的方法,因而能耗较低,投资及操作费用也较低。但由于二氧化碳(CO_2)在溶剂中溶解服从亨利定律,因此,这类方法最适用于二氧化碳分压较高、且二氧化碳的脱除程度要求不高的情形。物理吸收法在合成气的净化处理方面应用较多。

表 3-6 给出了一些重要的物理吸收工艺的主要性能及应用情况。

由醇胺和物理溶剂混合而成的化学物理溶剂法因兼具物理吸收和化学吸收性能而获得较广泛的应用。这类工艺多用于含有机硫的气体进行脱硫和脱碳,主要有以甲醇与醇胺溶液为溶剂的 Amisol 工艺,以叔胺溶剂与物理组分组成的脱硫溶剂 Optisol 工艺,具有选择性脱硫能力的 Selefining 工艺,由 DIPA 或 MDEA 和环丁砜溶液为吸收溶剂的砜胺法 Sulfinol 工艺等,其中以 Sulfinol 工艺因具有十分优良的脱碳、脱硫以及脱有机硫的性能而应用最多。

表 3-7 给出了各工艺的应用情况。

表 3-6 物理吸收工艺的主要性能及应用情况

工艺商业名称		Rectisol	Selexol	Fluorsolvent	Purisol	SepasolvMPE	Estasolvan
开发公司		德国林德公司（Linde AG）、鲁奇公司（Lurgi）	诺顿公司（Norton）	美国福陆公司（Fluor）	德国鲁奇公司（Lurgi）	巴斯夫集团（BASF）	法国石油研究院（IFP）、德国伍德公司（Uhde）
溶剂		甲醇	聚乙二醇二甲醚	碳酸丙烯酯	N-甲基吡咯烷酮	聚乙二醇甲基异丙基醚	磷酸三正丁酯
相对分子质量		32	280	102	99	320	266
相对密度（25℃）		0.785	1.030	1.195	1.027	1.005	0.973
比热容（25℃），J/(kg·K)		8.67	7.51	5.19	6.13	—	—
沸点，℃		65	—	240	202	320	180
闪点，℃		—	151	—	96	—	—
凝固点，℃		−92	−28	−48	−24	—	−80
蒸气压（25℃），Pa		667	9.7×10^{-2}	11.3	53.2	—	65
水溶性（25℃），g/L		全溶	—	94	全溶	—	0.42
在水中溶解度（25℃），g/L		全溶	—	236	全溶	—	—
CO_2溶解度（25℃、10^5Pa），L/L		13.45	3.43	340	357	—	2.9
黏度（25℃），mPa·s		0.6	5.9	3.0	1.65	—	—
工艺操作参数	典型吸收温度，℃	−35～−55	0～15	0～15	室温	0～15	室温
	最高操作温度，℃	—	175	65	—	175	—
净化气体指标	CO_2含量 10^{-6}（体积分数）	100	10000	10000	1000	—	—
	H_2S含量 10^{-6}（体积分数）	0.1	1	<4	<4	<4	<4
工业化时间		1954	1965	1961	1963	1978	—
工业装置数量，套		>100	>55	14	7	4	2

表 3-7 化学物理吸收溶剂工艺应用情况

工艺类型	开发公司	工业装置数量，套	工业化时间
Sulfinol 工艺	荷兰皇家壳牌集团公司（Shell）	>200	20 世纪 60 年代
Amisol 工艺	德国鲁奇公司（Lurgi）	4	20 世纪 60 年代
Optisol 工艺	美国 C-E 奈特可公司（C-E Natco）	6	20 世纪 80 年代
Selefining 工艺	意大利斯南普雷盖蒂公司（Snampregetti）	3	20 世纪 80 年代

第四节　工业上常用的几种脱碳工艺

一、Benfield 工艺

Benfield 工艺是热钾碱法工艺中应用最广泛的方法；21 世纪初，装置数量已经超过 700 套。该工艺方法是在碳酸钾溶液中加入二乙醇胺（DEA）作为活化剂，加入五氧化二钒作为腐蚀防护剂。由于活化剂二乙醇胺的加入使反应速度大大加快，相应地溶液循环量大幅度下降，投资和操作费用大大降低。同时，还在一定程度上提高了处理后气体的净化度。

Benfield 工艺的基本流程为结构简单的单段流程，如图 3-4 所示。采用传统的填料塔或塔板塔直接进行气液逆流接触。由于贫液和富液之间没有换热器，吸收塔的操作温度和重沸器的温度接近。这种工艺流程主要适用于净化气中二氧化碳（CO_2）及硫化氢（H_2S）含量要求为 1%～5%（摩尔分数）的情形。要获得更高的二氧化碳净化度，则需采用分流式吸收塔设计和两段式吸收再生工艺设计，净化气中二氧化碳的含量可分别降至 0.1%（摩尔分数）和 0.05%（摩尔分数）。上述两种基本流程分别如图 3-5 和图 3-6 所示。

Benfield 工艺近年来所取得技术进展是开发出了新型高效的活化剂 ACT-1 和采用高效不规则填料，以及结构填料的工艺设计。

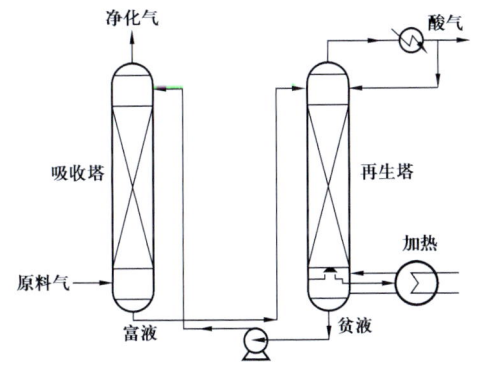

图 3-4　Benfield 工艺基本流程图

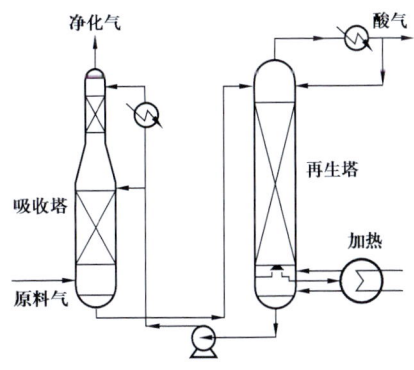

图 3-5　分流式吸收塔设计工艺流程图

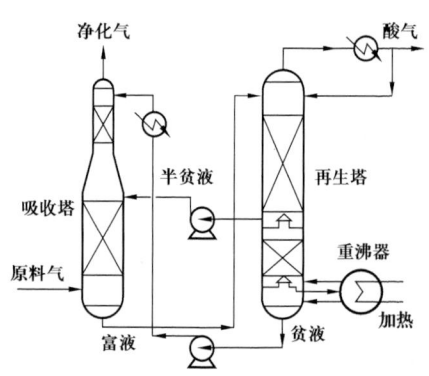

图 3-6 两段式吸收再生工艺流程图

长期以来，Benfield 工艺采用 30%（质量分数）浓度的碳酸钾溶液作为吸收溶液，并添加活化剂及腐蚀抑制剂。DEA 是其标准的活化剂，至今仍用在许多装置上。然而，由于 DEA 属于有机化合物，易降解；亦即一方面因过热而分解（热降解），另一方面与空气中氧气接触，或者是由于腐蚀抑制剂的再氧化剂过量使用以及与二氧化碳（CO_2）反应生成一些不能再生的副产物（化学降解），而且降解产物还会加快腐蚀。发生降解的现象是溶液变黑发泡，需要不断地加入消泡剂。

美国环球油品公司已开发了一种新型活化剂 ACT-1（图 4-7），它仍然是一种胺，但其性能更稳定，更不易降解，且用量更少；在溶液中的浓度为 0.3%~1.0%（质量分数）。自 1992 年初投入工业应用以来，至今已有 20 多套工业装置采用，绝大多数用于处理合成氨装置原料气，其应用情况见表 3-8。

表 3-8 ACT-1 活化剂应用情况

所处位置	合成氨装置设计处理能力，t/d	投产时间
加拿大	1500	1992 年 8 月
美国	780	1993 年 7 月
	2000	1996 年 10 月
卡塔尔	1360×2	1994 年 8 月
德国	1360	1994 年 10 月
	1360	1995 年 3 月
马来西亚	1000	1995 年 2 月
印度	1000	1995 年 11 月
	410	1995 年 5 月
	410×2	1996 年 1 月
特立尼达和多巴哥	1840×2	1998 年 3 月
印度尼西亚	1250	1998 年 10 月
	1000	1999 年 3 月
阿联酋	1000	1999 年 5 月
沙特阿拉伯	1500	2000 年 10 月
	1500×2	2000 年 12 月

ACT-1 活化剂使热钾碱法溶液的脱碳吸收容量和吸收速率显著提高,可用于新建装置或现有装置的改造。对于现有装置改造,可通过在线加入活化剂的方法,逐渐将 DEA 转变为 ACT-1,这种加入方式较容易;但较好的方法是将加入了 DEA 活化剂的溶液换掉,采用新鲜的热钾碱溶液再加入 ACT-1 活化剂,这样效果更为明显。

图 3-7 为美国环球油品公司公布不同活化剂溶液吸收能力的对比曲线。图 3-8 为采用 ACT-1 和 DEA 活化剂的热钾碱溶液在不同转化度下的吸收速率常数比较。从图 3-7 和图 3-8 中可以看出,无论从平衡数据还是从吸收速率数据来看,ACT-1 活化剂性能均优于 DEA 活化剂。表 3-9 和表 3-10 为新型活化剂与 DEA 在不同条件下的性能对比。

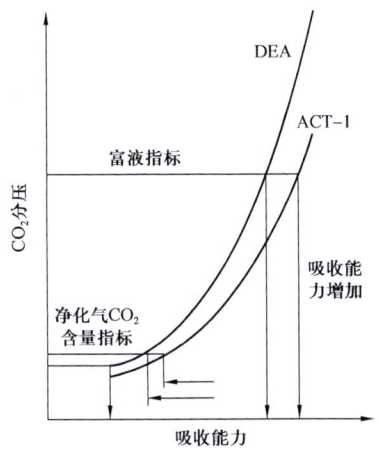

图 3-7 加不同活化剂溶液吸收能力的对比

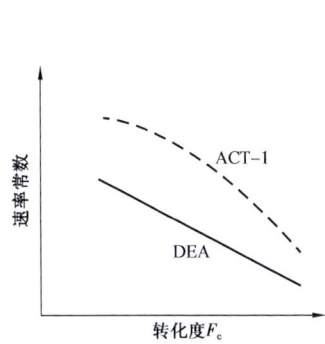

图 3-8 吸收速率常数比较

表 3-9 氧对活化剂的性能影响

测试天数,d		0	3	8	10	14	18	21	37	43	46	67
活化剂含量,%	ACT-1	100	100	100	—	100	—	100	—	100	—	100
	DEA	100	—	—	97	—	93	—	87	—	86	—

表 3-10 温度和 CO_2 对活化剂的性能影响

测试天数,d		0	3	8	10	15	18	20	30	50
活化剂含量,%	ACT-1	100	100	100	100	100	100	100	100	100
	DEA	100	75	50	42	26	—	—	—	—
	MEA	100	70	50	46	40	33	30	—	—

表 3-9 是将加入活化剂的溶液样品加热到 75℃,并通过不断注入空气使其暴露于氧气中所获得的结果。从此表可以看出,在 46d 内 DEA 发生降解 14%,而 ACT-1 活化剂仍保持 100%;表 3-10 则是溶液样品被加热到 121~132℃,二氧化碳(CO_2)饱和,压力维持在 0.9~1.4MPa 下所获得的加速降解测试结果,经过 15d,只留下 26% 的 DEA,而 ACT-1 保持在 100%,而且在 50d 后仍保持在 100%。

Benfield 工艺吸收塔和再生塔采用的填料均为不规则填料。多年来，UOP 公司推荐的标准填料为钢质鲍尔环或类似的不规则填料；这些类型的填料来源较广，而且其效率完全能够满足工业应用。通过对应用于 Benfield 工艺的几种新型填料进行测试，结果发现它们对二氧化碳（CO_2）的吸收比鲍尔环具有更高的效率。这些填料分别是：诺顿公司（Norton）的 IMTP 填料，格利奇公司（Glitsch）的 Mini 环填料，纳特工程公司（Nutter）的 Nutter 环填料以及科氏工程公司（Koch）的 Fleximax 填料。

表 3-11 为 Benfield 工艺采用新型填料与鲍尔环的装置比较。这是针对 1500t/d 合成氨装置二氧化碳（CO_2）脱除设计的。可以看出，在吸收塔上部，采用 IMTP 填料的塔直径比采用鲍尔环的小 0.3m，在吸收塔下部则要小 0.45m。

表 3-11 Benfield 工艺采用不同填料及活化剂的装置比较

		填料	鲍尔环	IMTP	IMTP
		所用活化剂	DEA	DEA	ACT-1
主要设备尺寸	吸收塔	上部 直径, m	2.667	2.362	2.362
		填充高度, m	2×8.230	3×6.706	2×7.315
		填充体积, m³	91.955	81.160	64.116
		填料类型、材质	直径5.08cm, 金属	50号, 金属	50号, 金属
		下部 直径, m	4.267	3.810	3.810
		填充高度, m	2×6.401	2×7.925	2×6.706
		填充体积, m³	183.089	180.710	152.928
		填料类型、材质	直径5cm, 金属	50号, 金属	50号, 金属
	再生塔	直径, m	5.410	4.801	4.724
		填充高度, m	3×8.230	4×7.62	2×7.925
		填充体积, m³	567.618	551.759	416.814
		填料类型、材质	直径5.08cmm, 金属	50号, 金属	50号, 金属
公用工程	净热负荷	GJ/h	137.467	137.783	130.398
		MJ/kmol CO_2	77.682	77.914	73.728
	贫液泵流量, m³/min		22.459	22.457	22.292
	电力, kW·h		1920	1920	1830
	冷却水, m³/min		46.099	46.099	44.055
投资费用 (±30%)	设备购置费, 10⁶ 美元		4.1	4.0	3.6
	设备安装费, 10⁶ 美元		8.3	8.2	7.3

此外，美国环球油品公司也在探求针对该工艺采用结构填料的设计。新开发的结构填料称之为 UPak 填料，由不锈钢 300 系列（如 304SS 或 316SS）制成，通过独特的表面结

构，在较宽的溶液负荷条件下以获得更高的分离效果。表 3-12 为处理合成氨原料气时吸收塔采用 UPak 填料和高效不规则填料的参数比较。

表 3-12　吸收塔采用结构填料和不规则填料的设计参数比较

项目		高效不规则填料	UPak 填料	费用节省
精脱部分	直径，m	2.5	2.3	—
	床层数量，个	1	1	—
	填料高度，m	9.1	9.1	—
粗脱部分	直径，m	3.4	3.4	—
	床层数量，个	2	1	—
	填料高度，m	9.1	12.8	—
塔体质量，t		27.0	20.3	—
填料费用，10^4 美元		19.46	29.80	-10.34
塔体费用，10^4 美元		82.76	62.22	20.54
设备购置费用，10^4 美元		102.22	92.02	10.2
设备安装费用，10^4 美元		254.8	230.05	24.75

表 3-12 中的数据是基于 2000t/d 合成氨装置所得到的。从表中数据可以看出，尽管填料自身费用较高，但由于其性能好，减少了反应床层数量和反应塔体积，因而降低了设备费用，使装置的设备及安装费用降低约 10%。

结构填料用于现有装置的改造，可提高装置的处理能力。对于 2000t/d 合成氨装置的原料气处理，采用结构填料能将处理能力提高 25%，使装置处理能力达到 2500t/d。表 3-13 为结构填料用于再生塔改造前后的处理能力对比。

表 3-13　再生塔采用结构填料改造前后的对比

项目		高效不规则填料	UPak 结构填料
合成氨原料气处理能力，t/d		2000	2500
脱除的 CO_2，kmol/h		2123	2719
贫液循环量，m^3/h		1563	1903
吸收塔精脱部分	直径，m	2.5	
	填料高度，m	9.1	
吸收塔粗脱部分	直径，m	3.4	
	填料高度，m	18.2	
再生塔	直径，m	4.6	
	填料高度，m	22.9	

目前，全球采用结构填料的 Benfield 装置有 6 套，其中 3 套新建装置正处在设计之中。表 3-14 为其具体应用情况。

表 3-14　UPak 结构填料的应用情况

国家名称	塔的类型	塔直径，m	操作压力，MPa	用于新建或改造	应用说明
印度	吸收塔	3.8	2.5	改造	1000t/d 合成氨装置提高原料气处理能力
比利时	吸收塔/再生塔	2.0，2.3/2.9	2.3/0.1	改造	环氧乙烷装置提高原料气处理能力及 CO_2 脱除率
科威特	吸收塔	5.1	2.37	新建	大型环氧乙烷装置处理原料气
加拿大	吸收塔	4.7	2.3	改造	环氧乙烷装置降低产品气中 CO_2
埃及	吸收塔/再生塔	2.4/3.0	8.6/0.1	新建	2 套 $600 \times 10^4 m^3/d$ 天然气处理装置脱碳
马来西亚	吸收塔	6.2	2.43	新建	大型环氧乙烷装置处理原料气

为了适应各种净化气的不同要求，同时降低能耗，提高效率，在原有基本工艺流程基础上，又提出了 HiPure 工艺、LoHeat 工艺以及 PSB 工艺等几种主要改进工艺流程。吸收塔入口原料气酸气组分分压和出口酸气组分含量要求是选择流程考虑的关键因素。

1. HiPure 工艺

HiPure 工艺是在 Benfield 工艺和 DEA 工艺的联合基础上发展来的。以两种不同方法交替使用联合组成一个系统，可以发挥各自的长处，在某些情况下，可比采用其中任何一种单独方法节省操作费用。联合工艺以 Benfield 工艺进行粗脱，采用 DEA 工艺进行精脱。在流程安排上将吸收塔分为两段，上段用 DEA 溶液吸收，下段用 Benfield 溶液吸收，并用温度较高的 Benfield 溶液预热 DEA 溶液，然后进入两段再生塔，用同一股蒸汽汽提再生 Benfield 溶液和 DEA 溶液，这种联合进一步降低了能耗。大量的二氧化碳（CO_2）由 Benfield 溶液吸收，而这种溶液即使在高酸气负荷下也不会引起腐蚀问题，而进入上段的二氧化碳含量已不高，用 DEA 吸收可提高净化度，而又不至于引起腐蚀和起泡现象。由于有 DEA 溶液作为保证，Benfield 溶液的再生度较低，也可节省再生能量。

HiPure 工艺流程如图 3-9 所示；此工艺结合了 Benfield 工艺再生能耗较低和胺法脱硫工艺产品气净化度较高两者的优点，产生的净化气二氧化碳（CO_2）含量低于 20×10^{-6}（体积分数），硫化氢（H_2S）含量低于 1×10^{-6}（体积分数）。

HiPure 工艺还可用于需进一步提高净化度的现有 Benfield 装置改造上。该工艺虽然要增加 5%～10% 的投资费用，但比常规的 Benfield 装置可节省再生能耗约 22%。表 3-15 为 HiPure 工艺与常规 Benfield 工艺的能耗及相对投资对比。

表 3-16 为 HiPure 工艺处理天然气的应用情况。

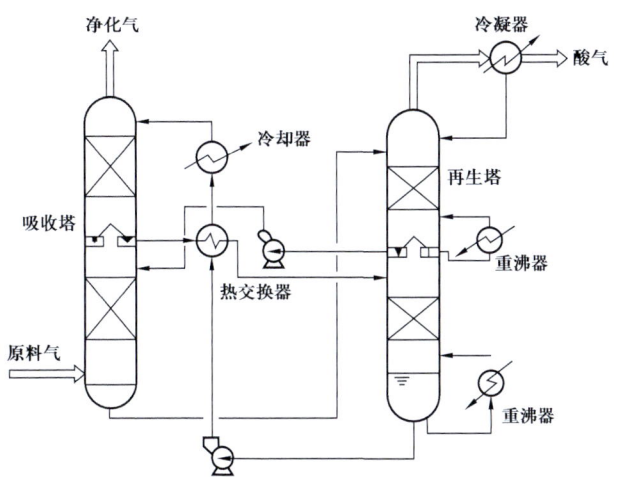

图 3-9 HiPure 工艺流程图

表 3-15 HiPure 工艺与常规 Benfield 工艺的能耗及相对投资对比[6]

项目	常规 Benfield 工艺	HiPure 工艺
原料气压力，MPa	2.89	2.89
原料气 CO_2 含量，%（体积分数）	33.7	33.7
净化气 CO_2 含量，10^{-6}（体积分数）	1000	40
再生能耗，$MJ/molCO_2$	37.1	28.9
溶液循环量，$m^3/molCO_2$	0.33	0.35
相对投资，%	100	105～110

表 3-16 HiPure 工艺处理天然气的应用情况

装置	处理量 $10^4 m^3/d$	压力 MPa	原料气含量，%（体积分数） H_2S	原料气含量，%（体积分数） CO_2	净化气含量，10^{-6}（体积分数） H_2S	净化气含量，10^{-6}（体积分数） CO_2
美国阿拉巴马（Alabama）	88	4.2	10.9	42.8	1～?	10000
英国	1415	5.4	4.7	4.9	<1	50

2. LoHeat 工艺

LoHeat 工艺通过再生贫液减压和闪蒸蒸气压缩来回收内在热量，主要是引入蒸汽喷射器，使富含二氧化碳（CO_2）溶液闪蒸的蒸汽采用喷射器来再增压，并送回再生塔作汽提剂，用于提供部分再生所需要的热量，以减少塔底重沸器的外部供热。工艺流程如图 3-10 所示。这是一个两段吸收、一段再生，采用了四级蒸汽喷射器的流程。LoHeat 工艺的流程安排减少了在相同再生效果和相同的产品气净化度下所需的外部供热量，而且减少了重沸器的表面积（只有原来大小的2/3）。由于用于系统运转的外部热量降低，也相应减少了酸气和贫液的冷却负荷。采用一级喷射器可降低25%的再生热量消耗，而多级喷射器则可降低35%（相应增加的投资约1%）。目前，应用LoHeat工艺都采用多级喷射器设计。对于大多数新建装置而言，采用LoHeat工艺设计并不需要增加很多投资，添加设备所增加的投资可通过节省重沸器和酸气冷却器的投资来得到补偿。LoHeat工艺可将Benfield工艺5.02MJ/m³的能量消耗降至3.35MJ/m³。之后，美国环球油品公司又在原有LoHeat工艺工艺基础上，增加溶液的第五级闪蒸以及采用压缩机对第五级闪蒸汽进行增压，并返回再生塔的复合LoHeat工艺流程。后者的能耗可降至3.35MJ/m³。闪蒸蒸汽进行增压，并返回再生塔的复合LoHeat工艺流程的能量消耗可降到2.72MJ/m³。如果采用新型活化剂ACT-1，则能量消耗还可进一步降至2.51MJ/m³。

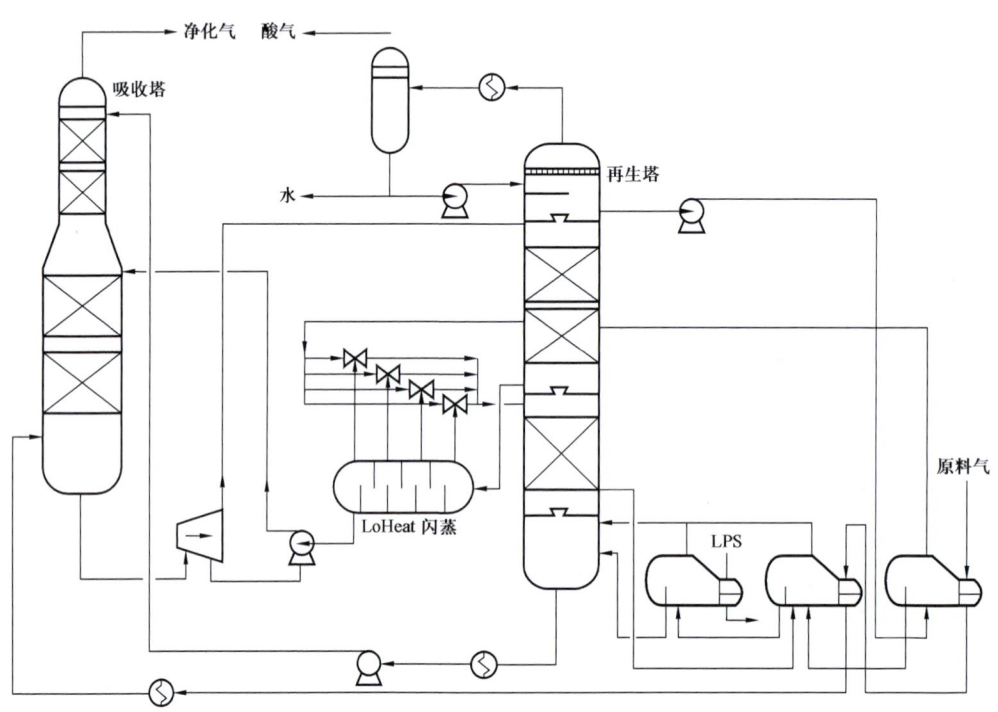

图3-10　LoHeat工艺流程图

表3-17和表3-18分别为1500t/d合成氨装置二氧化碳（CO_2）脱除单元的设备投资费用和几种工艺的能量消耗对比。

表3-17　复合LoHeat工艺的设备投资费用

设备名称	塔和容器	塔填料	闪蒸罐	泵	压缩机	透平机	热交换器	合计
投资费用，10⁶美元	2.82	0.343	0.455	1.037	0.618	0.462	7.428	8.163

表 3-18　各种 CO_2 脱除工艺的能量消耗对比

能量消耗		Benfield 工艺	LoHeat 工艺	复合 LoHeat 工艺
热量	GJ/h	200.46	142.30	100.00
	MJ/m³	5.43	3.85	2.71
电力	kW·h	1826	1826	2365
	GJ/h	26.06	26.06	33.76

3. PSB 工艺

变压 Benfield 工艺即 Pressure Swing Benfield（PSB）工艺，只对 Benfield 工艺流程进行了改变，采用三段吸收、三段再生流程（包括高、低压闪蒸再生和汽提再生），与 MDEA 工艺流程相似，如图 3-11 所示。吸收塔下段采用半贫液，中段采用热贫液，上段采用冷贫液，因而其吸收效率较高，净化气二氧化碳（CO_2）含量可降至 $500×10^{-6}$（体积分数），这是二段吸收工艺难以达到的指标。从吸收塔出来的富液经水力涡轮机回收能量后进入一个闪蒸再生塔，该塔分为上下两段，上段为高压段，下段为低压段，溶液从上塔经减压阀流到下塔，在上塔用下塔和再生塔来的热蒸汽自下而上进行汽提，从下塔底流出的半贫液和再生塔出来的贫液换热，解吸出来的气体经压缩机升压后进入上塔；从闪蒸再生塔出来的半贫液一部分去吸收塔下段，另一部分进入再生塔，利用重沸器加热进一步再生成贫液；从再生塔顶部出来的水蒸气（H_2O）和二氧化碳（CO_2）返回闪蒸再生塔上段，作为汽提气。

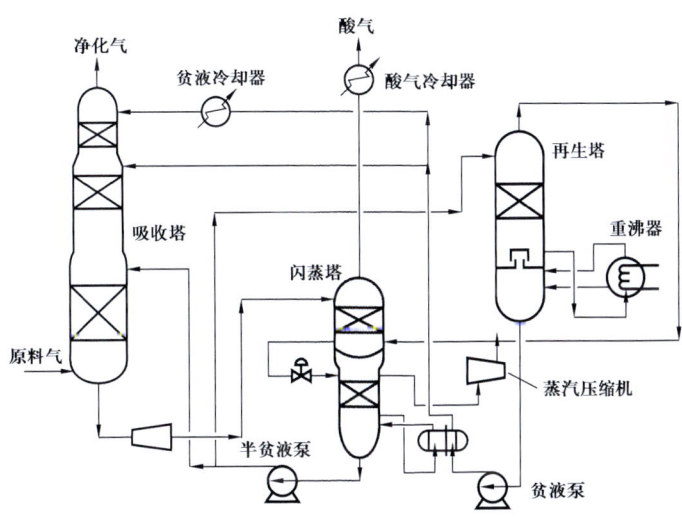

图 3-11　变压 Benfield 工艺流程

该工艺的主要特点是吸收塔出口 CO_2 含量可降低至 $500×10^{-6}$（体积分数），同时可利用贫液的低位能热量进一步再生半贫液，因此，可以减少溶液重沸器所需的热量，其热负荷降到 35.6~41.8MJ/kmol。

二、G-V 工艺

G-V 工艺又被称为改良砷碱法工艺。此工艺是在热钾碱溶液中加入三氧化二砷（As_2O_3）作为活化剂和腐蚀防护剂。As_2O_3 的加入增加了吸收过程中 CO_2 水合成碳酸的速度，再生时 pH 值呈酸性，使得被解吸的 CO_2 更完全地被脱除。由于 G-V 工艺的 CO_2 吸收和解吸速度要比一般的热钾碱工艺快 2~3 倍，因而显著地节省了再生热量，并可缩小设备尺寸，提高气体的净化度。由于 As_2O_3 具有毒性，存在污染环境问题，现已逐渐被淘汰，并由无毒的有机胺类活化剂所取代。

改良 G-V 工艺采用氨基乙酸作为活化剂，五氧化二钒作为腐蚀防护剂，有时还加入第二种活化剂 DEA。吸收溶液中碳酸钾的浓度保持在 29%（质量分数）左右，活化剂浓度小于 2%（质量分数）。若同时采用两种活化剂，则浓度还可降得更低（有装置在采用一种氨基乙酸活化剂时质量分数为 1%，采用 DEA 和氨基乙酸两种活化剂时则质量分数分别为 0.7% 和 0.5%）。由于两者的协同作用，使净化气中 CO_2 含量进一步降低，并减少低压蒸汽消耗量，同时还提高溶液的 CO_2 负荷。

经改进的 G-V 工艺流程如图 3-12 所示。

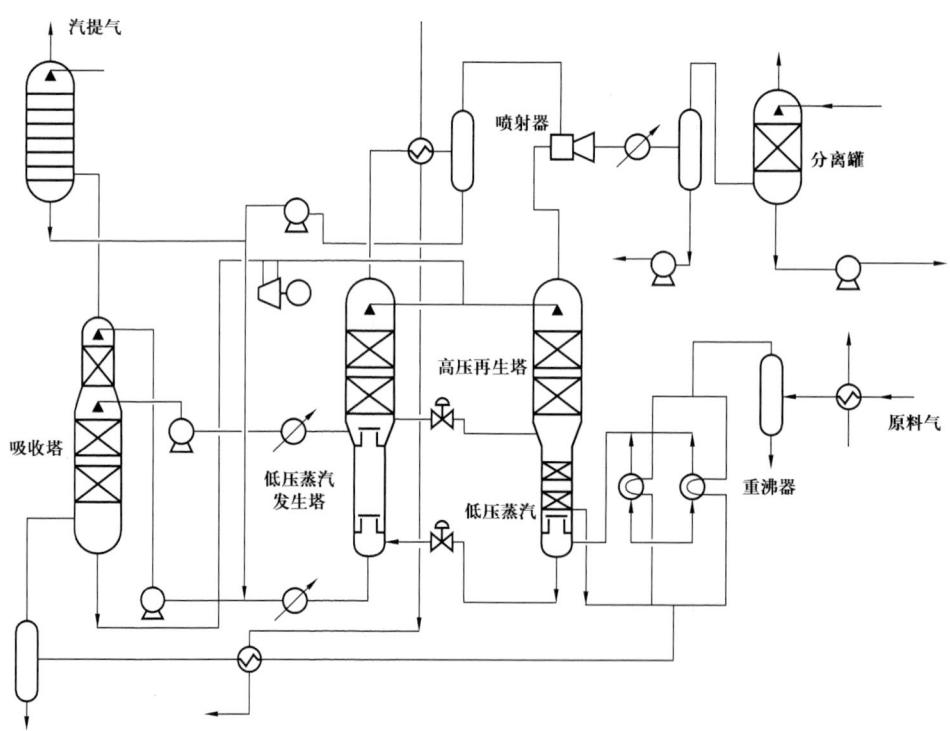

图 3-12　G-V 法工艺流程

流程的主要改进在于采用了多段吸收和再生。吸收塔内采用两段吸收流程安排，半贫液进入吸收塔的中部，而贫液则从吸收塔顶部进入。半贫液不经过冷却直接进入，以提高吸收过程的动力学；贫液则要进行冷却，以促进达到 CO_2 气液平衡，使净化气中 CO_2 含量降至最低。由于只有很小部分的吸收溶液进行了充分再生，使得气体在由半贫溶液脱除其中大部分的 CO_2 后进行精脱。

由于设置了一个精脱段，对吸收塔下半部的 CO_2 脱除要求就不是很严格，所以绝大部分溶液的再生也不必进行得那么彻底，只需通过降压来使溶液再生达到适合的程度。再生时富液经高低压两级汽提塔进行再生。为了节省能量，流程选用第二汽提再生塔操作压力低于第一汽提再生塔的方式而不是多级闪蒸。高压汽提塔中溶液被限定在沸点温度，这样操作不是让解吸出来的 CO_2 从塔顶离开，而是使溶液在重沸过程中所产生的绝大部分蒸汽冷凝下来，以预热进入塔内的溶液；而低压汽提塔则由进来溶液在降压时自发闪蒸所产生的蒸汽进行自动操作（闪蒸出来蒸汽的热量就是该工艺相对于常规工艺所节省的热量）。从高压汽提塔底出来的溶液直接进入低压汽提塔底进行减压闪蒸，高低压汽提塔之间压差约为 0.1MPa，足以产生维持低压汽提塔正常运转所需的汽提蒸汽，而节省重沸器所需的外供热量。高低压汽提塔的温差通常在 18~20℃ 之间，而所产生的蒸汽量要超过多级喷射器（其温差通常为 10~11℃）。该工艺的热量消耗通常为 2.51~2.72MJ/m³，而且还不需要额外提供低压蒸汽。

三、Catacarb 工艺

由美国艾克迈尔联合公司（Eickmeyer & Associates）开发的 Catacarb 工艺在流程上及很多方面都与 Benfield 工艺类似，据称该工艺是最先开发出以烷醇胺作为活化剂的热钾碱工艺。其采用的活化剂主要有无机类硼酸盐和有机类烷醇胺两种类型，以适用于不同原料气体的处理（表 3-19）。

表 3-19 Catacab 工艺活化剂适用气体处理范围

有机类活化剂（烷醇胺）	合成氨及甲醇合成气
	氢气
	天然气
	铁矿还原气
无机类活化剂（硼酸盐）	环氧乙烷循环气
	氯乙烯循环气
	氧化亚氮产品气
	高压釜循环氧气

Catacarb 工艺流程如图 3-13 所示。其典型操作条件是吸收塔压力在 344.5kPa 至 10.34MPa 之间；气体酸气组分含量在 3% 至 50% 之间，高碳烃的存在不会产生露点控制问题，其吸收也不是很明显；处理后气体温度在室温至 232℃ 之间，热的气体可用来提供溶液再生所需的全部或部分热量；再生压力在常压至 206.7kPa。

表 3-20 为某套 Catacarb 工业装置的操作数据。在热钾碱溶液加入活化剂之后，装置处理能力和 CO_2 净化度方面都有明显提高和改善。

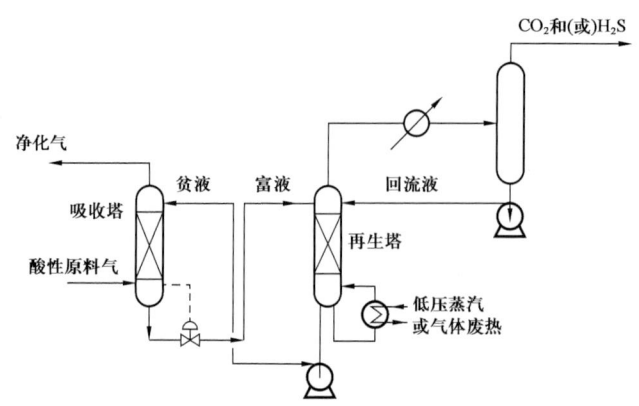

图 3-13 Catacarb 工艺流程图

表 3-20 某套 Catacarb 工业装置操作数据

活化剂含量，%（质量分数）	0	6.8	0	7.0	0	7.0
处理量，m^3/d	114615	16697	13301	163291	131312	133576
原料气 CO$_2$ 含量，%（体积分数）	23.4	22.8	23.5	22.8	22.9	23.0
压力，MPa	2.48	2.48	2.48	2.48	2.48	2.48
气液比，m^3/m^3	59	75	78	73	71	72
净化气 CO$_2$ 含量，%（体积分数）	1.0	1.1	2.9	2.7	2.3	0.6
蒸汽消耗，kg/m^3	13.5	16.5	16.8	15.4	15.0	16.4

Catacarb 工艺最为突出之处是采用无机类活化剂以处理含氧气体，由于无机类活化剂能适用于含氧条件，故此工艺的 CO$_2$ 吸收及蒸汽汽提效率较之常规热钾碱法工艺提高 60%以上。典型例子是用于处理环氧乙烷循环气脱除 CO$_2$。目前，几乎所有环氧乙烷生产装置都采用 Catacarb 工艺脱除 CO$_2$。CO$_2$ 是制备环氧乙烷时产生的一种副产品。由于副产气体中含有氧，造成很多处理溶剂发生降解，且同时还有可能和气体中存在的环氧乙烷发生反应。Catacarb 工艺则完全能够抵抗氧。通常采用该工艺可将循环气体中 CO$_2$ 的含量降至 0.8%~1.2%（体积分数），甚至低至 0.2%，热量消耗则为 116.7~151.8GJ/kmol。

四、FlexsorbHP 工艺

FlexsorbHP 工艺是美国埃克森美孚公司开发的一种加入空间位阻胺作活化剂的热钾碱法工艺，为了控制腐蚀还加有一定量的钒基防腐剂。该工艺结合了醇胺法和热钾碱法工艺的优点，投资及操作费用低，能耗少，溶液性能稳定，不易发泡和降解，气体处理的净化度较高。

长期以来，空间位阻胺一直被认为与 CO$_2$ 的反应速率较低，不宜作为活化剂。20 世纪 70 年代，Exxon 公司首先发现有适度空间位阻效应的胺类，与 CO$_2$ 极少或者是根本不形成氨基甲酸盐,吸收 CO_2 的负荷能接近或达到每摩尔胺吸收 $1molCO_2$,远大于常规胺的每摩尔胺吸收 $0.5molCO_2$,并大大有助于溶液再生。空间位阻胺活化剂使热钾碱脱碳溶液吸收容量和吸收速率均显著提高。由图 3-14 可以看出,位阻胺活化的热钾碱溶液比二乙醇胺(DEA)活化的热钾碱溶液吸收能力有显著提高;尤其是在曲线的上端 CO_2 高分压区,当吸收塔入口气体 CO_2 分压相同的情况下,位阻胺活化富液的转化度明显高于 DEA 活化溶液,使溶液吸收能力提高,溶液循环量减少,能耗降低。而在吸收曲线的低压端,在相同的贫液转化度条件下,位阻胺溶液比 DEA 溶液具有更低的 CO_2 平衡分压,因此可以达到更高的气体净化度。

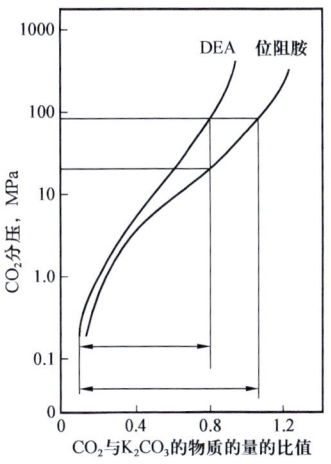

图 3-14 不同活化剂的汽液平衡

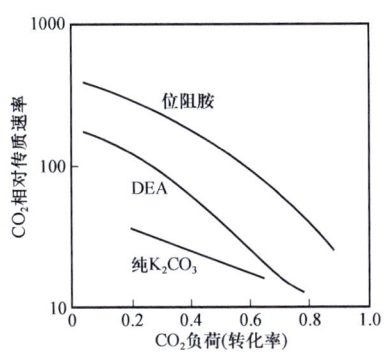

图 3-15 位阻胺与 DEA 活化的热钾碱溶液的吸收速率比较

图 3-15 为位阻胺与 DEA 活化的热钾碱溶液的吸收速率比较。由图 3-15 可见,由位阻胺活化的热钾碱溶液的吸收速率远大于 DEA(约为 DEA 的 1.5~2.0 倍)[1]。

图 3-16 为 FlexsorbHP 工艺常用的二段吸收和二段再生流程。从再生塔上段出来的热半贫液回流到吸收塔下段;同时,充分再生的贫液从再生塔底部出来,经过冷却后返回吸收塔顶部。与一般的醇胺活化剂相比,采用空间位阻胺既可提高溶液的吸收能力,又可提高传质速率,可增加吸收塔处理能力 5%~10%。如果对塔内件进行改造,还可将处理能力进一步提高 20%。

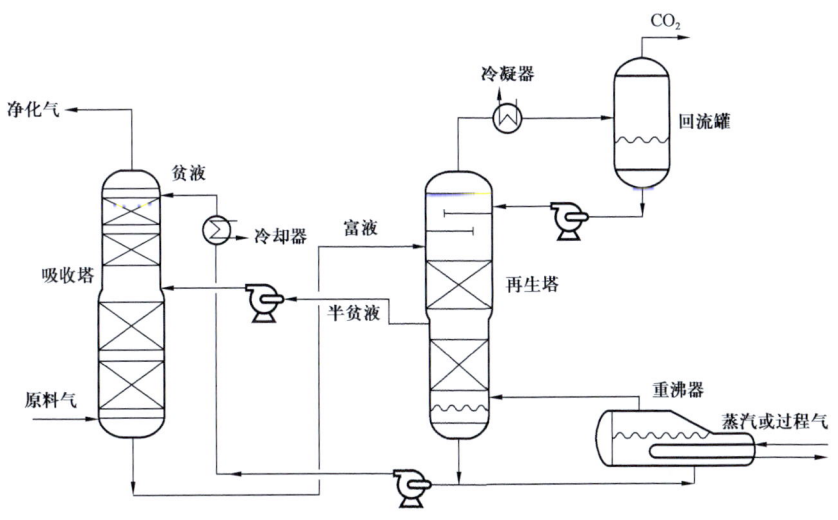

图 3-16 FlexsorbHP 工艺流程

五、MEA 工艺

MEA 工艺是多年来应用于合成气及天然气脱除 CO_2 和 H_2S 最为普遍采用的方法，同时也是用于从烟气中回收 CO_2 的主要方法。由于 MEA 相对分子质量小，溶液具有较高的酸气处理能力，碱性强、反应速度快、气体净化度高，易于再生等优点，但其缺点是溶液再生能耗高；再生溶液中残余碳酸盐浓度高，降低了溶液的吸收效率；MEA 与 COS 和 CS_2 会生成不易分解的产物，造成溶液损失；MEA 容易被空气氧化发生降解；MEA 与 CO_2 进一步反应生成氨基甲酸盐，具有较强的腐蚀性，而且随溶液浓度的增大而加重，同时热降解和化学降解所产生的热稳定盐，还会进一步加剧腐蚀；装置需要配备溶液复活设施，以恢复降解所消耗的 MEA；MEA 蒸气压高，挥发损失大，需要进行补充。为了将腐蚀控制在可接受的范围之内，常规 MEA 工艺吸收溶液中 MEA 浓度被限定在 12%～20%（质量分数）之间，溶液酸气负荷在每摩尔胺吸收 $0.35molCO_2$ 左右。新的改进工艺则是在常规工艺基础上采用添加腐蚀防护剂，将 MEA 浓度提高到 30%（质量分数）[用于 DEA 工艺溶液浓度可提高到 55%(质量分数)]，而且减小了溶液发泡倾向，并抑制胺液发生降解。这些新的工艺主要有美国联合碳化物公司（Union Carbide）的胺保护剂（Amine Guard）工艺和陶氏化学公司（Dow）的 Gas/SpecFT-1 工艺等。后来，Dow 化学公司将 Gas/SpecFT-1 工艺技术转让给美国福陆公司（Fluor），Fluor 公司将其重新命名为 Econamine FG 工艺。Gas/SpecFT-1 工艺及 Econamine FG 工艺现已成为用于从烟道气中回收 CO_2 所采用的主要工艺。目前采用上述工艺建成的工业装置超过 21 套，处理能力从每天几吨到 1000 多吨，大多用于从燃烧天然气的烟气中回收 CO_2。

国内 MEA 改进工艺的应用及开发是从四川泸州天然气化工厂在 20 世纪 60 年代中期引进国外技术开始的。该技术采用添加腐蚀防护剂的改进 MEA 法从烟道气中回收 CO_2，用于增产尿素，获得了较好的效果。20 世纪 80 年代以后，其他一些大型化肥厂，如赤水天然气化工厂、沧州化肥厂等也采用了技术水平进一步提高的该项工艺，取得了很好的经济效益。近年来，由南京化工集团公司研究院自行研制开发的以 MEA 水溶液为主体，优选添加活性胺、抗氧剂和防腐剂，组成适用于回收低分压二氧化碳的优良复合吸收剂工艺，与传统 MEA 法相比，蒸汽消耗下降 12% 以上，胺耗下降 30% 以上，二氧化碳增产明显。

1. Amine Guard 工艺[1]

从 1967 年开始，Union Carbide 公司针对 MEA 用于脱碳进行了腐蚀防护剂的工艺开发并获得成功，接着在美国境内几乎所有 MEA 装置上都对该工艺进行了改造。新工艺被称之为 Amine Guard（胺保护剂）工艺，其流程分为 Ⅱ、Ⅲ、Ⅳ 三种。最早开发出的 Amine Guard Ⅱ 工艺由于采用专有金属钝化的腐蚀防护剂，MEA 溶液浓度得以提高，增大了装置的处理能力，脱碳负荷大大增加，降低了溶液循环量，减小了重沸器热负荷，再生能耗也减少了 1/3 以上，设备体积有所减小，降低了投资及操作费用。在流程上与 MEA

工艺相似（图3-17），只是增加了一个腐蚀防护剂注入系统，将防护剂与循环胺溶液混合，使防护剂在设备金属表面发生钝化，形成一层防腐保护膜，一旦被钝化，就可提高胺溶液浓度。Amine Guard Ⅱ工艺适用于处理CO_2浓度为5%~30%（摩尔分数）、压力为0.34~12.4MPa的酸性原料气，获得的净化气中CO_2含量可低至10^{-6}（体积分数），其典型能量消耗为139.5~162.8MJ/（k·mol）。

为进一步降低投资费用和能量消耗，将Amine Guard Ⅱ工艺流程中的贫富液热交换器取消，用闪蒸罐和蒸汽喷射器替代，提出了Amine Guard Ⅲ工艺。

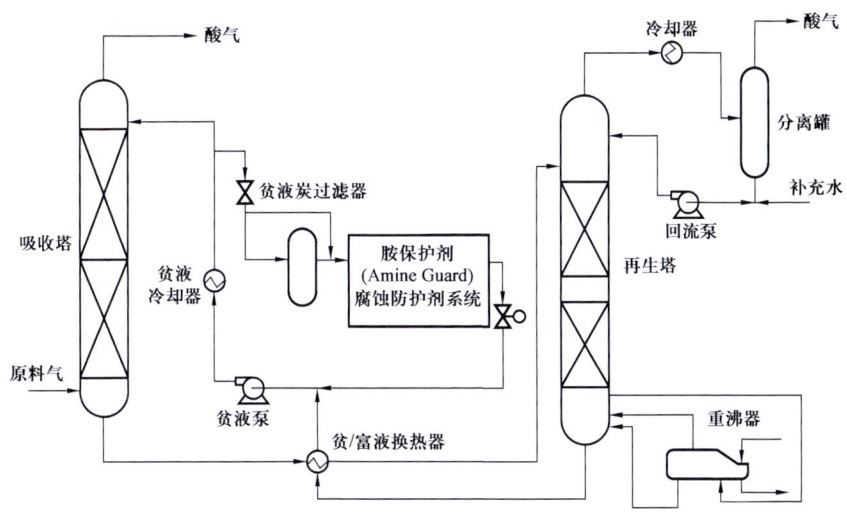

图3-17　Amine Guard Ⅱ工艺流程

表3-21为Amine Guard工艺不同流程安排的能耗及投资费用情况。

表3-21　Amine Guard工艺不同流程能耗及投资费用

工艺流程		Amine Guard Ⅱ	Amine Guard Ⅲ	Amine Guard Ⅳ-1（中间冷却器）	Amine Guard Ⅳ-2（闪蒸加中间冷却器）
溶液负荷（mol CO_2/mol 胺）	富液	0.50	0.50	0.50	0.56	0.56
	贫液	0.15	0.15	0.21	0.21	0.21
重沸器热量消耗，MJ/kmol CO_2		127.9	114.2	107.0	111.2	99.3
相对投资费用		1.00	1.23	1.27	1.22	1.36

注：MEA溶液浓度为35%（质量分数），平衡度为87.5%。

由于Amine Guard工艺的腐蚀防护剂在有H_2S存在时会失效，因此，只适用于不含H_2S的气体进行CO_2脱除。针对有H_2S存在的情况下CO_2和H_2S的脱除，Union Carbide公司又开发了Amine GuardST（耐硫）工艺和Amine GuardFS（配方溶液）工艺。Amine GuardST工艺的流程与Amine Guard工艺的流程类似，通过在最初的循环溶液中加入极少量的专用腐蚀防护剂（有两种，浓度数量级10^{-6}），使设备表面形成钝化，之后只需补充加入少量以维持在所要求的浓度水平即可。Amine GuardFS 工艺则采用基于 MDEA 的 Ucarsol 系列配方溶液以及独特吸收塔和专有塔板设计，主要适用于气体选择性脱除 H_2S 和 CO_2。

2. Gas/SpecFT-1 工艺

1982 年，DOW 化学公司开发出一种从无硫烟道气中脱除 CO_2 的工艺，被称为 Gas/SpecFT-1 工艺。它是加入专用抑制剂的 MEA 溶液（称为 Gas/SpecFS-1 溶液），以防止溶液降解。由于烟道气中存在的氧与胺液发生氧化而使溶液降解，而且还会加重设备腐蚀。此前，曾采用过一些抑制剂，但寿命都较短；DOW 化学公司开发的 Gas/SpecFS-1 溶液有效地解决了该问题，且在有 SO_2 存在的情况下也相当有效。采用该工艺建成的最大规模工业装置处理能力达到 1000t/d。

表 3-22 为 Gas/SpecFS-1 溶液的主要性能[1]。

表 3-22　Gas/SpecFS-1 溶液主要性能

项目	性能指标	项目	性能指标
溶液 CO_2 负荷，m^3/m^3	55.4	耐氧程度	完全
再生能耗，GJ/t	3.16～5.27	产品 CO_2 纯度，%（质量分数）（干基）	大于 999
腐蚀率，m/a	10	CO_2 回收率，%	大于 95
胺损失，kg/t	0.9～1.8		

Gas/SpecFT-1 工艺流程如图 3-18 所示。由燃烧天然气产生的约含 8.5%CO_2 和 3.5%CO_2 的烟道气在约 149℃下进入吸收塔。烟道气在进入吸收塔床层之前被冷激下来，从中获得的废热可转化为有用能量，或者用来提高烟气中的 CO_2 含量。进入吸收塔床层的烟道气向上流动，与 FS-1 溶液逆流接触，烟气中的 CO_2 与溶液发生化学反应，可实现约 98% 的脱除效率，但这要决定于与溶液性能相适应的吸收塔设计。处理后的气体在洗涤后排放至大气，而富液则用泵从吸收塔送到贫/富液交换器。富液在贫/富液换热器中先经过预热，然后进入再生塔顶部，并向下流动，与重沸器中产生的汽提蒸汽逆流接触。

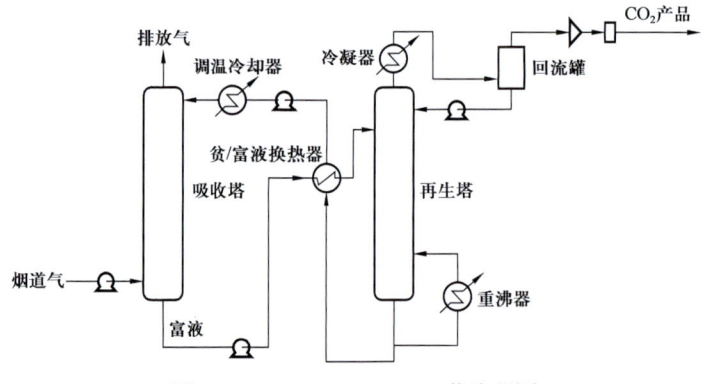

图 3-18　Gas/SpecFT-1 工艺流程图

蒸汽在再生塔内向上流动,当 CO_2 释放出来、吸收溶液被加热时就冷凝下来;未冷凝的蒸汽和 CO_2 离开再生塔顶,进入回流冷凝器。冷凝液返回系统,而 CO_2 被分离出来作进一步处理。贫液用泵从再生塔底部直接送入贫/富液热交换器,在与富液进行热交换后离开贫/富液热交换器,进入调温冷却器,在进入吸收塔之前进一步冷却。

Gas/SpecFT-1 工艺一般不用于还原性气体(CO_2 和 H_2 含量较高的)或含 H_2S 气体[H_2S 含量超过 1×10^{-6}(体积分数)]的处理。对于含硫烟气中 CO_2 的脱除,比较好的方法是在采用 Gas/SpecFT-1 工艺之前采用碱液对烟气进行脱硫处理。

3. Econamine FG 工艺

20 世纪 80 年代中期,由于原油价格大幅下降,从烟气中回收 CO_2 用于 EOR 变得不经济,使 CO_2 回收工艺一度发展停滞。

1989 年 DOW 化学公司将 Gas/SpecFT-1 技术转让给 Fluor 公司,Fluor 公司将其重新命名为 Econamine FG 工艺,并将其先后用于多个从烟道气中回收 CO_2 工厂装置建设,其中建成最大规模工业装置的处理能力达到 320t/d。

Econamine FG 工艺除了为适应入口压力很低的原料烟道气要作一定改变外,与常规气体净化工艺流程类似,采用 30% 的 MEA 和一种专有腐蚀抑制剂。专有腐蚀抑制剂的采用允许绝大多数处理设备由碳钢材质制作;而且操作实践已经证明,胺液损失不是很大。Econamine FG 工艺流程如图 3-19 所示。烟道气进入一个直接接触冷却器,在冷却器中通过水蒸气的循环将烟道气冷却至接近室温,然后用鼓风机进行气体压缩,以克服通过该工艺的压力降。之后,烟道气进入吸收塔,流经吸收塔填料床与 MEA 溶液逆流接触,MEA 与 CO_2 发生化学反应,吸收 80%~90% 的 CO_2。气体在受到由 CO_2 与 MEA 反应所产生热量的一定程度加热后进入吸收塔的填料床水洗部分,在此水和汽化的 MEA 被循环水洗流体所除去,并返回到循环溶液;洗涤后的气体排放到大气中。吸收了 CO_2 的富液离开吸收塔,并由泵送到贫/富液换热器,在换热器中富液被加热,而贫液被冷却。

CO_2 从汽提塔的富液中回收得到。富液在重沸器中用低压蒸汽进行加热,蒸汽和 MEA 蒸汽离开重沸器,进入汽提塔填料部分,在此 MEA 蒸汽释放出 CO_2,并在向上流经汽提塔的同时加热向下流动的溶液,而且被冷凝下来。蒸汽、MEA 蒸汽和 CO_2 进入汽提塔的塔板水洗部分,残余的 MEA 蒸汽被冷凝。蒸汽和 CO_2 离开汽提塔,进入回流冷凝塔,在冷凝塔中蒸汽被冷凝,而 CO_2 被冷却下来。然后两相混合物进入回流罐,CO_2 从冷凝液中分离出来。之后冷凝液返回汽提塔作为回流液。

贫液离开重沸器进入换热器,并在此冷却。然后,贫液用泵送到贫液冷却器作进一步冷却。冷却的贫胺溶液分出一股侧流流经活性炭吸附床系统,以脱除一部分溶液杂质。工厂中冷却介质可采用水或者是空气。溶液净化系统的一个组成部分是侧流炭过滤器。炭的选择和床的操作对工艺很重要。在炭吸附床之前安装一个机械过滤器可除去颗粒杂质,因此,可避免炭吸附床因堵塞而过早地失效,而在炭吸附床下游安装一个机械过滤器可防止炭粒进入溶液循环。

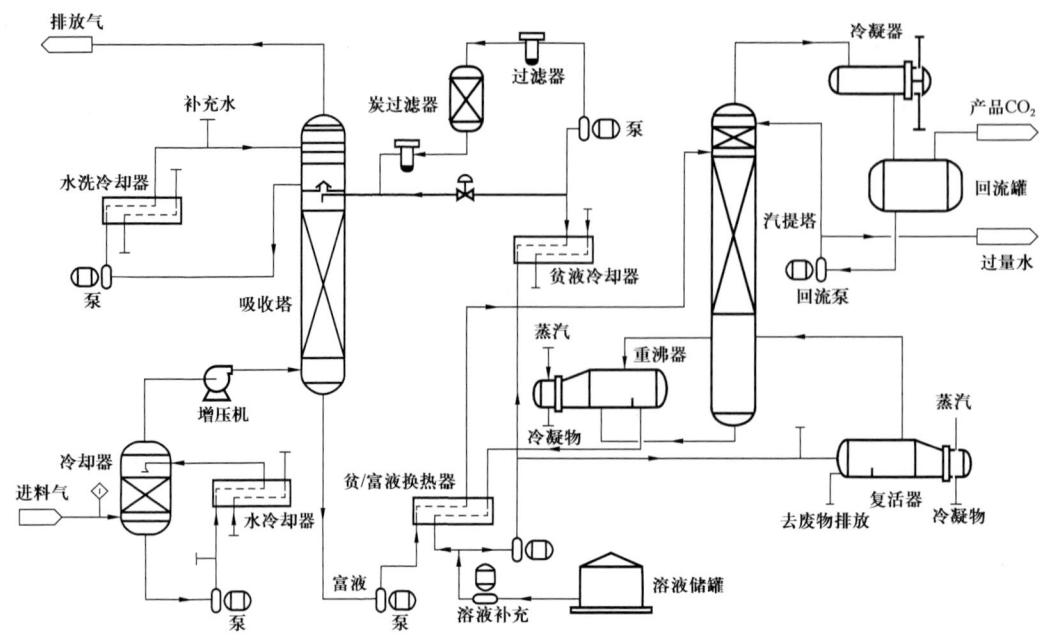

图 3-19 Econamine FG 工艺流程图

有些杂质，比如热稳定盐和其他短链化合物，是不能用炭吸附床除去的，必须采用一个回收装置去除。回收装置只需一段时间操作，并具备足够的处理能力。在运行过程中，由回收装置所提供的热量将取代重沸器所产生的热量，这样总的蒸汽流量保持不变。把水加入回收装置中以稀释溶液至其正常浓度的一半，可降低溶液脱除杂质所需的温度，这将最大限度地减少溶液的分解和改善回收装置的操作。回收装置所产生的废物在组成上与合成氨、制氢、炼厂和天然气净化操作中胺法工艺的杂质回收装置废物类似。

吸收塔和汽提塔的水洗部分可将溶液和水损失降至最小。金属丝网除雾器也可进一步降低 MEA 的夹带。当 MEA 损失要求降至很低水平时，可在吸收塔填料水洗部分上面提供一个水洗塔板。从回流罐出来的 CO_2 在高于室温的条件下被水蒸气所饱和，压力处在 30~40kPa 之间，送去进行加压和干燥。CO_2 必须进行干燥以防止生成酸性冷凝物，这些冷凝物在管输条件下具有很强的腐蚀性；可采用分子筛或者乙二醇进行干燥，除了脱除水分之外 CO_2 不必作进一步净化就可使纯度达到 99.5% 以上。

影响回收 CO_2 的装置操作费用及投资费用的主要两个因素为原料气中 CO_2 的含量和装置的规模。表 3-23 为将该工艺用于回收烟道气中不同 CO_2 含量的操作费用以及投资费用回收成本对比[1]。

4. 低分压 CO_2 吸收工艺

由南京化工集团公司研究院开发的低分压二氧化碳回收新技术，具有吸收速度快、吸收能力大、再生能耗低、胺氧化降解损耗小、对设备无腐蚀、复合吸收剂无毒、生产和使用过程无污染等优点。表 4-24 为采用 MSA 溶液（新工艺）和 MEA 溶液工艺回收低分压 CO_2 模拟操作数据对比。由表 4-24 中数据可以看出，MSA 溶液较 MEA 溶液回收低分压

CO_2 的吸收能力提高了 21.4%，再生能耗下降了 26.0%，CO_2 回收率达到 90% 以上。

表 3-23 不同 CO_2 含量的操作费用以及投资费用回收成本对比

项目			13%CO_2含量（燃烧煤）	3%CO_2含量（燃烧天然气）
操作费用 美元/t	公用工程	蒸汽 [饱和、345kPa（表压）、单价 4.4 美元/t]	7.90	7.90
		冷却水（升温 11℃、单价 0.45 美元/m³）	3.35	4.46
		电力 [单价 0.07 美元/(kW·h)]	2.77	9.82
	化学品及吸收溶剂	MEA 和腐蚀抑制剂	2.40	2.40
		纯碱	0.44	0.44
		活性炭	0.19	0.19
	其他（操作和维护费、维护材料、税收及保险）		3.31	4.31
	合计		20.36	29.52
投资回收敏感性分析	投资回收成本，美元/t			
	10 年回收期	9% 投资回报率	10.42	17.17
		15% 投资回报率	13.27	21.87
	20 年回收期	9% 投资回报率	7.40	12.19
		15% 投资回报率	10.83	17.85

注：以美国海湾沿岸地区 1998 年初价格为基准，装置生产规模为 10000t/d。

表 3-24 新工艺 MSA 溶液和 MEA 溶液低分压 CO_2 模拟结果比较

溶液	气体组成，%				气体流量 L/h	溶液吸收 CO_2 能力 L/L	CO_2 回收率 %	能耗 MJ/m³
	N_2	O_2	CO_2	其他				
MEA	67.7	18.2	13.2	0.9	1073.0	37.4	83.3	21.829
MSA	66.1	17.8	15.3	0.8	1065.8	45.4	97.6	16.143

1999 年 1 月，赤水天然气化工厂采用新技术对装置进行了技术改造。仅换用了新配方溶液，并对原有流程作了适当改动。低分压 CO_2 回收新技术投入使用后，由于溶液中添加了活性胺、高效抗氧剂和缓蚀剂，抑制了 MEA 的降解。经过 5 年多的运转，MEA 降解损耗和蒸汽消耗均明显下降。改造前后主要消耗数据对比见表 3-25。

表 3-25 改造前后的消耗对比

项目	改造前	改造后	消耗下降
溶液消耗，t/a	190.47	42.84	77.5%
蒸汽消耗，t/h	17.6	14.0	20.5%
单位蒸汽消耗，kg/m³	8.62	5.39	37.5%

自采用新技术以来，每年减少蒸汽消耗折合 124 万元；每年减少 MEA 消耗折合 118 万元；每年增产 CO_2 效益 188 万元；避免更换溶液等折合 45 万元；每年新添加溶剂消耗多支出 36 万元。共计每年直接经济效益为 439 万元。该技术于 2001 年和 2002 年分别在中国石化四川维尼纶厂和中国石油青海油田格尔木炼油厂甲醇车间回收烟道气中 3000m^3/h 装置上得到工业应用，年增产甲醇 25% 左右，各项消耗指标达到预期效果，取得了较好的直接经济效益[1]。

第五节　以 MDEA 为基础的配方型溶剂

MDEA 作为一种选择性处理溶剂，在 H_2S 和 CO_2 同时存在的条件下，对 H_2S 表现出极佳的选择性。MDEA 不易降解，具有较强的抗化学和热降解能力，腐蚀性小，蒸气压低，即使溶液浓度 50%（质量分数），其蒸发损失也小，溶液循环率低，而且烃溶解能力小，成为目前应用最广泛的气体净化处理溶剂。

MDEA 可用于对大量 CO_2 的脱除，最大的优点在于其再生所需热量消耗较低，主要是因为只需采用闪蒸就可获得溶液的大部分再生，而且与 CO_2 的反应热也只有通常伯胺的一半左右。图 3-20 为 CO_2 在 MDEA 溶液和 MEA 溶液中的平衡溶解度曲线，为了便于对比，也给出了 TEA 的平衡溶解度曲线。从图 3-20 中可以看出，当 CO_2 分压从 0.5MPa 降至 0.1MPa，MDEA 溶液的平衡酸气负荷则从 57m^3/m^3 溶液降到 27m^3/m^3。[3]

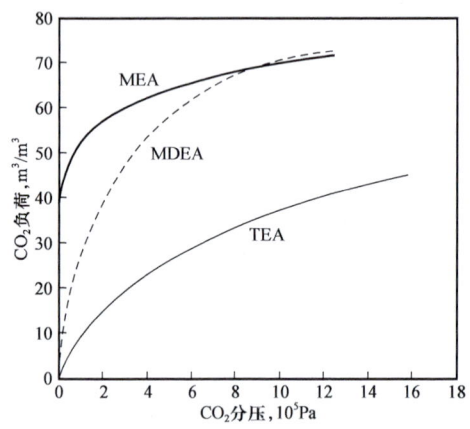

图 3-20　CO_2 在 MDEA 溶液和 MEA 溶液中的平衡溶解度

为了在选择性脱硫基础上便于调节脱除 CO_2 或者深度脱除 CO_2，此工艺新的发展是以 MDEA 溶剂为基础开发出配方溶剂。配方溶剂比单独 MDEA 溶剂具有的 H_2S 选择性更高，腐蚀性更小，能耗更低；采用不同添加剂，可使溶剂适用于脱除更多的 CO_2 或者 CO_2 含量按要求进行调节以及脱除有机硫。这些工艺主要包括 BASF 公司和 Elf 公司开发的活化 MDEA（a-MDEA）工艺、Dow 化学公司的 Gas/Spec 工艺等。

一、BASF 公司的 a-MDEA 工艺

BASF 公司的 a-MDEA 工艺于 20 世纪 60 年代后期开发成功，1971 年首先应用于合成氨装置的合成气脱碳，1983 年应用到天然气净化领域，成为使用范围较广的气体脱硫脱碳技术。a-MDEA 溶剂是由 MDEA 加入一种活化剂所组成的 MDEA 基混合溶剂。采用的活化剂主要有哌嗪、DEA、咪唑、哌啶等。加入活化剂的目的是为了提高 CO_2 的吸收速率。根据采用不同溶剂体系，a-MDEA 工艺有六种溶剂配方，分别标以 a-MDEA01—

a–MDEA06。在CO_2分压低的情况下，吸收速率和溶剂的CO_2负荷就高，以达到较低的溶剂循环率，同时反应塔高度也降低（化学性能）；而在CO_2分压高的情况下，其溶解度类似于物理溶剂，因此溶剂可通过简单的闪蒸就可获得相当大程度的再生（物理性能），如图3-21所示。

在一般天然气净化处理中，常选择具有类似物理吸收溶剂性质的a–MDEA01—a–MDEA03溶剂；在进料气相对较高的CO_2分压下脱除CO_2，以利用闪蒸节省大量的热量消耗。表3-26为某套a–MDEA工艺装置进行天然气脱碳处理的性能测试数据。同时，也列出了a–MDEA工艺和其他工艺的能量消耗对比[4]。

表3-27为a–MDEA工艺的一些应用实例。

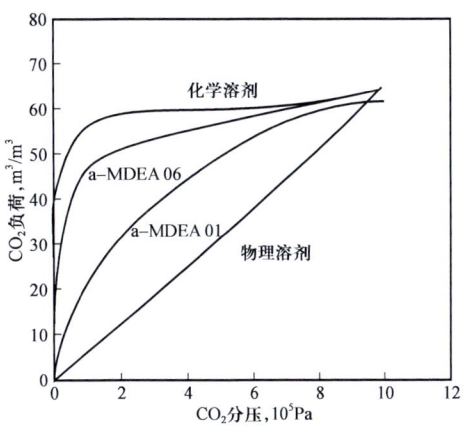

图3-21　a–MDEA的溶液性能

表3-26　a–MDEA工艺处理天然气脱碳装置性能测试数据

项目		指标	
		设计值	实测值
原料气流量，$10^4 m^3/d$		500	500
原料气CO_2含量，%（体积分数）		21.0	24.0
半贫液吸收塔出口CO_2含量，%（体积分数）		3.0	2.3
贫液吸收塔出口CO_2含量，10^{-6}（体积分数）		100	0~30
MDEA溶液贫液循环量，m^3/h		180	189
半贫液循环量，m^3/h		1722	1690
高压闪蒸气体水洗涤量，m^3/h		117	90
消泡剂用量，L/d		2.0	1.8
蒸汽消耗量，kg/h		18400	18000
高压闪蒸气体流量，m^3/h		1600	1600
高压闪蒸气CO_2含量，%（体积分数）		11.0	11.0
工艺能耗对比	能耗，MJ/kmol（处理气体）	110（Benfield）	80（LoHeat）	28（a–MDEA）
	循环率	20（Benfield）	12（LoHeat）	17（a–MDEA）
	处理能力，$10^4 m^3/d$	100（Benfield）	300（LoHeat）	500（a–MDEA）
	原料气CO_2含量，%（体积分数）	24（Benfield）	24（LoHeat）	24（a–MDEA）
	净化气CO_2含量	3%（体积分数）（Benfield）	2%（体积分数）（LoHeat）	$100×10^{-6}$（体积分数）（a–MDEA）

表 3-27　a-MDEA 工艺应用实例

公司（装置投产时间）	流程	溶剂	处理量 m³/h	压力 MPa	原料气含量（体积分数） H₂S, 10⁻⁶	原料气含量（体积分数） CO₂, %	净化气含量（体积分数） H₂S, 10⁻⁶	净化气含量（体积分数） CO₂	能耗 MJ/kmol
匈牙利复合化学公司（Chemkom Plex）(1992)	一级吸收、三级闪蒸	02	37800	5.8	30	26	<3	<2%	21
委内瑞拉文公司（Lagoven）(1994)	一级吸收、二级闪蒸、汽提	02	2×25800	3.6	500	20.5	<4	<1%	93
克罗地亚伊纳萘公司（INANapthaplin）1993	二级吸收、二级闪蒸、汽提	02	200000	5.5	150	21.7	<4	<2%	21
英国美孚石油公司（Mobil）(1994)	一级吸收、二级闪蒸、汽提	01	2×458000	7.0	25	8.0	<4	<4%	89
日本帝国（Teikoku）石油公司（1994）	一级吸收、二级闪蒸、汽提	03	54000	7.4	—	6.7	<4	<0.1%	97
英国天然气（British Gas）(1994)	一级吸收、二级闪蒸、汽提	03	2×849.6	8.3	—	5.9	—	<50×10⁻⁶	96
美国埃克森公司（Exxon）(1983)	DEA 装置改造能力增加 1.5 倍	02	140000	7.3	40	8.9	<8	<2%	增加 30%
	DEA 装置改造能力增加 1 倍	02	2×12000	7.0	40	8.5	<4	<3%	降低 40%
美国优尼科公司（Unocal）(1987)	一级吸收、一级闪蒸	02	9000	2.85	—	10	—	<5%	热负荷约为 0
荷兰普拉西德石油公司（Placid Oil）(1987)	三套 DEA 改为一个二级系统	02	2×112500	11.2	—	13.3	—	<2%	22
澳大利亚 OMV 一公司（1984）	二级吸收、二级闪蒸、汽提	02	52500	7.0	1.9%	12.7	<4	<1%	节省 66%
澳大利亚 OMV 二公司（1987）	二级吸收、二级闪蒸、汽提	02	20000	7.0	—	16	—	<50×10⁻⁶	25

基于进料气组成及处理要求的不同，a-MDEA 工艺主要有一级吸收 + 闪蒸流程、一级吸收 +（闪蒸 + 汽提）再生流程和二级吸收 +（闪蒸 + 汽提）再生流程三种工艺流程：

1. 一级吸收 + 闪蒸流程

如图 3-22 所示，原料气进入吸收塔底部在吸收段与来自最后一级闪蒸段的半贫液逆流接触，其中的 H_2S 和 CO_2 溶解在溶剂中使气体得到净化。从吸收塔底出来的富液通常用液压透平或往复泵降压，以回收高压溶液的部分能量。富液通过闪蒸再生，通常是在两级或多级压力下进行。高压闪蒸采用了比进料气中 CO_2 分压稍高的压力条件，目的是将溶液中大部分溶解的烃类气体释放出来，用作燃料气［闪蒸气的烃类含量约为 40%～60%（体积分数）］。中压闪蒸仅在为油田生产回注的 CO_2 时采用。最后一级低压闪蒸在略高于大气压条件［0.12～0.18MPa（绝对）］下进行，以释放出大部分的 CO_2。低压闪蒸酸气冷却所产生的冷凝水进行循环可降低溶剂损失。根据原料气中 CO_2 分压和溶液加热器负荷的不同，30%～50%（体积分数）的溶解 CO_2 可通过闪蒸从富液中释放出来。该流程适用于净化气要求 CO_2 小于 2%（体积分数）的情形。当净化气要求 CO_2 的含量更低时，可通过附加一个半贫液冷却器加以解决。此流程能耗仅为 5～25MJ/kmol。

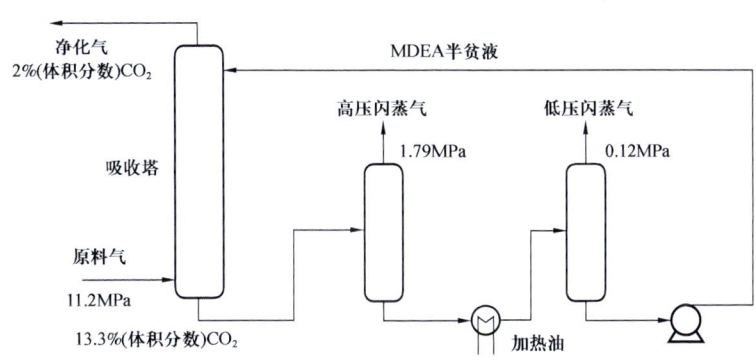

图 3-22 一级吸收 + 闪蒸流程示意图
（巴斯夫公司 a-MDEA 工艺）

2. 一级吸收 +（闪蒸 + 汽提）再生流程

当净化气要求更高时就可采用此种流程，如图 3-23 所示。在该流程中，半贫液在汽提塔中进一步再生。在贫液/半贫液换热器中，离开汽提塔底的热贫液被冷却，而进入汽提塔的半贫液被加热。贫液在进入吸收塔之前被进一步冷却至所需操作温度。汽提塔顶气体循环回低压闪蒸塔底，并通过升高闪蒸温度来提高闪蒸再生效率。这种工艺流程很容易使净化气 CO_2 和 H_2S 的含量分别达到低于 50×10^{-6}（体积分数）和 4×10^{-6}（体积分数）的指标，但该流程的能耗较高，一般为 80～100MJ/kmol。

3. 二级吸收 +（闪蒸 + 汽提）再生流程

这种工艺流程可得到更高的净化度，且降低能耗，如图 4-24 所示。在该流程中，富

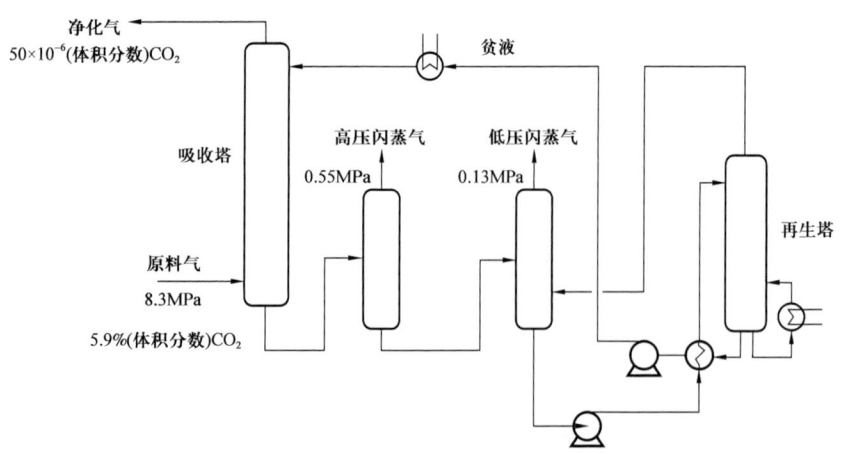

图 3-23 一级吸收 +（闪蒸 + 汽提）再生流程示意图
（巴斯夫公司 a-MDEA 工艺）

液也是采用一级或多级闪蒸。经低压闪蒸得到的半贫液大部分（一般为 70%～90%）返回到半贫液吸收塔，使原料气中 CO_2 分压脱除到 0.12MPa（绝对）。少量半贫液进行汽提再生。汽提塔顶气循环回低压闪蒸塔以提高闪蒸效率。热贫液加热进入汽提塔的半贫液后，经进一步冷却，进入贫液吸收塔顶部。通过贫液吸收，净化气中酸气含量可降至较低水平，一般情况下 CO_2 的含量低于 50×10^{-6}～1000×10^{-6}（体积分数），H_2S 的含量低于 4×10^{-6}（体积分数）。由于只是部分半贫液进行了汽提，因而能耗比一级吸收 +（闪蒸 + 汽提）流程的更低，一般为 20～40MJ/kmol。

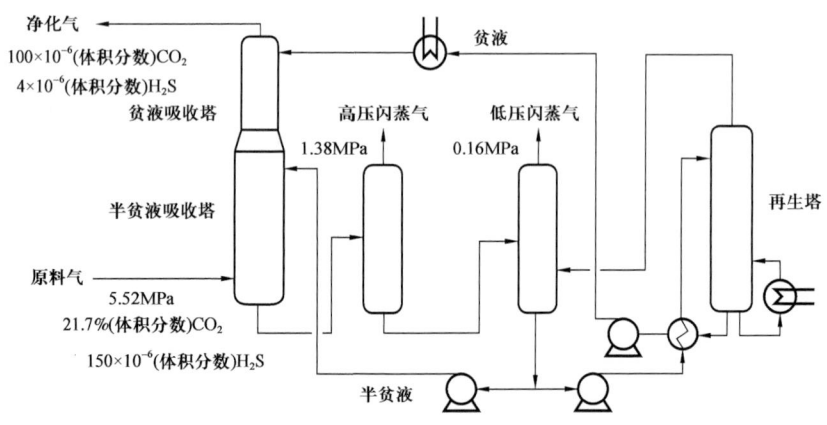

图 3-24 二级吸收 +（闪蒸 + 汽提）再生流程
（巴斯夫公司 a-MDEA 工艺）

二、Elfa-MDEA 工艺

20 世纪 50 年代中期，埃尔夫阿奎坦（ElfAquitaine）石油公司[1]开发了位于法国西南

---

[1] 现为法国道达尔菲纳埃尔夫公司。

部的拉克（Lacq）气田，由于天然气中 H_2S 含量大于 15%（体积分数）、CO_2 含量达到 10%（体积分数），是当时世界上第一个大规模开发的高酸性、高压、高温气田。在初期，Lacq 气田选择了以二乙醇胺（DEA）为主要活性组分的 SNPA—DEA 工艺进行脱硫脱碳，通过提高 DEA 浓度接近一倍以降低溶剂循环量和操作费用，同时未加缓蚀剂而使腐蚀得到了有效控制。随着 Lacq 气田产量下降和能量消耗的不断增加，需要开发新工艺以适应新的天然气市场竞争环境，开发出了 MDEA 水溶液工艺和采取富液闪蒸再生，极大地降低了重沸器能耗。从 1977 年起，ElfAquitaine 石油公司采用 MDEA 工艺进行天然气的选择性脱硫，通过选择适当的吸收塔内件和操作条件控制 CO_2 通过吸收塔的剩余量，使产品气中含有一定量 CO_2，同时富含 H_2S 的酸气进入克劳斯（Claus）硫回收装置。

1990 年，为满足脱除全部酸气以得到 CO_2 含量小于 50×10^{-6}（体积分数）产品气的需要，又开发了一种基于 MDEA 溶剂的新工艺。新的溶剂和再生系统在 Lacq 气田已有的 DEA 装置上进行了测试，并获得了成功应用，被称之为 ElfaMDEA 工艺。新工艺也利用了 CO_2 在 MDEA 溶液中平衡溶解度所体现的优势，通过闪蒸从溶液中释放出尽可能多的酸气，从而显著地减少热再生负荷。目前，已开发出一系列活化 MDEA 溶剂以及分流式半再生工艺流程应用于从酸性或高酸性天然气中全部或部分地脱除酸气。

Elfa-MDEA 工艺流程如图 3-25 所示。富液用液压透平排出后在第一级闪蒸罐中脱除共吸收的轻质烃类，然后在第二级闪蒸罐中进一步降至低压，部分释放出 CO_2 和 H_2S。在此获得部分再生的富液以半贫液形式返回到吸收塔中部。采用半贫液循环降低了再生塔的热负荷，使能耗得以降低。当净化气要求 H_2S 含量低于 3.0×10^{-6}（体积分数），或者 CO_2 含量要求低于 1%～2%（体积分数）时，则要求胺液完全再生，可通过在热再生塔中将少量贫液返回到吸收塔顶部来完成。

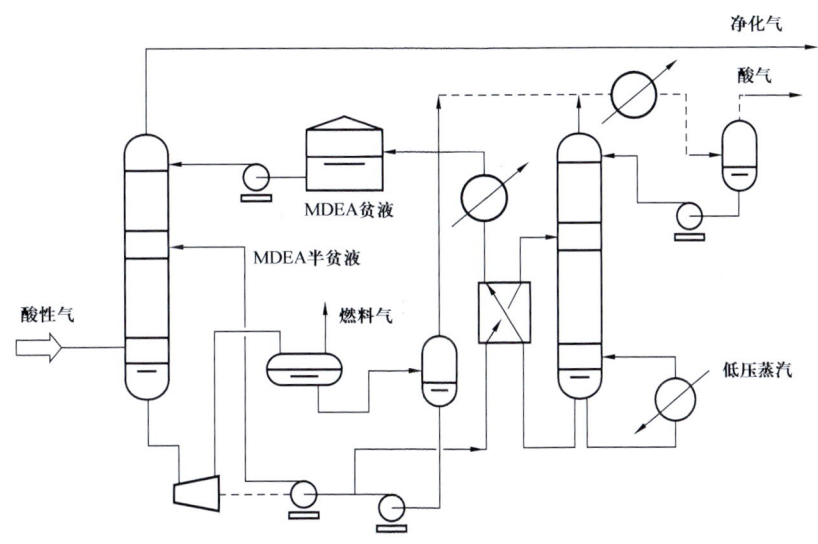

图 3-25　Elfa-MDEA 工艺流程示意图

Elfa-MDEA 工艺的性能与处理条件紧密相关，特别是原料气组成和净化气指标要求。该工艺最适宜用于高压和极高酸性气的处理，从而发挥闪蒸再生的优势。

表 3-28 为位于加拿大某天然气净化厂采用 a-MDEA 工艺进行改造前后的能耗对比。由于新工艺增加了闪蒸再生，并将约 1/3 的富液进行热再生，因此重沸器负荷降至原来的 1/3[1]。

表 3-28 某天然气净化厂改造前后的能耗对比

原料气组成	H_2S，%（体积分数）		34.9
	CO_2，%（体积分数）		7.5
	甲烷，%（体积分数）		56.5
	乙烷，%（体积分数）		0.6
	丙烷，%（体积分数）		0.1
	丁烷，%（体积分数）		0.1
	C_{5+}，%（体积分数）		0.3
净化气要求	H_2S，10^{-6}（体积分数）		<3
	CO_2，%（体积分数）		<2
流量，$10^4 m^3/d$			460
压力，MPa			6.89
采用溶剂	30%（质量分数）DEA	48%（质量分数）活化 MDEA	48%（质量分数）活化 MDEA
流程设计	原始设计	热再生工艺	闪蒸再生工艺
重沸器能量消耗，MW	135	91	46

三、Gas/Spec 工艺

Gas/SpecCS—Plus 工艺是以 MDEA 为基础的专用胺溶剂工艺，是专门为脱除最大量 CO_2 而设计的，并解决原有 MDEA 基溶剂在脱除 CO_2 时产生的降解、腐蚀以及能耗较高的问题，现已成为乙烷、合成氨、天然气、液化石油气（LPG）、液化天然气（LNG）、提高原油采收率（EOR）、氢气以及其他气体加工应用中脱除 CO_2 最经济有效的方法之一。新工艺溶剂腐蚀性比 MEA 溶剂、DEA 溶剂或一般 MDEA 溶剂腐蚀性都低，其使用浓度可高达 55%（质量分数）。

表 3-29 为 Gas/SpecCS-Plus 用于处理两套合成氨装置原料气的性能对比。

表 3-29 Gas/SpecCS-Plus 处理合成氨装置原料气性能比较

项目	示例一 CS-Plus	示例一 第一代表队 MM、MD、MDE、MDEA 溶剂	示例二 CS-Plus	示例二 加缓蚀剂 MEA
处理气体流量,10⁴m³/d	462	427.2	80.3	39.6
入口气体压力,MPa	2.7	2.82	2.5	2.5
入口气体 CO_2 含量,%（体积分数）	18.2	18.2	17.98	18.11
循环量,m³/h	11.0	12.5	2.1	2.2
溶剂浓度,%（质量分数）	54.0	55.0	50.5	26.4
净化气 CO_2,10⁻⁶（体积分数）	<40	400	<50	<100
汽提塔回流比,mol/mol	0.5	>1.0	0.38	1.60
重沸器能耗,GJ/h	173.8	216.3	29.3	28.5
重沸器单耗,MJ/kmol	118.8	158.8	116.5	228.3

参 考 文 献

[1] 师春元,黄黎明,陈赓良. 机遇与挑战——二氧化碳资源开发与利用[M]. 北京：石油工业出版社,2006.
[2] 陈赓良,朱利凯. 天然气处理与加工工艺原理及技术进展[M]. 北京：石油工业出版社,2010.
[3] 顾晓峰,王日生,陈赓良. 天然气净化工艺技术进展[M]. 北京：石油工业出版社,2019.
[4] 孟宪杰,常宏岗,颜廷昭. 天然气处理与加工手册[M]. 北京：石油工业出版社,2016.

第四章　物理方法回收二氧化碳

第一节　膜分离法回收二氧化碳

膜分离法是借助混合气体中各组分在膜中渗透速率的不同而获得分离的方法，它具有装置简单，操作方便、能耗较低等优点，是一类新兴的高新技术；已经在海水淡化、空气净化、电子工业、医药卫生及食品加工等领域获得广泛应用，近年来年均增长速度保持在15%左右[1]。目前，膜分离技术用于二氧化碳分离主要是从天然气中脱碳。

一、工艺原理[2]

用于CO_2分离的膜为半渗透的非多孔介质膜，由高分子材料或有机物制成。气体在膜中渗透遵循的是溶解—扩散机理，也就是气体分子先被吸附在膜的一侧表面溶解，并在浓度差的作用下在膜中扩散、移动；然后，从膜的另一侧被解吸出来。由于不同气体在膜中的溶解扩散速率是不一样的，利用这个速率差异来实现混合气体的组分分离正是膜分离的基本原理（图4-1）。CO_2通过膜的速率与原料气压力和温度、CO_2的含量、膜材料的类型和厚度，以及膜另一侧的压力有关。

描述气体分离膜的主要特性参数有两个：渗透系数P和分离因子α。渗透系数P是表示气体组分在膜的渗透性能参数。根据气体组分在膜中的渗透，可用下列方程式表达：

$$Q = P \cdot A \cdot \Delta p / L \tag{4-1}$$

式中　Q——单位面积膜的气体组分流量，cm^3/s；

　　　P——膜的渗透系数，$cm^3(STP) \cdot cm/(cm^2 \cdot s \cdot cmHg)$❶，其中STP指0℃，101.3kPa；

　　　A——膜表面积，cm^2；

　　　Δp——气体组分在膜两边的压差，即气体组分原料气与渗透气之间的压差，cmHg；

　　　L——膜的厚度，cm。

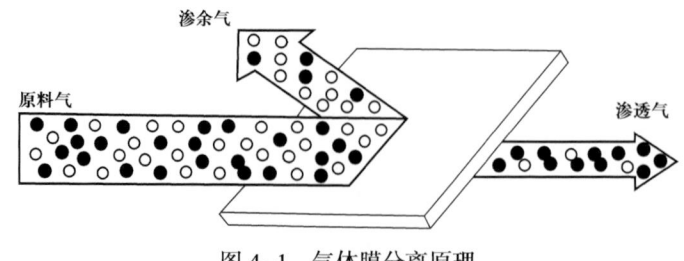

图4-1　气体膜分离原理

---

❶ 1cmHg=1333Pa。

分离因子 α 是表示膜选择分离性能的另一重要参数，即一种气体组分相对于另一种气体组分的渗透系数比值：

$$\alpha = P_A/P_B \quad (4-2)$$

式中　α——组分 A 相对于组分 B 的分离系数；
　　　P_A——组分 A 的渗透系数；
　　　P_B——组分 B 的渗透系数。

膜的渗透系数 P 和分离因子 α 是决定气体分离膜渗透性和选择性的两个主要参数，它们分别表示了气体在分离膜中的渗透难易程度和分离的好坏程度，其大小与膜材料和分离的气体种类密切相关。

二、膜材料及膜单元

1. 膜材料及结构

目前，用于分离 CO_2 的膜材料主要有醋酸纤维素、聚砜、聚碳酸酯等聚合物。表 4-1 给出了 3 种 CO_2/CH_4 体系分离膜的性能比较。其中醋酸纤维素性能较好，应用也较多，但其使用温度较低，不能超过 40℃（聚砜则可高达 90℃）。

表 4-1　三种膜的 CO_2/CH_4 分离性能

分离膜	温度，℃	CO_2 渗透系数 P[①]	α_{CO_2/CH_4}
醋酸纤维素	35	15.9×10^{-10}	30.8
聚碳酸酯	35	6×10^{-10}	24.4
聚砜	35	4.4×10^{-10}	28.3

① 单位为 $cm^3(STP) \cdot cm/(cm^2 \cdot s \cdot cmHg)$，其中 STP 指 0℃，101.3kPa。

工业应用时，除了要求气体分离膜有较高的渗透系数和分离因子之外，对膜的机械性能、耐温性和对化学品的抗腐蚀性也有一定的要求。

影响膜的气体渗透流量因素，就膜本身而言，主要是膜的厚度和渗透系数。对于现有的膜材料，要提高膜的渗透流量，关键是改进制膜工艺，以减小膜厚度，但又不要损失膜的选择性。气体分离膜最初采用的是均质膜。这种膜结构的选择性好，但渗透能力差。为了提高其渗透性能，需要尽可能地降低膜的厚度。然而，膜厚度的减小，使膜容易破碎而不能使用。为保持膜使用所需的足够机械强度，膜的厚度较大，因而其渗透性能较差，以至于相当长一段时间内都未能获得实际应用。直到非对称膜的出现，才完全克服了均质膜自身因渗透流量太小而使用起来不经济的弱点，成为膜制造工艺上的重大突破（图 4-2）。非对称膜是在较厚的高密度多孔基层上附着一很薄的非孔层，其中多孔基层用于提供足够的机械支撑，而非孔薄层则承担起分离膜的作用。不过，由于这时适合于制膜的材料较少，而非对称膜的多孔基层和分离薄层都由同一种材料制成，因而导致膜的成本费用较高。之后,又在此基础上开发出了复合膜(图4-3),它是在一种材料制成的非对称膜上涂覆由另一种材料制成的选择性薄层而得到的。这种复合膜的构造可以采用容易得到的材料制备膜的多孔基层,而根据分离要求,有针对性地开发出更高性能的材料用于制备选择性薄层。这样一来,膜的制造成本大为下降,从而使膜获得了广泛的应用。因此,目前应用得较多的气体分离膜是非对称膜和复合膜。

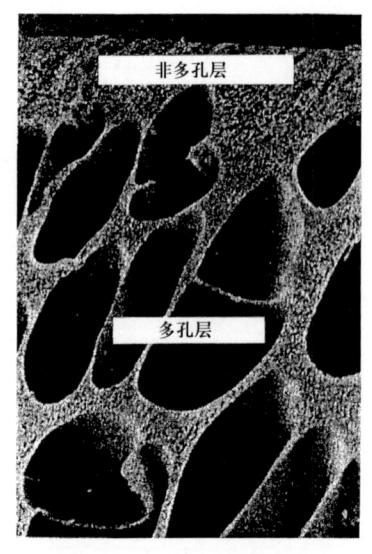

图4-2 非对称膜

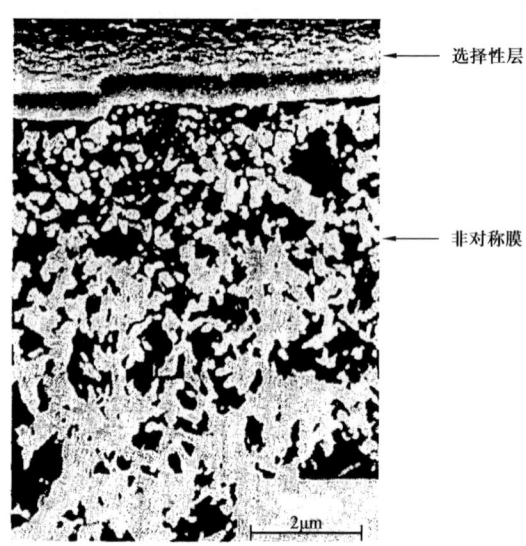

图4-3 复合膜

对于非对称膜及复合膜,由于无法准确获得其致密层厚度,因而得不出其渗透系数,通常采用气体的渗透速率 K 表示。它与渗透系数的关系为:

$$K=Q/A \cdot \Delta p \tag{4-3}$$

式中　K——气体渗透速率,$cm^3(STP)/(cm^2 \cdot s \cdot cmHg)$,其中STP指0℃、101.3kPa;

　　　Q——单位面积膜的气体流量,cm^3/s;

　　　A——膜表面积,cm^2;

　　　Δp——膜两边的压差,cmHg。

表4-2给出一些气体在醋酸纤维素中的相对渗透速率。

表4-2　气体在醋酸纤维素中的相对渗透速率

水蒸气	He	H_2	H_2S	CO_2	O_2	CO	CH_4	N_2	C_2H_6
100	15	12	10	6	1.0	0.3	0.2	0.18	0.1

2. 膜单元

工业上膜分离采用单元型式,主要分为中空纤维型和螺旋卷型两大类。中空纤维型单元结构如图4-4所示。原料气进入膜单元后流经极细的纤维中空管而进行渗透分离,渗余气（净化气）从另一个出口流出，渗透气则汇集到中间汇管后流出。这种单元结构的特点是结构紧凑，膜装填密度比螺旋卷型要高，在处理量相同时，其装置尺寸比螺旋卷型的要小，但由于管束直径较小，用来传输渗透气，如果渗透气流量过大，则会导致管束内压力显著下降而影响膜的分离效率；而螺旋卷型的设计很好地解决了这个问题，其单元结构如图 4-5 所示。它采用比中空纤维型的膜选择性渗透层更薄的膜制成卷型放入管状容器内，因而具有较高的渗透流量，同时膜的承压能力也大为提高，特别适合于压力较高的原料气处理。螺旋卷型的抗污染能力较强，并且在天然气工业中已有较长的应用历史。通常情况下，膜被制成单元后，是以多个膜单元安装在一个管式壳体内形成膜处理模块的方式进行提供（图 4-6），并根据现场需要进行组装使用。图 4-7 给出了膜分离橇块的实物图。

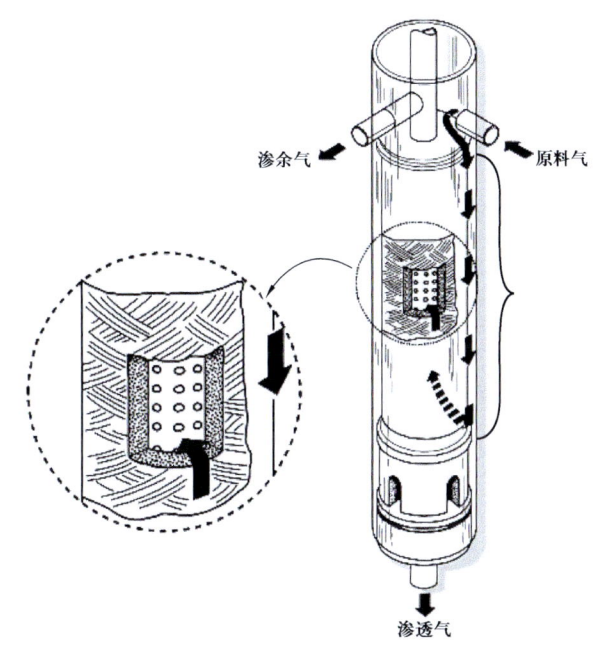

图 4-4　中空纤维型单元结构

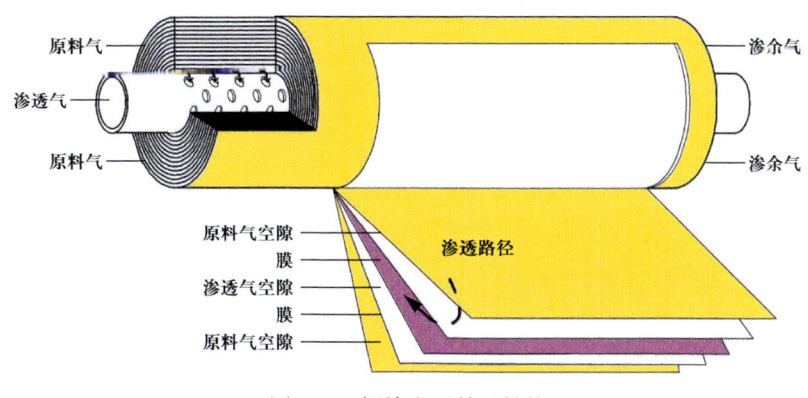

图 4-5　螺旋卷型单元结构

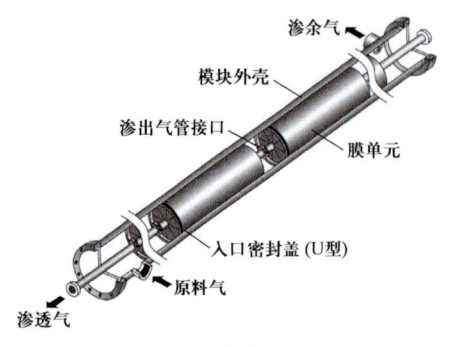

图 4-6　膜单元模块

图 4-7　膜分离橇块实物图

三、工艺流程与操作参数

1. 工艺流程

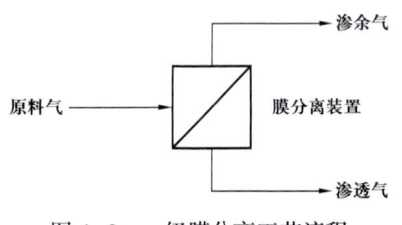

图 4-8　一级膜分离工艺流程

膜分离的主要工艺流程分为一级膜分离和二级、三级膜分离等多种流程。图 4-8 所示的直流式一级膜分离流程是最简单的一种流程。原料气经膜分离处理系统后分离为低压富含 CO_2 的渗透气和高压富含烃类的产品（渗余）气两股气体。这种流程多用于一般高压（压力在 3.4MPa 以上）天然气的净化处理，能够使净化气（渗余气）达到 2%（体积分数）含量的管输标准。

表 4-3 给出采用一级膜分离系统（采用 5 个醋酸纤维素螺旋卷型的膜单元）现场试验结果。

表 4-3　一级膜分离现场测试结果

项目		低 CO_2 含量情形			中等 CO_2 含量情形			高 CO_2 含量情形		
		原料气	渗余气	渗透气	原料气	渗余气	渗透气	原料气	渗余气	渗透气
压力，kPa		3651.7	3651.7	0.689	3135.0	3135.0	0.689	3789.5	3789.5	0.689
温度，℃		45.6	34.4	28.9	44.4	35.6	36.7	44.4	35.0	36.7
流量，m³/d		2860.3	1784.2	1076.1	3200.2	2039.1	1161.1	3171.8	1614.2	1557.6
组分含量，%（摩尔分数）	N_2	1.22	1.33	0.95	1.05	1.27	0.69	0.96	1.36	0.57
	CO_2	5.23	0.35	13.18	12.72	1.51	32.12	21.34	1.53	43.75
	C_1	86.67	89.66	82.14	78.97	87.97	63.98	71.42	88.54	53.48
	C_2	3.87	4.65	2.59	3.77	4.46	2.15	3.35	4.54	1.49
	C_3	1.49	1.99	0.58	1.41	1.92	0.43	1.19	1.91	0.34
	C_4 及以上	1.52	2.02	0.56	2.08	2.87	0.63	1.74	2.12	0.37

一级膜分离流程的不足之处是烃类气体的损失较大,当需要大量脱除天然气中的 CO_2 时,若采用此流程将有相当数量的烃类进入渗透气之中而损失,这时可采用将渗透气进行循环的一级膜分离流程(图4-9),以降低烃损失率,同时也能大幅度降低产品气中的 CO_2 含量。

为了降低烃类损失,在原料气压力较低的情况下,可采用二级或三级膜分离流程。这类流程多用于 CO_2 的强化采油(EOR)。二级膜分离流程如图4-10所示。其特点是一级渗透气经压缩和冷却后在二级膜分离器中进一步分离,从而降低原料气中烃类的损失率,并使(二级)渗透气中 CO_2 的含量比一级渗透气提高一倍以上(在典型操作条件下)。根据原料的组成及操作工况,二级渗透气可焚烧后放空,也可以作为压缩机的燃料使用。

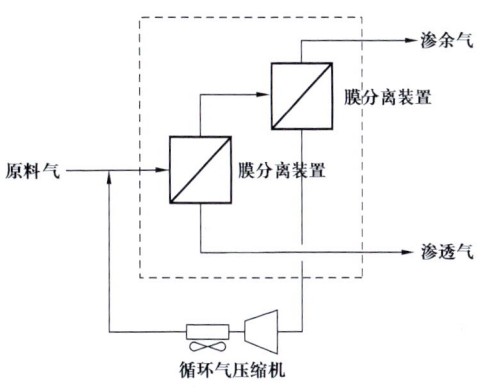

图4-9 带循环的一级膜分离流程图

上述基本流程还可演变出多种流程安排,流程选择的考虑因素主要有 CO_2 脱除率和烃回收(或损失)率以及相应的技术经济评价等。

膜分离级数与 CO_2 脱除率及烃回收率之间的关系如图4-11所示。

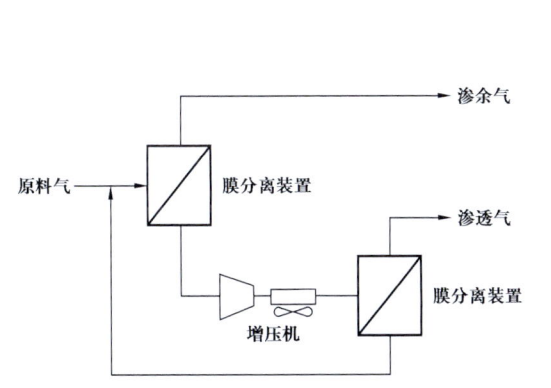

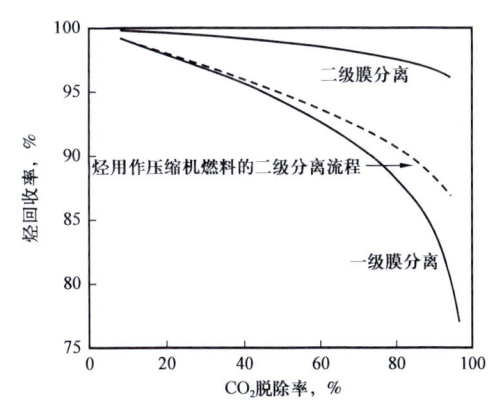

图4-10 二级膜分离系统工艺流程图　　图4-11 膜分离级数对 CO_2 脱除率及烃回收率的影响

表4-4给出一级膜分离流程和二级膜分离流程的操作数据对比。

可以看出,二级膜分离流程的烃类回收率较一级膜分离流程有显著提高。不过,由于二级流程采用循环压缩机所增加的投资费用要远大于烃类回收率提高所带来的收益,因此,工业上选用一级膜分离流程的更多。

此外,由于膜分离的主要缺点是难以获得深度脱除和回收得到高纯度 CO_2,而且烃类损失也较高,因此通常需要与醇胺溶剂法工艺结合起来使用(图4-12)。利用前者用于粗分离,后者进行精分离,以达到降低投资和节能降耗的目的。有时,原料气中酸气浓度或者气体流量增加，要求增加工艺的处理能力，在进行现有的常规醇胺溶剂法工艺流程之前，采用膜系统除去原料气中大部分酸气，然后再用常规工艺进行精制，则可获得较好效果。这类流程也多用于CO_2的强化采油（EOR），不仅可使净化气达到管输标准，而且还能得到高纯度的CO_2供循环使用。

表4-4 一级膜分离流程和二级膜分离流程的操作数据对比

项目		一级膜系统流程			二级膜系统流程				
		原料气	渗余气	渗透气	原料气	渗余气	渗透气	一级渗透气	循环气
气体组成 %	CH_4	93.0	98.0	63.4	93.0	98.0	18.9	63.4	93.0
	CO_2	7.0	2.0	36.6	7.0	2.0	81.1	36.6	7.0
气体流量，$10^4 m^3/d$		56.64	48.46	8.18	56.64	53.07	3.57	8.95	5.38
压力，kPa		5856.5	5753.2	68.9	5856.5	5753.2	68.9	68.9	5856.5
烃类（甲烷）回收率，%		90.2			98.7				

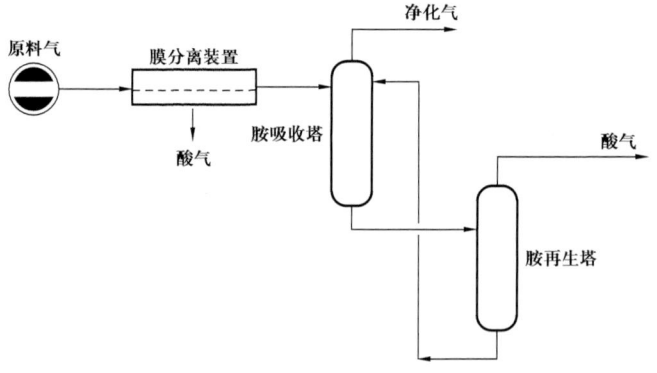

图4-12 膜分离和醇胺溶剂法工艺的组合流程

2. 膜分离工艺操作参数

影响膜分离装置设计和操作的主要参数包括温度、压力以及CO_2脱除率等。

1）操作温度

在其他条件不变的情况下，原料气温度的升高将增加膜的渗透性，因而可以降低处理装置系统所需的膜面积。操作温度对膜面积及烃损失率的影响如图4-13所示。此时膜的选择性变差，烃损失率将增加，因此要降低烃损失率，需要采用多级膜系统，并增加循环压缩机的能量消耗。

2）原料气压力

如图4-14所示，原料气压力升高导致膜系统的渗透性和选择性下降。但另一方面，原料气压力升高意味着渗透过程的推动力增加，使得通过膜系统的净渗透量增加，因而所要求的膜面积下降。而烃的损失率也有轻微下降。总体而言，较高的原料气压力有利于选择小型的装置，从而降低投资费用。

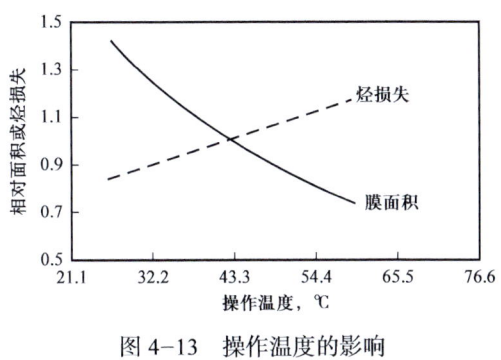

图 4-13 操作温度的影响

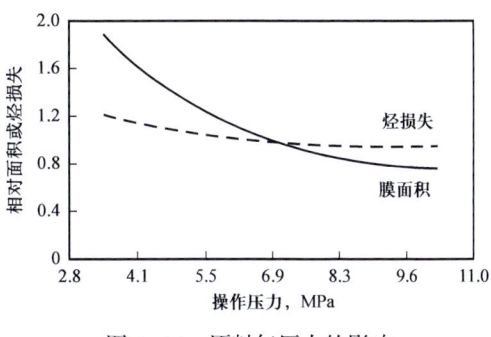

图 4-14 原料气压力的影响

3）渗透压力

渗透压力的影响与原料气压力刚好相反，渗透压力愈低意味着渗透过程的推动力也愈大，因而所要求的膜面积就愈小，如图 4-15 所示。应特别注意的是渗透压力对烃损失率有着重要影响。随着渗透压力升高，烃损失率将急剧上升。因此，在设计过程中，除了考虑膜两边的压差之外，还应重视膜两边的压力比。此外，渗透压力的确定也与渗透气的后续处理或利用有关，如渗透气若需进入放空火炬，其压力应与火炬系统相匹配。

4）CO_2 脱除率

当产品气的 CO_2 含量确定后，原料气中的 CO_2 含量的上升将导致膜面积的增加，此时将有更多的 CO_2 进入渗透气，因而烃损失率也相应增加。从图 4-16 可以看出，原料气与产品气中的 CO_2 含量绝对值并不重要，重要的是 CO_2 的脱除百分率。例如，将 CO_2 含量 10% 的原料气脱除到 CO_2 含量 5% 与将 CO_2 含量 50% 的原料气脱除到 CO_2 含量 25%，或将 CO_2 含量 1% 的原料气脱除到 CO_2 含量 0.5% 时的膜面积是相当的，因其脱除率均为 50% 左右。当要求的脱除（百分）率上升时，膜面积与烃损失率的相对比值也随之上升。尤其在所要求的脱除率超过 80% 之后，装置所需的膜面积与处理过程的烃损失率均呈急剧增加趋势。

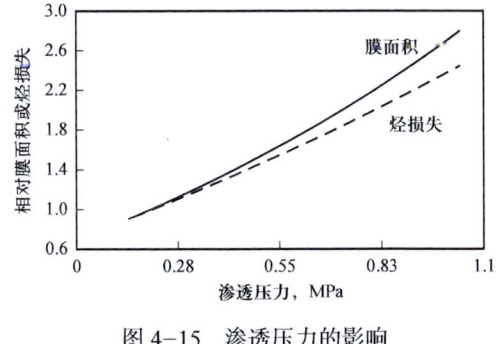

图 4-15 渗透压力的影响

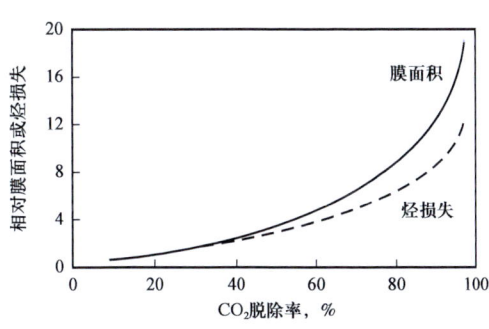

图 4-16 CO_2 脱除率的影响

3. 预处理

由于原料天然气中存在许多杂质，这些杂质对膜分离装置性能产生严重的不利影响。主要表现在：

（1）原料气中的液体物质。各种液体均有可能导致膜材料发生溶胀，并降低气体的流率，严重时可能从整体上破坏膜系统；

（2）原料气中的重烃。原料天然气中包含有重烃，尤其是 C_{15+} 组分。此类组分在装置运转过程中会慢慢涂覆在膜材料表面，从而降低渗透速率；

（3）原料气中的颗粒杂质。此类杂质对中空纤维型膜分离装置造成的影响尤为严重，它们将降低有效的膜面积。不论对于哪种类型的膜分离单元，大量颗粒物质进入膜系统都会最终导致装置堵塞或破坏。

（4）原料气中夹带的缓蚀剂等油田化学品。此类有机化学品将会破坏膜材料，应根据气井生产的具体情况，在原料气进入膜分离系统前有效地除去。

因此，必须针对原料天然气的特点精心设计与操作预处理系统，成为膜分离系统保持长期稳定运转的关键之一。通常，预处理系统的设计除了应考虑将上述几种杂质除去外，还应保证在膜装置内不产生冷凝液体。由于膜装置的自身设计会导致产生两种冷凝现象：一种是由于焦耳—汤姆逊效应的作用，当气体流经膜时会造成温度下降；另一种是 CO_2 和轻质烃类组分的渗透速度比重质烃类的快，使得气体组成趋于重质化，带来其露点升高。所以，为了防止冷凝发生，还需要在进入膜装置之前使原料气达到一个预先设定的露点温度，并进行预热以保持足够高的温度。

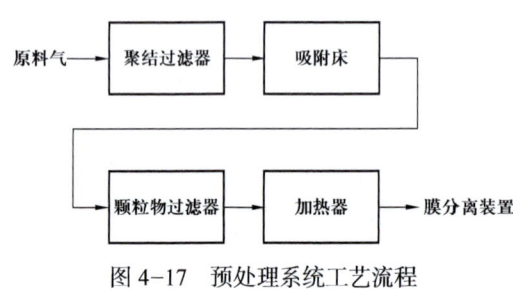

图 4-17 预处理系统工艺流程

预处理系统工艺流程如图 4-17 所示。流程包括以下主要设备：消除固体颗粒杂质和游离液体的聚结过滤器、脱除重质烃类痕量杂质的吸附床、位于吸收床后脱除粉尘的颗粒物过滤器和对气体提供足够热量的加热器等。常规预处理系统流程采用的是非再生吸附床，适用于重质烃类含量少、组分较为稳定的原料气处理。对于原料气组分含量变化较大、重烃及其他杂质含量较高的情况，又提出了改进流程，采用可再生吸附床替代非再生吸附床，冷冻脱烃装置控制烃露点以及增加甘醇投加装置防止冷凝出现水合物等（图 4-18）。

四、主要技术特点

1. 膜分离用于 CO_2 脱除的技术优势

与其他 CO_2 脱除方法相比较，膜分离技术具有一些独到的优势。

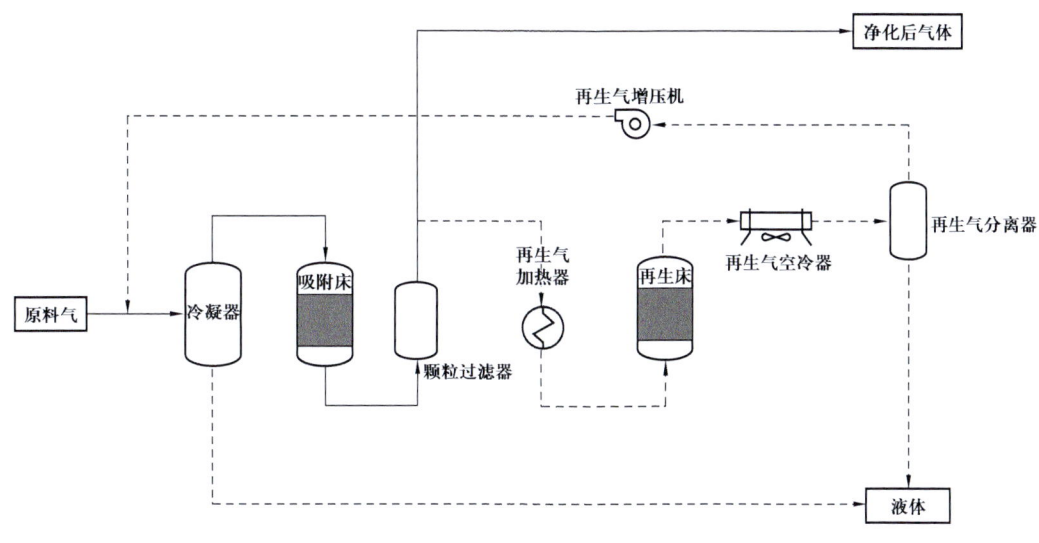

图 4-18 改进的预处理系统工艺流程

（1）投资低。随着生产的进行，投入开发井数量增加，在实际生产中经常会遇到天然气处理厂处理的原料气的气量发生增加的现象。在采用溶剂法时，在设计阶段就应该考虑这些因素，在实际需要到来前就应该预先安装必要的设备。而在膜分离法中，在开工时仅需要安装膜分离模块，在生产需要时，剩余的部分或者采取在现有管线中增加，或者采用增加新橇块的方式，都很容易就可进行增加。在空间比较狭小的海上平台上，可预留一小块空地用于扩建使用。与其他方法相比，膜分离法对于CO_2的脱除其投资是具有显著优势的，尤其是在CO_2含量较高的情况下。

（2）操作成本低。对于单级膜分离系统而言，更换费用是主要的操作成本。这远远低于采用溶剂法工艺时溶剂的补充费用和能耗。对于增加了循环压缩机的多级膜分离系统而言，与传统的醇胺流程相比，膜分离法在操作成本上也是具有竞争力的。

（3）设备安装简单、快捷。除了少量大型容器，膜分离系统及其预处理设备通常均可采用橇装，在现场进行安装，其安装十分简单、快捷。

（4）操作简单。单级膜分离系统无活动部分，操作十分简单，可实现二十四小时无人值守，因发生波动引发的关井停车可完全避免。在一些较复杂的系统中增加了循环压缩机，但其操作仍较溶剂法或其他吸附方法简单。

（5）适应性强。由于膜分离是对CO_2进行部分分离而不是全部脱除干净，原料中的少量CO_2仍可留在天然气中而满足商品天然气对CO_2含量的要求。例如，在原设计为将原料气中的CO_2从10%降低到3%的情况下，不改变操作条件，原料气中的CO_2升高到12%时，净化气中的CO_2仅可降低到3.5%，而若原料气中的CO_2升高到15%，则净化气中的CO_2仅可降低到5%，不能达到管输气的气质要求。但通过调整工艺参数，如操作温度，就可很容易地达到3%的管输要求。

（6）装置利用效率高。膜分离及其预处理系统可进行一系列的操作，例如脱水、CO_2

和 H_2S 的脱除，以及露点控制。而传统的 CO_2 分离技术需要上述步骤独立进行操作，而且在采用溶剂法的情况下，因处理后的气体被水饱和，还需要设置产品气的脱水装置。

（7）从膜分离出来的渗透气体可用作工厂燃料气，这对于膜/醇胺混合系统尤其有利，可满足工厂燃料气的供应需求。

（8）运行可靠，开工时间长。单级膜分离系统无活动部分，因而几乎不会发生非计划停车事故。预处理系统的操作，如冷凝过滤器的操作也会引起停车，为此一般是设置备用设备，以保证在设备检修时也能保证生产的连续。与单级分离系统类似，尽管烃损增加了，但通过设置备用循环压缩机，多级分离系统也可达到全能力连续生产。

（9）膜分离法是天然气处理厂脱碳"瓶颈"改造的理性选择。对于溶剂法或吸附法 CO_2 脱除装置在不增加装置系列的情况下进行扩能是十分困难的，最理想的办法是采用膜分离法先脱除大部分的 CO_2，然后再用原有装置进行进一步的净化分离。这种流程的另外一个优势是从分离膜出来的渗透气经常可用作原有装置的燃料气，因而，烃损不会因而增加。

（10）操作员工少。由于膜分离系统设置简单，操作简便，因而用较少的人员就可操作该装置。

（11）空间利用效率高。膜分离的橇块可根据空间要求进行优化，多个元件均可结合在管线内以增加设备密度，降低占地面积。这对于海上平台上面积极其有限的情况显得尤其重要，这也是很多海上平台的酸气脱除采用了膜分离法的主要原因。

（12）环境友好。膜分离法可避免溶剂法或吸附法定期产生的大量的废溶剂或吸附剂的处理问题，富 CO_2 的渗透气可用作燃料或者回注地层，因而该方法的环境友好性能十分优越。

（13）是边远天然气加工处理的理想选择。从上述提及的关于膜分离系统的优点可看出，由于边远地区建厂备件缺乏、工人培训少，而且由于膜分离法不需溶剂储存和运输设施、不需要供水、发电（多级膜分离系统除外）和昂贵的设施，因此，膜分离法也是边远天然气处理的理想选择。

2. 膜分离用于 CO_2 脱除的缺点

如上所述，膜分离技术对于 CO_2 的脱除具有独到的技术优势，但该技术用于 CO_2 的脱除也有一定的缺陷。

（1）该技术用于 CO_2 的脱除其烃损仍是较高的。两级膜分离系统的烃损要显著高于溶剂法，但如果渗透气用作燃料，这种烃损失可基本消除。

（2）在天然气处理中，膜分离装置在透过 CO_2 的同时也透过了 H_2S，使分离得到的 CO_2 气流中 H_2S 的含量远高于 4×10^{-6}（体积分数），因而需要增加处理步骤，一般需用液相氧化还原或不可再生型吸附剂将 H_2S 脱除到预期目标。

（3）单独用膜分离法要达到极低的 CO_2 含量标准是十分困难的。因此，要达到 CO_2 脱除至极低的水平，一般需采取溶剂法或是膜分离加溶剂法的混合工艺。

五、工业应用实例

1. 工业应用简介

20世纪70年代开始,世界上许多国家对膜分离技术用于气体分离进行了工业试验。最早获得成功的是美国孟山都公司(Monsanto)。它于1979年研制出PRISM™膜分离器,最初用于从合成氨弛放气中回收氢气,后来也将其用于从天然气中分离CO_2。其他主要从事利用膜分离技术用于从天然气中分离CO_2的公司还有美国环球油品公司(UOP)、陶氏化学公司(DOW)、诺顿公司(NATCO)、法国液化空气集团公司(Air Liquide)、美国恩威系统公司(Envirogenics systems)以及加拿大涌洲项目公司(Delta Projects)等。表4-5给出这些公司开发的膜分离装置情况。

表4-5 膜分离装置情况

公司名称	膜装置商业名称	膜材料	膜单元类型
Monsanto	PRISM™	聚砜	中空纤维
UOP	Separex™	醋酸纤维素、聚酰胺	螺旋卷、中空纤维
DOW	Gracesep™	醋酸纤维素	螺旋卷
NATCO	Cynara	醋酸纤维素	中空纤维
Air Liquide	MEDAL	聚酰胺	中空纤维
Envirogenics systems	GASEP™	醋酸纤维素、聚酰胺	螺旋卷、中空纤维
Delta Projects	Delsep™	醋酸纤维素	螺旋卷

采用膜分离技术进行天然气脱碳早在1981年就已实现了工业化。但由于当时膜材料的合成、膜分离单元的制作及设计参数的选择等方面均尚存在一定问题,因而装置的处理规模一般不超过$30 \times 10^4 m^3/d$,操作压力最高不超过5MPa;且存在烃损失率较高(最高可达到7%)及膜材料易被污染等缺陷,故一直未能得到推广。但近年来,随着各方面技术水平的提高,情况则大为改观;仅美国UOP公司就承建了80多套处理天然气和炼厂气的膜分离装置,NATCO公司的膜分离装置数量超过30多套,表4-6给出了UOP公司和Air Liquide公司建设的一些有代表性的大型天然气脱碳装置的情况。表4-7则给出了NATCO公司建设的部分有代表性的大型天然气脱碳装置的情况。

从表4-6和表4-7可以看出,随着膜分离工艺技术的进步,膜分离装置的适应能力大大提高,其操作压力可提高至9MPa左右,同时操作压力的提高也使装置处理规模大幅度提高,如巴基斯坦卡地普(Qadirpur)脱碳装置的单套处理能力已超过$380 \times 10^4 m^3/d$。特别是精心设计的原料气预处理系统已完全能够解决原料气中重烃、芳烃等杂质对膜材料的污染问题。因此,对于高含CO_2的天然气处理,膜分离工艺的技术已经基本成熟,其应用前景越来越广阔。

表 4-6　UOP 和 Air Liquide 公司建设的大型天然气膜法脱碳装置情况

公司名称	建设地点	处理量 10⁴m³/d	压力 MPa	工艺流程	原料气 CO₂ %（体积分数）	产品气 CO₂ %（体积分数）	投产年份	备注
UOP	巴基斯坦卡地普（Qadirpur）	750	5.9	二级分离	6.5	2	1995	（1）
	巴基斯坦卡丹瓦尔（Kadanwari）	600	9.0	二级分离	12	3	1995	（2）
	美国密歇根（Michigan）	84	—	二级分离	11	2	1995	（3）
	泰国海上平台	110~140	6.8	一级分离	50	20	1999	（4）
	中国台湾	86	4.2	二级分离	12	3	1996	（5）
	墨西哥	342			70	93	1997	（6）
	埃及萨拉姆（Salam）和塔里克（Tarek）	3×285.3	6.5	二级分离	6	3	—	（7）
	美国得克萨斯（Texas）	86	4.2	二级分离	30	10		（8）
Air Liquide	印度尼西亚苏门答腊（Sumatra）	878	7.8	一级分离	30	15	1998	（9）

备注（1）：采用两套平行装置。由于原料气含有重烃和多环芳烃，设计了常规预处理系统。装置计划 2 期扩能至 1132×10⁴m³/d，3 期采用改进的预处理系统扩能至 1416×10⁴m³/d。
备注（2）：原料气重烃含量较高，烃露点达到 51.6℃，设计了预处理系统。
备注（3）：装置为橇装，用于同时脱除原料气中的 CO_2 与 H_2O，产品气的含水量为 64mg/m³。
备注（4）：采用改进的预处理系统，CO_2 含量 20%（体积分数）的产品气管输至陆地作进一步处理。
备注（5）：由于含有重烃，采用了改进的预处理系统，为第一套装置。膜单元采用的是聚酰胺中空纤维型。
备注（6）：采用了改进的预处理系统，产品气用于 CO_2 回注三次采油（EOR）；CO_2 含量为 5%（体积分数）含烃的气体送到附近工厂作进一步处理。
备注（7）：由于采用了脱水和烃露点控制装置，膜预处理系统采用常规流程。
备注（8）：产品气用于整个工厂作燃料气。
备注（9）：原料气采用变温吸附装置脱除重烃杂质，产品气经胺法装置处理 CO_2 含量降到 3%（体积分数）。

表 4-7　NATCO 公司建设的部分大型天然气膜法脱碳装置情况

序号	用户名称	处理量 10⁴m³/d	压力 MPa	原料气 CO₂ %（体积分数）	产品气 CO₂ %（体积分数）	投产年份	建设地点	应用领域
1	Oxy-Mallet	850	2.5	91	78	2008	美国	EOR
2	Whiting-Dry Trail	113	2.4~2.8	87	10	2007	美国	EOR
3	BCCK-Merit	70.8	3.0	83	14	2007	美国	EOR
4	CPOC	1840	4.8	43	23	2007	马来西亚—泰国	海上

续表

序号	用户名称	处理量 $10^4 m^3/d$	压力 MPa	原料气 CO_2 %（体积分数）	产品气 CO_2 %（体积分数）	投产年份	建设地点	应用领域
5	CTOC 扩能	3398	4.8	37	19	2007	马来西亚—泰国	海上
6	SACROC	1700	3.1~3.8	85	10	2003	美国	EOR
7	EI Paso/Dominion	85	6.9~7.6	6	3	2001	美国	低 CO_2 脱除
8	Unocal Thailand	680	4.1	35	23	1999	泰国	海上
9	Mobil E&P-Salt Creek	181~311	4.1	82	32	1992	美国	EOR
10	Williams Field Services	850	7.6	11	6	1992	美国	低 CO_2 脱除

2. 用于高含 CO_2 气体的脱除实例——马利特（Mallet）天然气处理厂

Mallet 天然气处理厂（图 4-19）位于美国得克萨斯 Sundown 附近，主要是处理采用 CO_2 回注进行三次采油的原油伴生气，回收其中的 CO_2，并回收少量的天然气凝液（NGL）和商品天然气。该厂处理的原料气含 CO_2 达 89.9%，还含有部分烃组分（9.1%），以及少量的 N_2（0.7%）和 H_2S（0.3%）。烃组分中，较重组分占有较大的比例（其中甲烷 41.0%、乙烷 20.5%、丙烷 16.0%、丁烷 12.0%、戊烷 5.5% 以及 5.0% 的 C_{6+}）。

图 4-19 Mallet 天然气处理厂

为回收原料气中的 CO_2 和烃组分，Mallet 天然气处理厂采用膜分离+化学溶剂吸收相结合的方式脱除并回收 CO_2，而 NGL 在附近的 Slaughter 装置进行回收。图 4-20 给出了 Mallet 天然气处理厂的工艺流程。

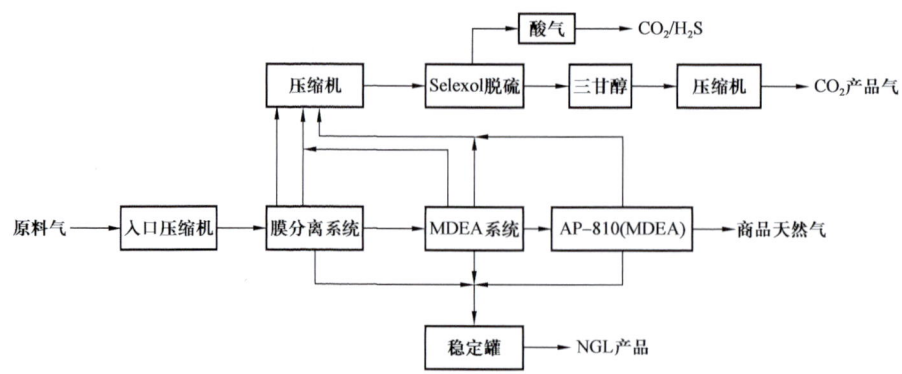

图 4-20 Mallet 天然气处理厂工艺流程

从图 4-20 可以清楚地看出，为达到脱除 CO_2 并净化烃组分气体的目的，Mallet 天然气处理厂采用了膜分离、MDEA 和 AP-810（MDEA）结合的方式。其中，第一步采用的膜分离技术，可脱除掉约 70% 的 CO_2。第二步用 MDEA 吸收和闪蒸再生脱除掉剩余的大部分 CO_2，最后再用 AP-810（MDEA）脱除剩余的少量 CO_2，得到具备商业价值的天然气产品，经处理后的产品天然气中 CO_2 的含量可稳定控制在 1.5% 以下。压力较低的 CO_2 和 H_2S 物流升压至 3.8MPa，用 Selexol 工艺将 H_2S 从 CO_2 物流中分离出来，然后这股包含低于 100×10^{-6}（体积分数）H_2S 的、含量超过 95% 的 CO_2 用 TEG 脱水后再压缩到 17.24MPa 的回注压力用于油田驱油。

该厂自投产以来已安全运行了几十年。由于应用分离膜脱除 CO_2，大大节省了装置的投资及操作成本，与采用传统的 MDEA 脱除工艺相比，操作成本可降低 30% 以上。Mallet 天然气处理厂采用的是美国 NATCO 集团公司的 Cynara 中空纤维膜，每个单元的直径约 12in，40in 长，表面积约 2500ft²[❶]。图 4-21 给出了 Cynara 中空纤维膜的实际样式。图 4-22 给出的是建在 Mallet 天然气处理厂的膜分离系统的实物图。

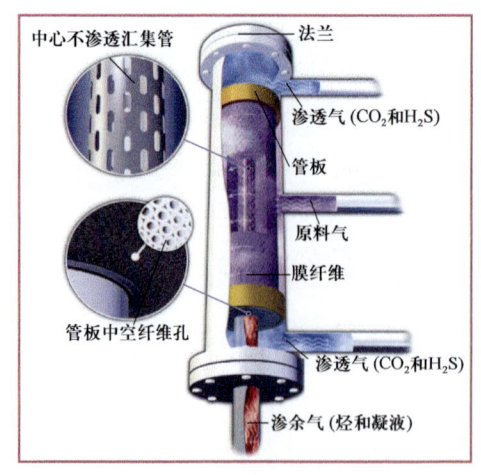

图 4-21 Cynara 中空纤维膜

图 4-22 Mallet 天然气处理厂的膜分离系统实物图

❶ 1in=25.4mm，1ft²=0.0929m²。

Mallet 天然气处理厂膜分离脱除 CO_2 单元的工艺流程如图 4-23 所示。对分离膜有较大危害的组分主要有液态水、乙二醇、醇胺溶液、润滑油和重烃组分（C_{6+}），不同材料的膜对这些组分的反应有差异，但所有材料的膜都需要考虑这些组分对膜的危害。此外，实际的入口原料气组成的较大变化、未来入口原料气组成的改变，以及可能产生的非正常操作状态等都是在设计时必须考虑的。

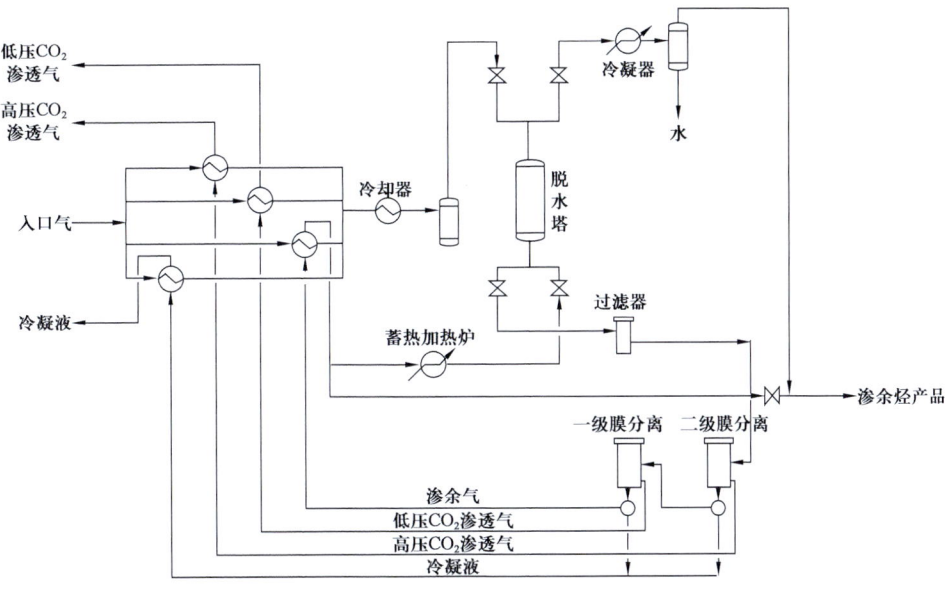

图 4-23　Mallet 天然气处理厂膜分离脱除 CO_2 单元工艺流程图

Mallet 天然气处理厂的预处理部分与一般的天然气处理厂类似，来自油田的入口原料气压力经压缩到约 2.41MPa，然后与出分离膜的物流换热冷却，并进一步用一个小的丙烷制冷冷却器冷却到约 21.1℃，以控制气流中重烃组分（C_{6+}）的含量。高含量的芳烃组分和 C_{8+} 组分被认为是对分离膜材料具有严重危害的，在此通过原料气的冷却可将这些组分控制在较低水平上，尽量降低其对设备的影响。在 21.1℃ 温度条件下，虽然经丙烷制冷仅能脱除约 12% 的 C_6，但 C_7 可脱除 41%，C_8 可脱除 67%，而 C_{9+} 甚至可脱除 75% 以上。由于采用了丙烷制冷，重烃组分的含量可以控制到极低的水平上，因而装置操作比较灵活，适应性也比较强。经丙烷制冷冷却后，冷凝液送往稳定塔进行处理，而气体组分经硅胶脱水后进入膜分离单元。

Mallet 天然气处理厂的膜分离装置采用两级分离。从图 4-23 可以看到，在该厂的中空纤维膜分离单元部分，并未为避免烃的冷凝作过多的考虑，而且由于大量的 CO_2 要在此单元脱除，仅通过简单的气体过热要完全避免烃在此单元的凝结也是十分困难的。实际上，在 Mallet 天然气处理厂的流程中采用了在分离膜部分处理烃凝液的设计，在分离膜生成的烃液与丙烷制冷得到的烃液一起进行处理。膜分离单元入口原料气为 2.41MPa，含 CO_2 约 90% 的高含 CO_2 气体，日处理量约为 $288.8 \times 10^4 m^3/d$。在第一级分离膜，约 $141.6 \times 10^4 m^3/d$ 的 CO_2 气体在 1.55MPa 下被分离出来，然后通过第二级分离膜，约

$48.14\times10^4\text{m}^3/\text{d}$ 的 CO_2 气体在 0.59MPa 下分离出来；二者相加，经两级分离膜分离后，CO_2 的脱除率就可高达 70% 以上。大部分的 CO_2 都是在第一级分离膜脱除的，由于第一级分离膜压力较高，这对分离的 CO_2 再用于油田回注无疑是十分有利的。

在装置设计之前，必须将尽可能完整的入口原料气的气质分析数据提供给设计人员。在设计时，设计人员假设实际的 C_{6+} 组分含量要略高于提供的气质分析数据。同时，在进入天然气处理厂之前所注入的各种化学药剂，如缓蚀剂和其他油田处理液体的类型和成分也要提供给设计者。

分离膜在较低的分压下即可达到脱除 CO_2 的目的，因而可降低系统的操作压力，并因此而降低总的压缩成本。而 CO_2 在相对较高的压力下回收又可降低回注的压缩成本。与传统的化学溶剂法相比，采用分离膜脱除 CO_2 可显著地降低能耗。同时，由于设计和建设相对比较简单，采用分离膜的工艺天然气处理厂建设成本也较低。同时，由于采用了膜分离脱除 CO_2，降低了下游的装置负荷，因而装置尺寸和操作成本均可大大降低。Mallet 天然气处理厂下游的醇胺装置塔选择较小的容量就降低了 40% 以上，冷却负荷降低 50% 以上，重沸器负荷也可降低 40% 以上。因而，电和化学品消耗也大大降低了。

3. 用于中含 CO_2 气体的脱除实例——格里西克（Grissik）天然气处理厂

Grissik 天然气处理厂（图 4-24）位于印度尼西亚苏门答腊岛南部，由 ConocoPhillips 公司负责操作及管理。该厂日处理原料天然气 $877.8\times10^4\text{m}^3/\text{d}$，原料天然气 CO_2 含量约 30%，经处理后商品天然气的指标要求为 3% 以下。为达到上述目标，Grissik 天然气处理厂采用了膜分离+醇胺吸收脱除的混合模式，重烃的脱除则采用了变温吸附（TSA），对原料气进入膜分离单元之前进行预处理。该厂仅采用简单的一级膜分离，为充分利用 CO_2 气流中烃组分的热值，流程采取将分离出的富含 CO_2 气流作燃烧炉原料的措施，将其生产的蒸汽用于醇胺装置的再生，也因此在未采用循环压缩机的情况下避免了烃的损失。图 4-25 给出了 Grissik 天然气处理厂的工艺流程。

图 4-24 Grissik 天然气处理厂

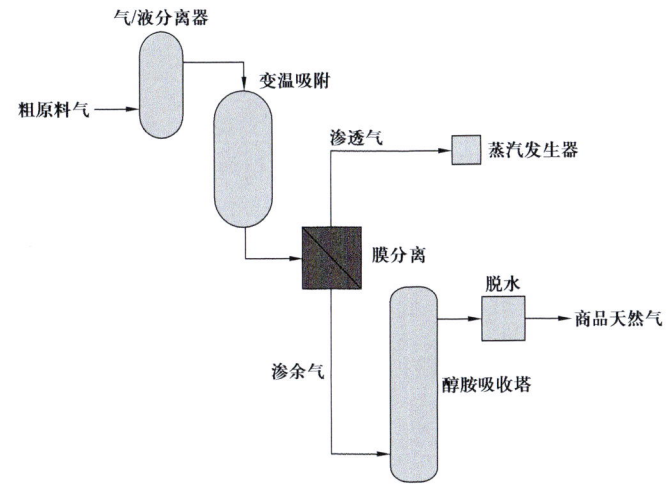

图 4-25 Grissik 天然气处理厂工艺流程

出膜分离单元的天然气仍含有约 15% 的 CO_2，在后续的醇胺装置中将其脱除到约 3% 的含量，以达到商品天然气的管输标准。在 Grissik 天然气处理厂建成初期，由于认为原料气含重烃量很低而没有考虑 TSA 预处理，仅设置了冷凝过滤器，但开工后不久就遇到了问题，实际的重烃含量（C_{10+}、芳烃和环烷烃）远远高于预先的设想，造成了膜分离系统能力在一个月内急剧下降了 20%～30%，为此又增加了 TSA 预处理系统。TSA 预处理系统采用安吉哈德（Engelhard）公司的 Sorbead™ 硅胶吸附技术，两列并行，每列包括 4 个吸附罐。采用 TSA 预处理后，很快分离膜的性能就得到了恢复。

Grissik 天然气处理厂采用法国液化空气集团（Air Liquide）出品的聚酰亚胺中空纤维膜——MEDAL™。膜分离系统由大量的平行模块组成，每个模块又包含多个水平管构成，每根管段包括多个膜单元。Grissik 天然气处理厂的膜分离系统包括有 100 多个分离膜单元。图 4-26 给出的就是 Grissik 天然气处理厂的膜分离系统的实物图片。

膜分离单元的进料来自 TSA 系统出口，典型的进料温度在 32.2～48.9℃之间，压力一般为 7.6MPa，CO_2 含量约 30%，膜分离出口气流压力仅 0.069MPa，进入蒸汽发生炉作原料。

图 4-26 Grissik 天然气处理厂膜分离系统

能够在重烃存在下仍能保持一定的分离膜完整性是 Air Liquide 聚酰亚胺中空纤维膜的一大技术优势。在实际生产中，经过了多年的使用，分离膜的完整性和烃损失性能仍很好。在该装置中的分离膜的预期寿命为 5 年以上，在装置运行期间，膜分离模块曾多次关停工。开工、停工、增压和降压均对 Air Liquide 聚酰亚胺中空纤维膜未产生明显的性能影响。图 4-27 示出了 Grissik 天然气处理厂膜分离系统脱除 CO_2 能力与时间的关系图。

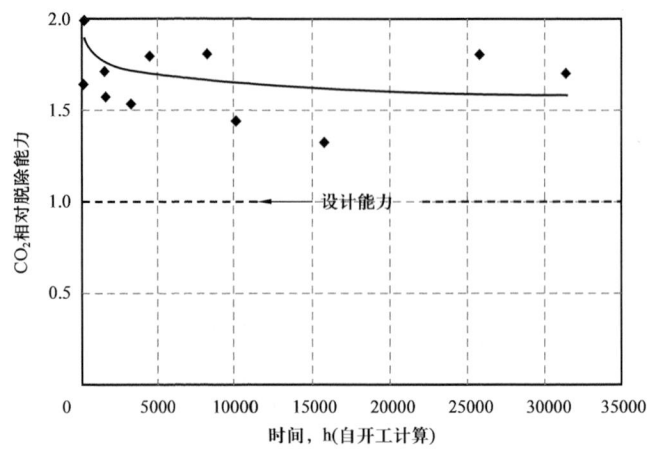

图 4-27　Grissik 天然气处理厂膜分离系统脱除 CO_2 能力与时间的关系图

从膜分离系统出来的原料气仍含有约 15% 的 CO_2，这股气流再进入后续的醇胺系统，用 50% 的 a-MDEA 将 CO_2 和 H_2S 含量脱除到管输商品天然气的标准。

4. 用于低含 CO_2 气体的脱除实例——默伯恩（Mewbourn）天然气处理厂

Mewbourn 天然气处理厂位于美国科罗拉多州东北部，隶属于杜克（Duke）能源公司。该厂用两列制冷装置和相应的液体稳定设备从天然气中回收天然气凝液（NGL）。工厂处理能力在 $170×10^4 \sim 198×10^4 m^3/d$，操作压力和温度分别为 5.86MPa 和 37.8℃。

图 4-28 给出 Mewbourn 天然气处理厂的工艺流程。出制冷系统的含 CO_2 约 3.11% 的原料天然气在 5.86MPa 和 37.8℃ 下进入第一段预处理模块。在原料天然气进入第一段预处理模块之前，约 $0.85×10^4 \sim 1.42×10^4 m^3/d$ 的气流走旁路与出膜分离装置的低压、含 CO_2 "废气" 混合用作装置的燃料。除去一部分用作燃料补充外，还有约 $79.3×10^4 \sim 87.8×10^4 m^3/d$ 的原料天然气经二级冷凝过滤后直接从旁路绕过膜分离装置而与经膜分离装置净化后的 "干净" 天然气混合，使 CO_2 的含量稳定在 2.75%～2.85% 之间，满足商品天然气的管输标准。

表 4-8 给出了 Mewbourn 天然气处理厂进入膜分离装置处理原料气的组成。该厂的目的是将 CO_2 含量从 3.0% 以上脱除到 3.0% 以下，以满足商品天然气的管输标准。

出二级冷凝过滤器的原料天然气除一部分直接旁路绕过膜分离以外，其余的约 $62.3×10^4 \sim 96.3×10^4 m^3/d$ 的原料天然气经入口自动阀进入有 12 根管子的膜分离模块，经膜分离得到约 $59.5×10^4 m^3/d$ 的含 CO_2 2.04% 的净化天然气，然后这部分净化天然气再与旁路得到的天然气混合，最后得到 $138.8×10^4 \sim 165.4×10^4 m^3/d$、含 CO_2 低于 2.85% 的商品天然气。从膜分离系统出来的低压富含 CO_2 气流中 CO_2 的含量约为 17%～18%，与补充燃料混合得到约 $4.25×10^4 \sim 5.10×10^4 m^3/d$ 的燃料，满足全厂对燃料的需求。

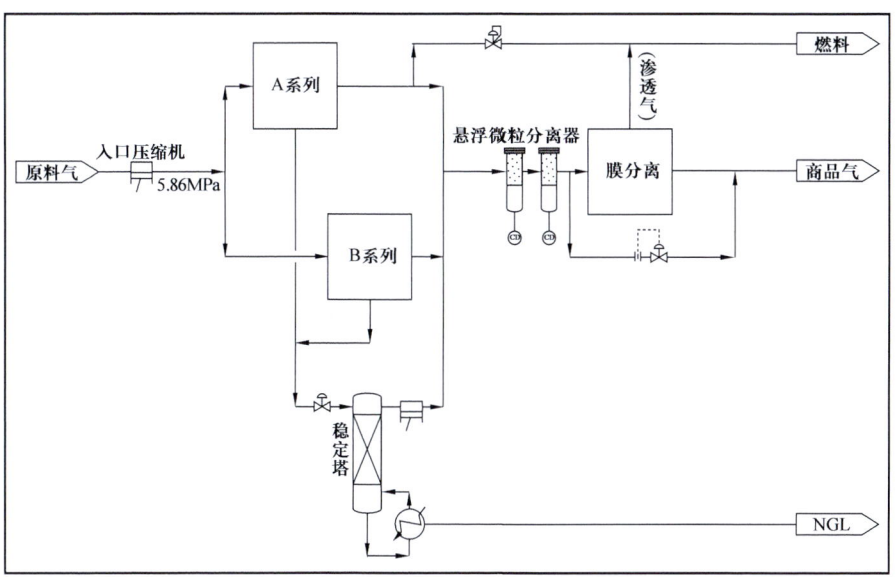

图 4-28　Mewbourn 天然气处理厂工艺流程

表 4-8　Mewbourn 天然气处理厂原料气组成

组分	N_2	CO_2	C_1	C_2	C_3	$i-C_4$
含量，%（摩尔分数）	0.36	3.11	83.52	10.67	1.88	0.17
组分	$n-C_4$	$i-C_5$	$n-C_5$	C_{6+}	H_2O	H_2S
含量，%（摩尔分数）	0.24	0.04	0.0003	0.0100	0.00004	0.000005

Mewbourn 天然气处理厂膜分离装置于 2004 年 4 月开工以来一直平稳运行。净化气 CO_2 含量一直稳定维持在低于 3.0% 的管输标准水平上（实际含量平均约 2.75%），也未发生操作和控制问题。开工后 180 天的连续操作数据表明，实际的 CO_2 脱除效率远高于预期的效果（图 4-29）。

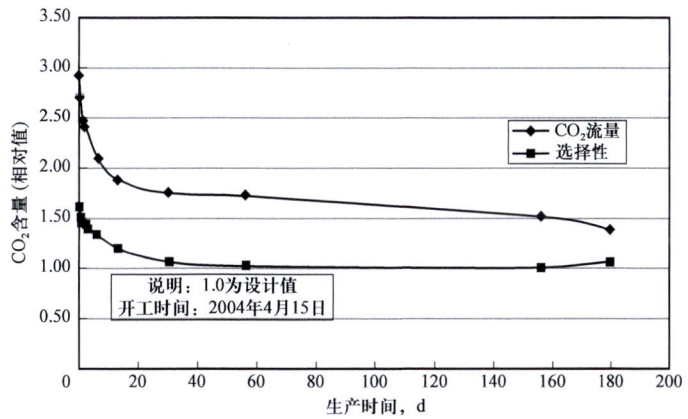

图 4-29　Mewbourn 天然气处理厂实际操作

六、高含 CO_2 天然气脱碳工艺的选择原则

天然气脱碳工艺的选择必须考虑诸多影响因素，如原料气 CO_2 含量、原料气压力（以及由以上两项乘积决定的原料气和净化气中 CO_2 分压）、处理规模、产品规格、工艺能耗、烃（主要是甲烷）损失量、设备重量与占地等。但应特别予以重视的影响因素是进行天然气脱碳的目的或净化气用途，原因在于用途决定了净化（产品）气中 CO_2 含量（分压）；此项影响因素的实质是要求达到极严格的净化度必将导致大幅度提高投资与成本，甚至最终放弃此工艺。

选择原则应从原料天然气的压力与处理量角度，并结合原料气和净化气中 CO_2 分压来考虑。图 4-30 与图 4-31 所示数据提供了若干进行工艺选择的准则。

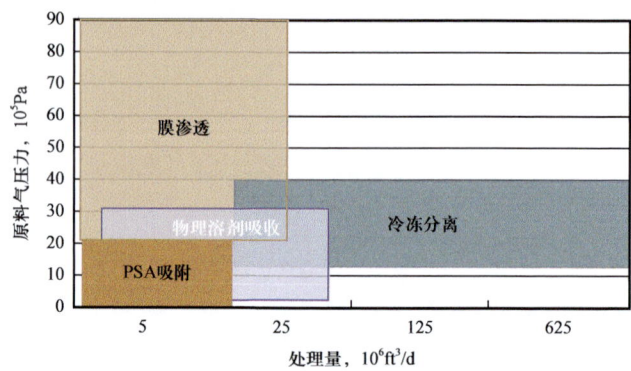

图 4-30 天然气脱碳（脱氮）工艺选择准则之一

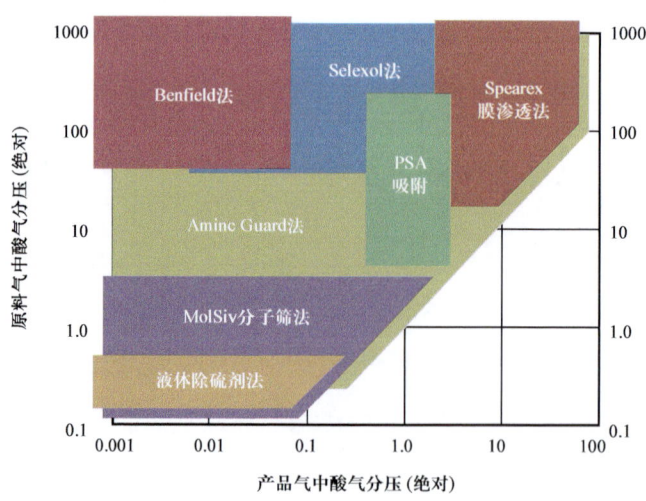

图 4-31 天然气脱除酸性气体的工艺选择准则之二

从图 4-30 所示数据可以看出：

（1）当原料气处理量不超过 $70×10^4 m^3/d$ 时，压力在 2~9MPa 范围的工况下，膜分离法是高含 CO_2（N_2）原料气脱碳（或脱氮）的首选工艺；

（2）在原料气压力不超过 4MPa 的工况下，低温分馏（冷冻）法的优势随着原料气处理量的增加而增大，处理量超过 $70\times10^4m^3/d$ 后，低温分馏法工艺将成为首选工艺；

（3）PSA 工艺的适用范围较窄，适用于低压、小规模的原料气处理。

图 4-30 和图 4-31 所示数据反映了近年来天然气脱碳工艺的发展经验，即在净化度要求不是很高的情况下，低温分馏、变压吸附和膜法分离是最具开发前景的三大物理分离（净化）工艺。但这三种工艺又有各自不同的适用对象及其合理的操作工况范围。对于天然气脱氮而言，低温分馏工艺虽然流程复杂，投资与成本均较高，且原料气预处理要求严格，但对于氮气含量很高、操作压力也高的大型天然气脱氮装置（规模超过 $140\times10^4m^3/d$），低温分馏是首选工艺。图 4-30 表明，在原料气压力甚高的工况下膜分离法具有明显优势；但对天然气脱氮而言，因用于分离氮气的选择性膜制作较困难，目前尚处于完善的阶段，故膜分离工艺不宜应用于处理规模很大的天然气脱氮装置。

总体而言，低温分馏法工艺比较适合应用于原料气压力不太高，但处理量相当大的 EOR 回收气的脱碳和（或）脱氮；而对于小型装置，通常可以考虑变压吸附工艺。

图 4-31 所示数据反映出原料气中 CO_2 含量及要求的 CO_2 净化度两者与工艺选择之间的关系。对于天然气脱碳而言，尤其是原料气 CO_2 含量高、操作压力也高的大型天然气脱碳装置，膜分离法往往是首选工艺。但是，由于膜分离工艺不可能达到很高的净化度，故当产品气净化度要求严格时（例如在对 LNG 原料气进行脱碳时），通常应考虑采用组合工艺，如膜分离法 + 化学溶剂法。化学溶剂法脱碳工艺中优先考虑的是 Benfield 法和 Amine Guard 法。

近年来，由于制膜技术取得重大突破，其机械强度与耐压程度均大大提高，因而天然气膜分离脱碳装置的处理规模从早期的约 $90\times10^4m^3/d$（海上）提高至约 $1900\times10^4m^3/d$（海上），扩大了 20 倍左右。

通常原料气中 CO_2 含量超过 30%（体积分数）的高压天然气不宜采用化学溶剂法脱碳，原因是脱碳装置再生能耗过大，经济上不合理。但当要求 CO_2 净化度要求极严时，如 LNG 原料气脱碳要求的净化度是 CO_2 含量低于 $50mL/m^3$，必须采用化学溶剂法才能达到。同时，当原料气 CO_2 分压超过 0.5MPa 时，宜选择 BASF 公司开发的活化 MDEA（a-MDEA）脱碳工艺，其节能效果甚佳。在原料气 CO_2 含量很高而净化度要求又很严的情况下，通常可以先采用膜分离法将原料气中的 CO_2 含量降到 30%（体积分数）以下，然后再用化学溶剂法精脱。

物理溶剂法脱碳是利用 CO_2 在溶剂中的溶解度差异而将其脱除，特别适用于 CO_2 分压较高的原料气脱碳。这类方法主要应用于合成氨以及制氢装置的过程气脱碳，在天然气工业上应用不多，加之物理溶剂价格昂贵，且同样存在净化度不太高等一系列问题，尤其不宜应用于环保要求极严格的海上操作平台。此外，物理溶剂法应用于天然气及 EOR 回收气脱碳的另一个缺陷是其对 C_2 以上烃类有相当大的溶解度，极容易造成原料气中烃类组分大量损失。

第二节　变压吸附法回收二氧化碳

变压吸附（PSA）法是利用吸附剂对不同气体的吸附容量随着压力变化而有差异的特性，在吸附剂选择吸附的条件下，加压吸附混合物中的杂质（或产品）组分，减压解吸这些杂质（或产品）组分而使吸附剂得到再生，以达到实现分离的目的。变压吸附工艺作为一种常温气体分离净化技术，具有工艺过程简单、能耗低、适应能力强、操作方便、经济合理等优点，发展较为迅速。目前，广泛应用于从各种气体，包括天然气、煤层气和合成氨变换气以及窑炉气中脱除及回收 CO_2。其中由美国安格（Engelhard）公司开发的 Molecular Gate 工艺是一种用于从天然气或煤层气中脱除 CO_2 的工业化应用工艺[1]。

一、基本原理

当气体分子运动到固体表面上时，由于固体表面分子的作用力，气体分子便会聚集在固体表面（外表面和内表面）上，这些分子在固体表面上的浓度会显著增大，这种现象称为气体分子在固体表面上吸附。当外界条件发生变化时（如温度、压力改变），固体表面上被吸附的分子会重新返回到气体中，这一过程称为解吸或脱附。吸附物质的固体称为吸附剂，被吸附的物质（气体）称为吸附质。变压吸附工艺的技术特点主要为物理吸附，选用的吸附剂为多孔固体物质。这些多孔固体物质具有吸附容量大、解吸性能好、分离系数大、机械强度高等特点。而且，这些多孔固体物质都具有较大的比表面积，以比表面对气体分子的物理吸附为基础，并且利用吸附剂在高压下易吸附高沸点组分（如 CO_2）、不易吸附低沸点组分（如 N_2、H_2 等），高压下被吸附组分吸附容量增加、低压下被吸附组分吸附容量减小的特性来实现分离。

变压吸附技术就是利用以上特点实现 CO_2、H_2、N_2 等主要回收组分在吸附剂床层内的吸附、解吸等工艺过程并达到连续、循环操作的目的。气体吸附分离成功与否在很大程度上依赖于吸附剂的性能。常用吸附剂有沸石分子筛、活性炭、硅胶、活性氧化铝、碳分子筛等。对于不同的分离对象，可以选择不同的吸附剂[2]。

二、工艺流程

PSA 工艺通常由吸附、降压（即顺放、逆放、冲洗、置换、抽空等）、升压等基本步骤组成（图 4-32）。一般采用两塔或多塔流程来实现工艺过程的连续性，操作周期根据气体组成、压力、流量和产品要求来确定，一般为 3 分钟至 30 分钟。工艺流程及自动控制调节系统是实现变压吸附最佳工艺的重要因素。变压吸附工艺操作压力根据产品种类、原料气组成、吸附剂性能、工艺特点及前后工序的情况确定，一般在 0.05~3.00MPa 范围内。

在 PSA 用于分离 CO_2 的工艺过程中，所采用的吸附剂对 CO_2 具有较强的选择吸附能力。该吸附剂对混合气中各组分的吸附能力强弱依次为：CO_2＞CO＞CH_4＞N_2＞H_2。从吸附等温线（图 4-33）可知：在混合气体中，CO_2 的吸附能力比其他组分强，因此当混合气体在一定压力下通过吸附床层时，吸附剂将选择性地吸附强吸附质 CO_2 组分，而难吸附组分（如 H_2、O_2、N_2、CH_4、CO 等）组成的混合气体则从吸附塔出口端排出。在吸附床降压过程中，被吸附的 CO_2 脱附，由吸附塔入口端排出，作为产品输出，同时吸附剂获得再生。再生后的吸附剂进入下一轮吸附—脱附循环。

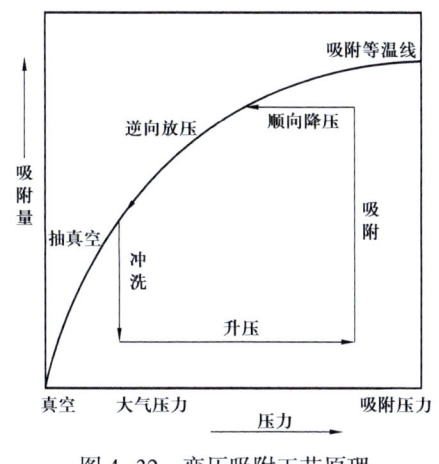

图 4-32 变压吸附工艺原理

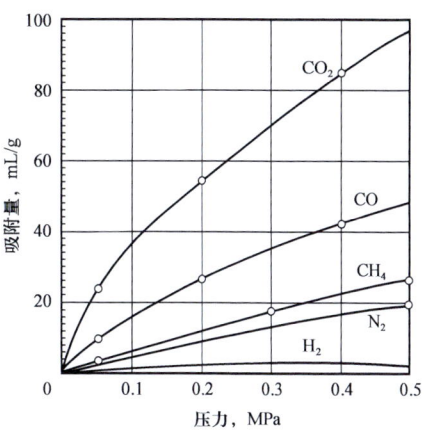

图 4-33 吸附剂吸附等温线

为连续处理原料气和得到 CO_2 产品气，至少需要两个以上的吸附塔交替操作。这些吸附塔组成的变压吸附系统中必须有一个吸附塔处于选择性吸附阶段，而其他塔则处于脱附再生阶段的不同步骤。这里以三塔流程为例对工艺过程进行说明，图 4-34 为三塔 PSA-CO_2 流程简图。对吸附剂来说，水分是比 CO_2 吸附能力更强的组分，因此在原料气进入吸附塔前，首先要进行干燥处理，将绝大部分水分除去。在 PSA 工艺部分，每个塔在一次循环中依次经历吸附、压力均衡、顺向放压、置换、抽空、充压等步骤，抽空出来的气体就是 CO_2 粗产品。由于其中仍有少量的水和其他杂质，因此还需要进行干燥，提纯、冷却后作为高纯度液体 CO_2 产品输出。表 4-9 为变压吸附分离提纯 CO_2 装置的主要技术指标。

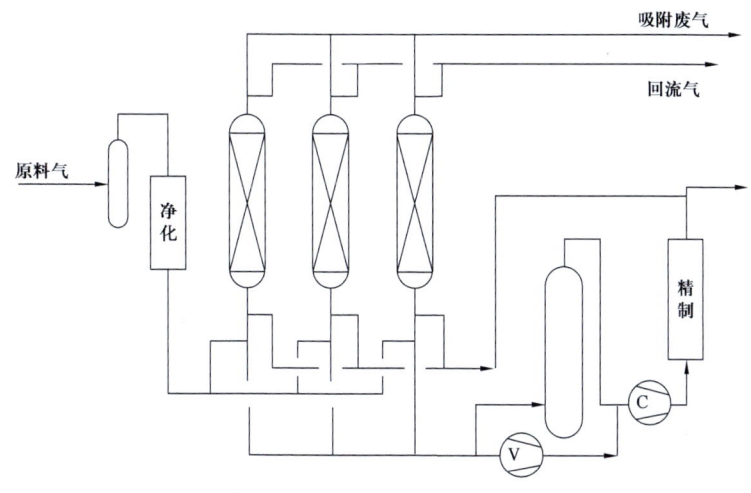

图 4-34 三塔 PSA-CO_2 流程

表 4-9 变压吸附分离提纯 CO_2 装置主要技术指标

项目	技术指标
适用压力，MPa	0.6～1.3
适用温度，℃	≤40
产品 CO_2 纯度，%	99.5～99.99
CO_2 提取率，%	≥75
输出压力，MPa	3.5
输出温度，℃	≤5
装置规模，t/d	10～100
吸附剂正常使用年限，a	≥8

早期的变压吸附工艺主要用于双组分或多组分原料气中生产出单一产品气体，近期 PSA 技术出现的新发展趋势是从多组分原料混合气中分离回收两种或两种以上的产品气体，并要求降低投资、简化流程和降低能耗。西南化工研究设计院开发出了从合成氨变换气中同时分离生产氢气、氮气和纯 CO_2 产品的变压吸附脱碳双高新工艺。其四塔工艺流程如图 4-35 所示。

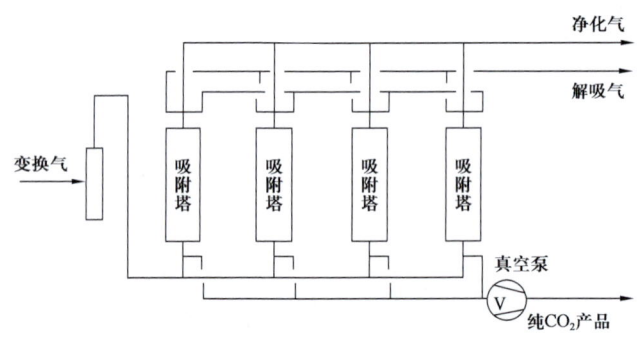

图 4-35 PSA 四塔工艺流程图

该工艺流程基本上与分离单一产品的工艺流程类似，由两套变压吸附装置构成两段串联使用，两段装置均采用多塔变压吸附工艺实现提纯和净化。当合成氨变换气在一定压力下通过吸附床层时，吸附剂首先吸附 CO_2，其次是吸附那些吸附力相对较强的 CO 和 CH_4，而难吸附组分的 H_2 和 N_2 组成的混合气体从吸附塔出口端排出，作为产品一输出。在吸附床降压过程中，残留在吸附塔内的少量 H_2、N_2 和大量 CO、CH_4 作为解吸气排出，同时也有少量的 CO_2 随之排出，然后采用真空泵在吸附塔入口端将 CO_2 抽出，作为产品二输出，同时吸附剂获得再生。表 4-10 为脱碳双高新工艺的主要技术指标。

表 4-10　PSA 脱碳双高新工艺技术指标

项目		技术指标
吸附剂对原料气中各种有害组分的承受量	H_2O	饱和
	H_2S，mg/m^3	≤100
	有机硫，mg/m^3	≤20
	适用压力，MPa	0.6~1.3
	适用温度，℃	≤40
产品一：氢氮混合气	氢气回收率，%	≥96
	氮气回收率，%	≥90
	CO_2 含量，%（体积分数）	≤0.2
	氢氮比	3.0~3.3
	输出压力	低于原料气压力 0.005MPa
产品二：CO_2 气体	CO_2 含量，%（体积分数）	98~99.9
	CO_2 提取率，%	≥80
	输出压力	常压
	装置规模，m^3/h（变换气量）	1500~50000
	装置年开工时间，h	8000
	吸附剂正常使用年限，a	≥8

第三节　低温分离法回收二氧化碳

低温分离是利用原料气中各组分相对挥发度的差异，通过冷冻制冷，在低温下将气体中各组分按工艺要求冷凝下来，然后用蒸馏法将其中各类物质依照蒸发温度的不同逐一加以分离。该方法适用于天然气中 CO_2、H_2S 含量较高以及在用 CO_2 进行三次采油时采出气中 CO_2 含量和流量出现较大波动的情形，但工艺设备投资费用较大，能耗较高。目前应用较多的工艺主要是美国科赫工艺系统公司（Koch Process Systems）开发的 Rayn-Holmes 工艺。

一、基本原理

采用低温分离方法脱除天然气中 CO_2 的优势在于在蒸馏塔生成的液体 CO_2 气化即可获得所需的绝大部分制冷量。然而，对于酸性天然气的复杂体系，在热力学上存在以下三个主要技术难题：（1）在 CH_4 和 CO_2 分离过程中如何防止生成 CO_2 固体；（2）如何防止 C_2 烃类与 CO_2、H_2S 形成共沸混合物；（3）原料气中存在 H_2S 时，如何分离 H_2S 和 CO_2。

图 4-36 给出 CH_4—CO_2 二元体系的气—液—固相平衡示意图。从图 4-36 中可以看出，操作压力低于 4.93MPa 时，CH_4—CO_2 二元系有可能产生 CO_2 固体，因此要提高脱甲烷的操作压力，否则就不能得到高纯度的 CH_4，因为 CH_4 的临界压力为 4.64MPa。即使在临界压力下操作，分馏出的混合气体中仍有 2% 的 CO_2，实际操作中可能达到 5%～15%。

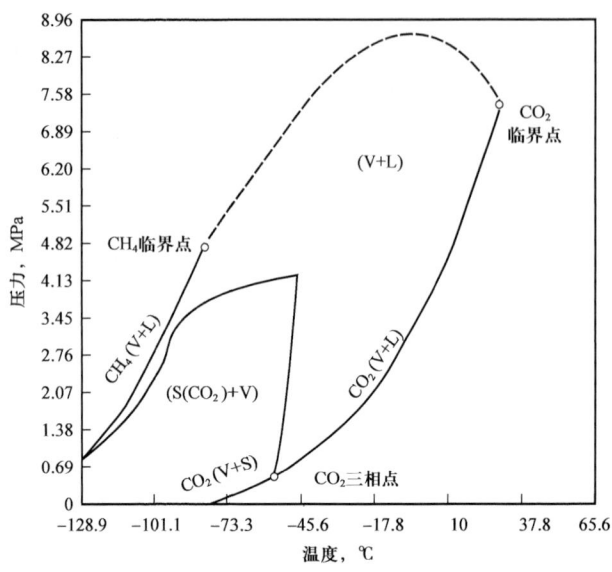

图 4-36　CH_4—CO_2 二元体系气—液—固相平衡示意图

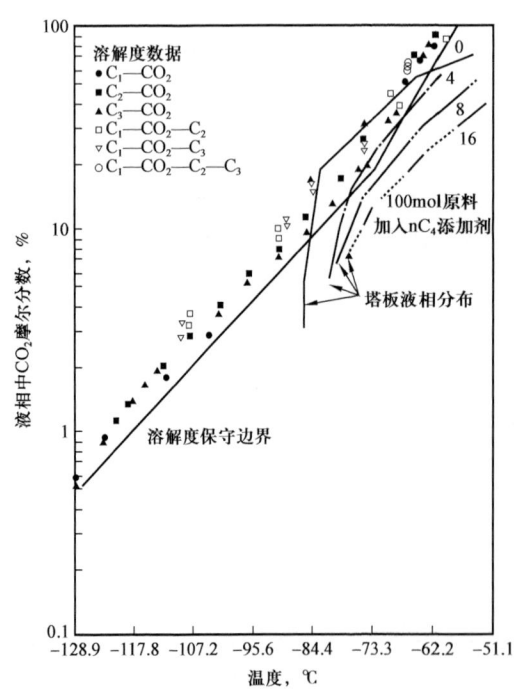

图 4-37　添加剂对液相中 CO_2 含量变化影响

科赫工艺系统公司提出的解决办法是在混合物中加入添加剂。这些添加剂采用 C_2 以上烃类及其混合物，如正丁烷或者 NGL 等，很容易从处理的原料气中分馏得到。以正丁烷为例，加入添加剂后，脱甲烷塔内塔板液相中 CO_2 含量变化情况如图 4-37 所示。

在图 4-37 中，实体斜线表示的是以现有溶解度数据绘出的保守边界，在此线上方表示会生成 CO_2 固体。塔板液相分布变化的实体线表示未采用添加剂，从脱甲烷塔顶出来的 CH_4 中含有约 2% 的 CO_2，而塔底出来的 CO_2 产品中含有低于 1% 的 CH_4，但该塔操作曲线有相当一部分落在了 CO_2 固体生成区。而接下来向右的第一条曲线表示加入了少量正丁烷（100mol 原料气中加入 4mol）后的情况，塔的操作曲线有了明显改善，基本上不再落入 CO_2 固体生成区。随着正丁烷用量增加，塔的操作曲线进一步远离 CO_2 固体生成区。采用 NGL 作为添加剂也有同样的效果。在 100mol 原料气中加入 8mol NGL 就可完全避免 CO_2 固体生成，从脱甲烷塔顶排出的 CH_4 中，CO_2 含量保持在 0.98%（体积分数）的水平。

对于在 CO_2 和 C_2 以上烃类分离过程中形成的共沸混合物，也可采用加入添加剂的方法来解决，适用于气体处理装置的是 C_4 以上烃混合物。图 4-36 上部的虚线表明，加入添加剂后从分馏塔顶可以得到 CO_2 含量不同的分馏物（CO_2 含量从 0 至 100%）。用于脱甲烷塔的添加剂也同样适用于 CO_2—C_2 体系的分馏。

当原料气中含有 H_2S 时，由于 CO_2 和 H_2S 之间的相对挥发度较低，很难得到 H_2S 含量符合要求的 CO_2 产品。加入 C_4 或其他合适的添加剂后，显著地增加了 CO_2 和 H_2S 之间的相对挥发度，因而在 CO_2 分馏塔内同时解决了三个问题：（1）CO_2 产品气中的 H_2S 和乙烷含量都能符合要求；（2）乙烷及其以上组分可以作为产品回收；（3）最后脱除出来的 H_2S 中所含的 CO_2 含量可满足克劳斯硫回收工艺的要求。

二、工艺流程

根据原料气组成及产品气要求的不同，Rayn-Holmes 工艺主要分为三塔流程和四塔流程两类。图 4-38 所示为典型的三塔流程，它包括脱甲烷塔、乙烷回收塔、添加剂回收塔。干燥的原料气经过冷却首先进入脱甲烷塔，添加剂从第一塔冷凝器中加入。产品气从塔顶流出，塔底物则经过适当热交换后进入乙烷回收塔，在塔顶往下的几块塔板处加入添加剂。从塔顶出来的是烃类及 H_2S 含量符合要求的 CO_2 产品，塔底物则进入添加剂回收塔，由于 CO_2 主要在乙烷回收塔中被分馏出去，因此从添加剂回收塔顶出来的烃类气中主要含有 H_2S 及少量 CO_2，进一步处理后将 CO_2 和 CO_2 脱除；塔底物则分离出 C_{4+} 烃作为添加剂，余下部分与塔顶流出物混合，经处理后得到 NGL 产品。根据三次采油时采出油田气的组成和产品用途不同，可采用不同的工艺流程。如果注入地层的 CO_2 中允许含有一定量的 CH_4，可用较简单的双塔流程，即只设置乙烷回收塔和添加剂回收塔，将前者塔顶排出的含有少量 CH_4、C_2H_6 和 N_2 的 CO_2 气体直接注入地层，这样可以显著改善工艺经济性。

为了降低工艺的能量消耗和投资费用，又提出了如图 4-39 所示的四塔流程。气体首先进入乙烷回收塔，从塔顶出来的含 CO_2 气体经加压、冷却后进入新增的 CO_2 回收塔。该塔不采用添加剂，塔底得到的 CO_2 中不含甲烷，可用泵加压后直接进行回注；从塔顶出来的甲烷气体中 CO_2 含量为 15%~30%（体积分数），进入与三塔流程中类似的脱甲烷塔，但其 CO_2 的含量要低得多，采用循环添加剂，则从塔顶得到产品气。由于大量的 CO_2 在 CO_2 回收塔中脱除，因此在四塔流程采用的添加剂量较少，而且塔底物中所含的添加剂还可再次利用，补充加入新的添加剂后用于乙烷回收塔。乙烷回收塔的塔底物进入添加剂回收塔，分馏成轻质 NGL 和重质 NGL。C_2 至部分 C_4 及 H_2S 从塔顶得到，而塔底则可获得 C_4 添加剂及部分 NGL 产品。

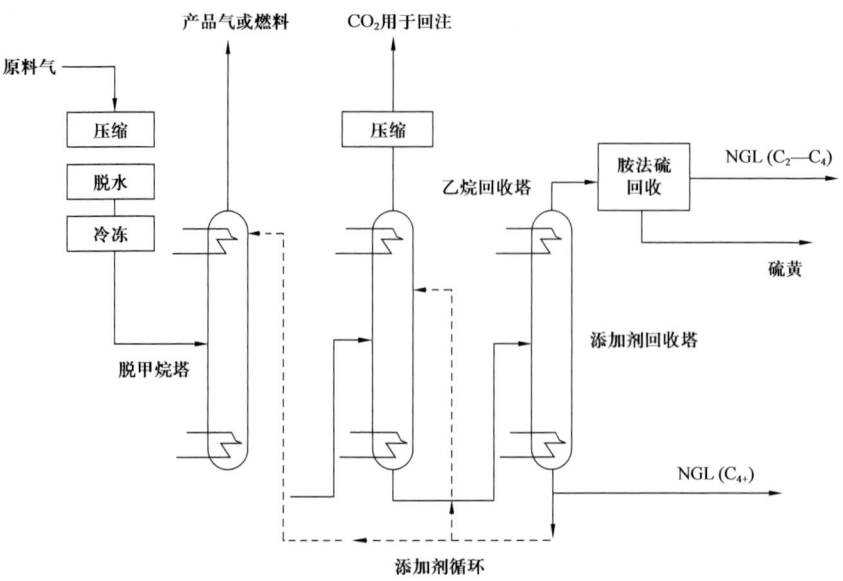

图 4-38　Rayn-Holmes 工艺三塔流程示意图

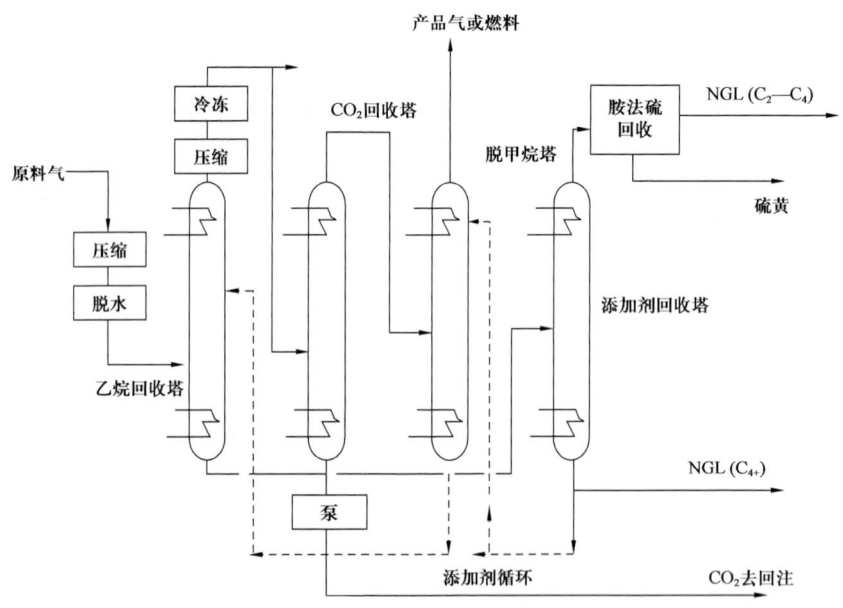

图 4-39　Rayn-Holmes 工艺四塔流程示意图

表 4-11 为 Rayn-Holmes 工艺三塔流程和四塔流程的操作条件比较。

三、工业应用

目前采用 Rayn-Holmes 工艺的工业装置超过 8 套。表 4-12 给出其中一套 Rayn-Holmes 工艺三塔流程装置应用于处理 CO_2 驱油伴生气的操作数据。

表 4-11　Rayn-Holmes 工艺三塔流程和四塔流程的操作条件比较表

项目	三塔流程	四塔流程
第一塔操作温度，℃	−40～−84	−23～4
脱水温度，℃	−73	−46
脱水方法	超纯三甘醇或分子筛	饱和或超纯三甘醇
CO_2 压缩	压缩机	泵
CO_2 加工程序	中间减压	全压
添加剂用量	多，无重复利用	少，有重复利用
重沸器温度	高	低
能量消耗	高	低

表 4-12　Rayn-Holmes 工艺三塔流程装置操作数据

时期	流量及组分含量	原料气	燃料气产品	CO_2 产品	NGL 产品	回收率，%
早期	流量，$10^4 m^3/d$	33.13	5.35	19.06	352.76m^3/d（液体）	—
	CO_2，%（体积分数）	57.57	2.22	96.84	5.91	—
	H_2S，%（体积分数）	0.39	—	5×10^{-6}	1.48	—
	C_1，%（体积分数）	16.68	96.09	2.03	—	—
	C_2，%（体积分数）	8.64	—	1.08	30.41	92.8
	C_3，%（体积分数）	7.38	0.05	0.04	27.90	99.6
	C_{4+}，%（体积分数）	9.10	0.34	—	34.31	99.4
	N_2，%（体积分数）	0.24	1.50	—	—	—
高峰期	流量，$10^4 m^3/d$	206.45	9.46	180.40	744.89m^3/d（液体）	—
	CO_2，%（体积分数）	85.97	1.99	98.46	1.11	—
	H_2S，%（体积分数）	0.11	—	50×10^{-6}	1.37	—
	C_1，%（体积分数）	4.96	96.07	0.64	—	—
	C_2，%（体积分数）	2.58	—	1.20	19.02	59.3
	C_3，%（体积分数）	2.25	0.05	0.11	26.69	95.5
	C_{4+}，%（体积分数）	4.06	0.35	0.01	50.18	99.5
	N_2，%（体积分数）	0.07	1.53	—	—	—

第四节　离子液体支撑液膜分离二氧化碳

在实现"双碳"目标的过程中，气体脱碳工艺及其在CCUS技术的CO_2捕集环节上占据重要地位；且作为第一代碳捕集技术用的化学溶剂吸收法早已实现工业规模化应用。但总体而言，已经投入工业应用的四种脱碳工艺都存在能耗、净化度、腐蚀性等一系列技术经济问题（表4-13）；故开发全新的、高科技型的气体脱碳工艺正是新一代CCUS工艺的关键技术之一。

表 4-13　天然气典型脱碳技术的比较

项目	低温精馏	醇胺吸收	变压吸附	膜分离
原料气CO_2摩尔分数，%	3.5～65	≤70	≤40	≤90
净化气CO_2摩尔分数，%	2～3	≤2（可脱除至50×10^{-6}）	≤3	可低至1～2
CH_4损失	极低	低（<1%）	中（2%～5%）	单级：10%～15% 双级：<2%
净化气出口压力 MPa	2～4	5～7	1～3.5	2～10
CO_2出口压力 MPa	—（液态CO_2）	约0.13	<0.5	<0.5
处理量	中	高	低	中低
占地面积	大	大	中	小
能耗，MJ/kg（主要用途）	6～10（制冷系统）	4～6（溶剂再生）	2～3（吹扫气体/再压缩）	0.5～6（原料气和级间压缩）
投资成本	中	高	中	中低
操作成本	中	中	低	中低
备注	无须分离介质；特别适用于LNG中高含量CO_2的脱除	工艺技术成熟，但一些醇胺溶剂存在一定程度的降解和腐蚀问题；a-MDEA是醇胺法中单位能耗最低的，但溶剂成本较高	常温下即可操作，装置自动化程度高，可自动切除故障塔；分子筛吸附适用于小规模原料气中低含量CO_2的深度脱除	单级膜处理高CO_2含量的原料气通常只能完成粗脱，若要获得高纯度产品并降低烃损失，需增加膜的级数或采用耦合处理技术；需对原料气进行脱水等预处理

一、离子液体的主要特性

常规离子液体是一种由阴离子和阳离子组成的室温熔盐（图4-40）[5]。阳离子主要有咪唑、吡啶、吡咯烷和季铵等，阴离子主要有卤素、硼酸和氨基酸离子等。尽管常规离子液体具有选择性吸收的能力，但其对气体的溶解度不高。

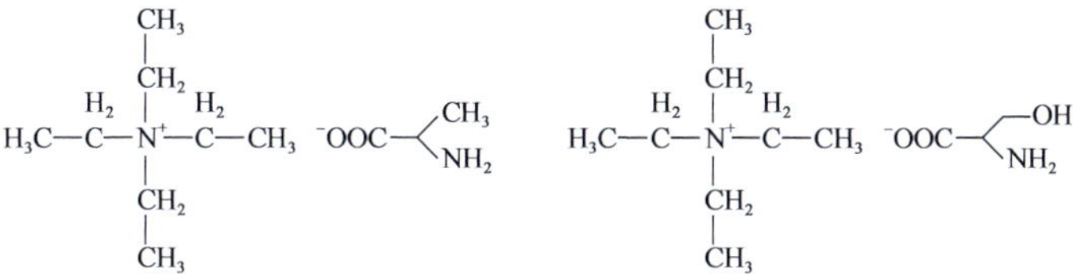

图 4-40 离子液体的分子结构

离子液体（IL）的主要特性是：非挥发性或"零"蒸气压（这应是离子液体被认为"绿色溶剂"的重要依据）；低熔点（可低到 −90℃）、宽液程（可达 200℃）、强的静电场（这是区别于分子型介质与材料的重要特征）；宽的电化学窗口（甚至可大于 5V；这意味着在如此宽的电压范围内，离子液体不会发生电化学反应而降解）；良好的离子导电（25mS/cm）与导热性、高热容及高热能储存密度，高热稳定性（分解温度可高于 400℃）；良好的选择性吸收（CO_2）能力；故被称为"液体"分子筛。

离子液体是一种性质和结构可以设计的物质，故此类化合物又称为功能化离子液体。例如，通过对离子液体的侧链进行修饰和/或添加功能团，可以增加其对气体的溶解度和选择性。此外，还有一种是将较成熟的膜分离技术与离子液体相结合的回收 CO_2 新技术。此项新技术中又可按两者结合方式分为：负载型离子液体膜、聚离子液体膜和离子液体混合基质膜。

20 世纪 90 年代，一类以 1，3- 二烷基咪唑氟硼酸盐或氟磷酸盐为代表的新型离子液体被成功地合成，使离子液体的研究和应用迅速扩展。图 4-41 给出了两种典型的烷基吡啶或二烷基咪唑的分子结构。

(a) 烷基吡啶　　　　(b) 二烷基咪唑

图 4-41　两种典型的烷基吡啶或二烷基咪唑的分子结构

二、离子液体吸收二氧化碳的机理[6]

1. 常规离子液体吸收 CO_2

常规离子液体吸收 CO_2 主要是通过离子液体和 CO_2 之间的物理作用，将 CO_2 固定于离子液体的网状空隙中，利用离子液体特有的氢键网络结构及阴离子与 CO_2 的特殊作用，此类吸收机理属于物理吸收。常规离子液体包括吡啶类、咪唑类、吡咯类、氨基酸类和胍类等。目前研究报道较多的是咪唑类离子液体，而对于吡啶类、吡咯类、氨基酸类和胍类的离子液体研究报道相对较少。压力、离子结构、温度、黏度等，都是影响常规离

子液体吸收 CO_2 性能的主要影响因素。大量的研究结果表明，在不同温度范围内，随着压力的增大，CO_2 在离子液体中的溶解度会也会增大。研究结果也表明，采用相同的阳离子［bmim］$^+$，阴离子分别为［Tf$_2$N］$^-$、［PF$_6$］$^-$、［BF$_4$］$^-$时，三种离子液体对 CO_2 的固定能力为［bmim］［Tf$_2$N］>［bmim］［PF$_6$］>［bmim］［BF$_4$］，当压力增加时，CO_2 固定量的差别会更加明显；其中［bmim］［PF$_6$］和［bmim］［BF$_4$］的差别相对较小。［bmim］［BF$_4$］在压力为 $13×10^5Pa$，温度分别为 10℃、25℃、50℃时，吸收达到平衡的时间为 90～180min。在温度为 10℃、压力为 $13×10^5Pa$ 时，离子液体［bmim］［BF$_4$］对 CO_2 的吸收可达 0.3mol/mol。当温度升高到 50℃时，该离子液体对 CO_2 的吸收能力每摩尔离子液体小于 0.15mol。离子液体的阳离子对 CO_2 吸收性能影响较小。测定了温度为 313.15K、323.15K 和 333.15K 时不同压力下离子液体［C$_4$mim］PF$_6$ 对 CO_2 的溶解能力，其结果如图 4-42 所示[6]。图示结果表明：当温度一定时，随着压力的增大 CO_2 在离子液体中的溶解度也随之增大；

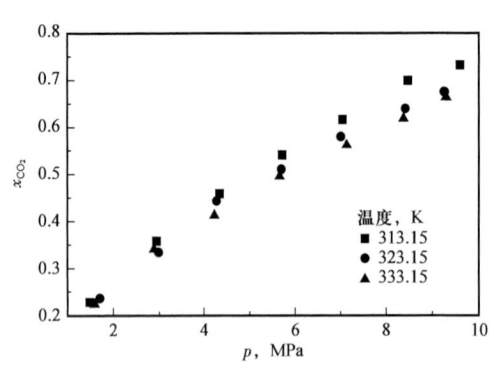

图 4-42　不同温度下 CO_2 在离子液体［C$_4$mim］PF$_6$ 中的溶解度

压力一定时，CO_2 的溶解度随温度升高而降低。在一定的温度和较高的压力工况下，传统离子液体具有良好的热稳定性。

2. 功能化离子液体吸收 CO_2

传统离子液体吸收 CO_2 存在某些缺陷，故研究者根据离子液体自身结构可调性和 CO_2 气体具有酸性的特点，设计并合成了一些有特定目标和某种特殊性质的离子液体，即功能化离子液体。在目前已经合成的此类离子液体中，带有氨基功能化的离子液体较多，其中包括咪唑类、乳酸盐类、磺酸盐等离子液体。

（1）氨基咪唑类离子液体。

目前设计并合成出了带有—NH$_2$ 官能团的氨基功能化离子液体 1-（3-丙氨基）-3-丁基咪唑四氟硼酸盐（［apbin］BF$_4$）。研究结果发现，在常温常压条件下，这类离子液体捕集 CO_2 的质量分数能够达到很高值；吸收时间越长，吸收效果越好。而没有—NH$_2$ 官能团离子液体，如在常温条件下［C$_6$min］PF$_6$ 对 CO_2 的吸收率几乎接近于零。FT-IR 和 13CNMR 光谱研究结果发现，CO_2 在［apbim］BF$_4$ 的吸收过程是可逆的。CO_2 先和—NH$_2$ 发生反应生成氨基甲酸酯铵盐；在一定温度下，可使 CO_2 作为工业生产中的碳源解吸出来，而离子液体能够回收重复利用。这项研究证明：氨基功能化离子液体很有可能取代醇胺类有机溶剂应用于脱碳工业装置。

（2）氨基酸离子液体。

以天然的氨基酸为原料合成的氨基酸离子液体对 CO_2 等酸性气体具有良好的吸收作

用,还具有初始原料无毒性、生产成本低、生物可降解等特性,因此深受研究者们的关注。张锁江课题组全面研究四烷基季氨基酸离子液体的研究结果发现,该离子液体的黏度低于传统离子液体,且吸收原理与MEA溶液脱除CO_2的化学反应相似。该课题组还研究了功能相似的四丁基膦氨基酸[P(C_4)$_4$]AA和双氨基功能化离子液体[aP_{4443}][AA];研究结果表明,四丁基膦氨基酸离子液体吸收CO_2的质量分数能够达到8.6%;双氨基功能化离子液体捕集CO_2的效率高达16%,且它们CO_2的捕集效率均大于功能化离子液体[NH_2p-bim][BF_4](质量分数为7.4%)[7-8]。由于氨基酸离子液体易吸水,有研究发现四甲基铵甘氨酸离子液体[N_{1111}][Gly]对CO_2具有良好的吸收能力;当该溶液的质量分数从100%降至30%时,CO_2的饱和吸收负荷从每摩尔离子液体0.169mol提高至0.601mol。嵇艳等对比三种氨基酸离子液体对CO_2的吸收性能的研究结果表明,氨基酸离子液体对CO_2的吸收速率和吸收容量均高于氨基酸盐;且氨基酸离子液体的再生时间则远低于氨基酸盐溶液。但是,氨基酸离子液体的成本和黏度都比醇胺溶液高得多;这就成为限制其应用于工业的主要原因。如果将氨基酸离子液体与醇胺溶液复配后组成配方型溶剂用于吸收CO_2,既能够改善脱碳溶液的物化性能,也能提高对CO_2的吸收容量[9]。因此,这种由离子液体参与的配方型溶剂脱碳工艺将成为国内外研究的重点之一。

(3)胍类离子液体。

以胍类离子液体1,1,3,3-四甲基胍乳酸盐(TMGL)为例,其反应方程式为:

研究结果表明,胍类离子液体对CO_2的溶解度要大于常规离子液体2~5倍。在常温常压条件下,CO_2在胍类离子液体中平衡溶解度约为0.6%(质量分数),带有—NH_2官能团的咪唑类离子液体中具有很高的溶解能力,其平衡溶解度约为7.0%(质量分数)。运用量子化学理论分析CO_2在带有—NH_2官能团的两种不相同的离子液体溶解度差别很大的原因,结果表明官能团、分子内的氢键和阴阳离子的配位能很大程度上影响离子液体对CO_2的吸收[10]。

(4)其他功能化离子液体。

大体而言,氨基功能化离子液体是由阴、阳离子上的氨基官能团和CO_2发生一系列的反应来捕集CO_2的。郭燕研究了一种新型的无氨基的阴离子功能化离子液体[10]。此类离子液体是利用强碱和弱酸的中和反应制取的。在该离子液体中,强碱作为一类较强的质子受体,在不用添加任何试剂情况下,就能够使弱酸去质子化。故在热力学上,利用强碱与弱酸制取这种可吸收CO_2的质子型离子液体的方法是可行的。在这个离子液体体系中,CO_2的质量吸收容量能够达到17%以上。它们的吸收容量很大是受阴离子驱动的影响;且CO_2的解吸能在较低温度下进行,离子液体重复利用的性能甚好。

3. 离子液体混合溶液吸收 CO_2

为了克服离子液体价格高、黏度大的缺点,研究者曾尝试将离子液体与有机胺或其他有机物混合构成混合型吸收剂;但目前成功的混合溶液体系较少,原因在于并不是所有胺都能溶于离子液体。方诚刚等[11]成功研究出了氨基酸离子液体四甲基铵甘氨酸—N-甲基二乙醇胺体系,该体系对 CO_2 具有较高的吸收率。在恒体积条件下,增加 CO_2 的分压和提高体系中离子液体的浓度都能够增加混合体系对 CO_2 的吸收量。王梅等[12]研究了咪唑类离子液体[bmim][BF_4]和[bmim][Tf_2N]与氨基功能化离子液体[NH_2e-mim][BF_4]混合体系,并研究了该体系对 CO_2 的吸收和解吸性能。研究结果表明,咪唑类离子液体混合后黏度降低,传质效果得到改善。同时,咪唑离子液体与氨基功能化离子液体混合后比单一离子液体对 CO_2 的吸收量大,离子液体混合溶液在一定条件下解吸后可循环吸收 CO_2,且吸收率较高,多次吸收—解吸后混合吸收剂的质量也没有发生改变。

4. 离子液体膜吸收 CO_2

离子液体膜吸收 CO_2 主要采用的是支撑液膜(图 4-43),将离子液体负载在惰性多孔膜上,由于离子液体液膜含浸在聚合物支撑体上,能够承受一定的压力,对 CO_2 具有更高的扩散速度和渗透性。其中,离子液体聚合物液膜对 CO_2 的吸收规律与溶液中的吸收规律具有一定的相似性;升高温度会降低吸收量,而增高吸收压力则会增加吸收量。

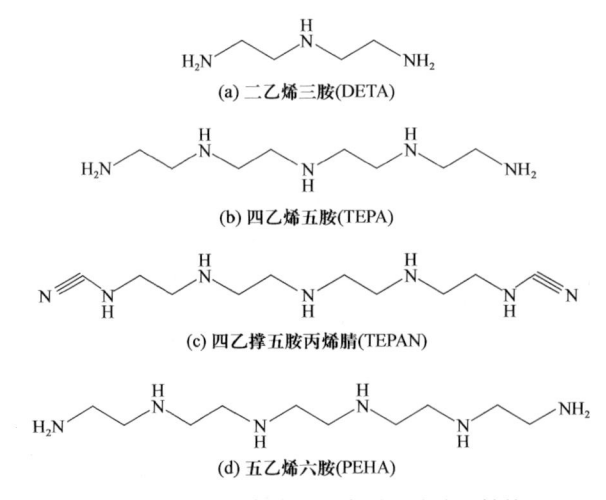

图 4-43 合成支撑胺吸附剂的胺分子结构

5. 聚离子液体膜

聚离子液体(PIL)是一种新型聚合物,不仅保留了离子液体(IL)的特性,还具有聚合物材料的性能。聚离子液体膜(PILM)通常是通过纯离子液体单体的聚合或离子液体与其他单体的共聚来制备;PILM 已应用于气体捕集、油水分离、蛋白质浓缩和海水淡化等领域。作为聚电解质材料，PILM 具有良好的电导率。合成离子液体与制备离子液体聚合物膜的流程如图 4-44 所示。

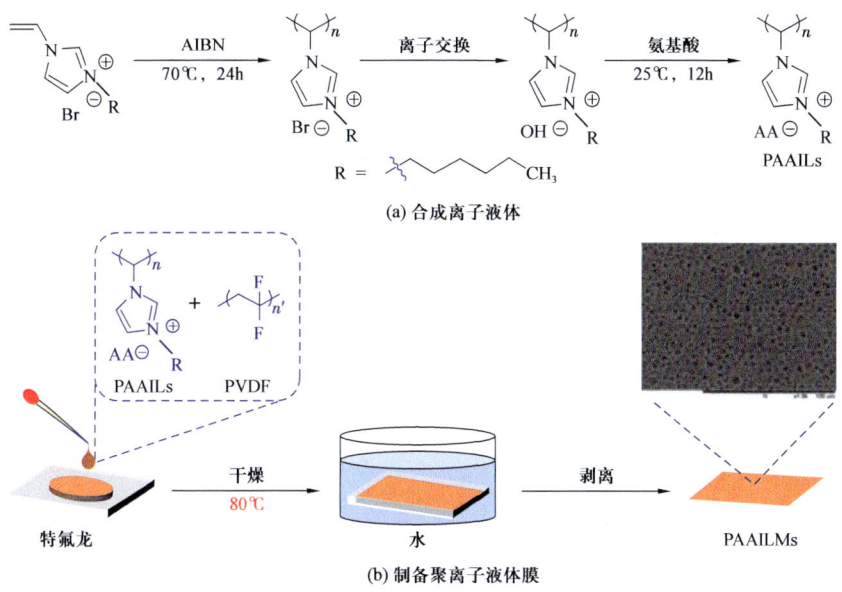

图 4-44 合成离子液体和制备聚离子液体膜的流程示意图

三、离子液体与膜分离结合捕集二氧化碳

前人曾研究过氨基酸离子液体—MDEA 混合水溶液对 CO_2 的降膜吸收。选用四甲基铵甘氨酸与 MDEA 水溶液复配成不同浓度的吸收剂，测定了它们在不同压力下对 CO_2 的单位体积吸收容量及摩尔吸收率，且在逆流降膜吸收装置中考察了四甲基铵甘氨酸浓度、CO_2 流速和混合吸收剂流速对脱碳工艺过程的影响，并得到了传质系数的准数关联式。表 4-14 示出了不同类型离子液体支撑液膜的优缺点；表 4-15 示出了在压力为 101kPa 下不同浓度混合溶剂的 CO_2 吸收容量。

离子液体支撑液膜和聚离子液体膜是结合了膜分离技术和离子液体两方面的优点而形成的，具有较高的热稳定性和化学稳定性，在气体分离方面具有广阔的应用前景。但目前对离子液体的研究还不完善，将离子液体支撑液膜应用到支撑液膜技术中还处于起步的研究阶段。离子液体支撑液膜在支撑液膜中的作用机理以及离子液体支撑液膜的稳定性等方面还需要进一步探索和研究：

（1）可以利用离子液体结构可调的特点，合成出更加稳定的离子液体，用于支撑液膜的膜相，可以增加膜的稳定性，以便实现将来的工业化应用。

（2）可以利用无机陶瓷膜作为基膜，以提供更高的机械强度，以克服现阶段离子液体支撑液膜高分子膜不能在高压下工作的缺点。

（3）继续深化离子液体支撑液膜分离 CO_2 机理的研究，进一步探索低浓度 CO_2 的捕集方法，以便应用于对大气中 CO_2 的捕集。

表 4-14　不同类型的离子液体支撑液膜的优缺点

离子液体类型	离子液体	分离物质	优缺点
咪唑型	[Bmim][PF$_6$] 1-丁基-3-甲基咪唑六氟磷酸盐	CO_2 Air	优点：选择性较好，选择性可达 29 缺点：渗透通量小，遇水分解不稳定
	[Bmim][Tf$_2$N] 1-丁基-3-甲基咪唑双三氟甲基磺酰亚胺盐	CO_2 N_2 H_2 CO	优点：稳定性好，耐高压（8×10^5Pa） 缺点：渗透通量小
季铵型	[(C$_2$H$_5$)$_3$(C$_4$H$_9$)N]$^+$[Tf$_2$N]$^-$ 丁基三乙基季铵双三氟甲基磺酸	N_2 CO_2 CH_4	优点：稳定性好 缺点：渗透通量小，选择性小
	[(CH$_3$)$_4$N]F·4H$_2$O 四甲基氟化铵四水化合物	CO_2 H_2S	优点：选择性相对较好 缺点：稳定性差
季磷型	[(C$_6$H$_{13}$)$_3$(C$_{14}$H$_{29}$)P]$^+$Br$^-$ 三己基（十四烷基）溴化膦	N_2 CH_4 H_2 CO_2	优点：渗透通量大，可耐高压（5×10^5Pa） 缺点：部分选择性较差，膜不稳定
	[(C$_6$H$_{13}$)$_3$(C$_{14}$H$_{29}$)P]$^+$[NCNCN]$^+$ 三己基（十四烷基）膦二氰胺	CO_2 CH_4	优点：渗透通量大，低压下膜稳定 缺点：选择性差，高温高压膜性能差

表 4-15　混合吸收溶剂的 CO_2 吸收容量（压力 101kPa）

混合吸收溶剂	吸收容量，mol/L
5% [N$_{1111}$][Gly] +15%MDEA	1.650
10% [N$_{1111}$][Gly] +15%MDEA	2.010
15% [N$_{1111}$][Gly] +15%MDEA	2.340

四、羟基吡啶基离子液体的制备与应用

1. 协同作用

在化学和生物学领域中，如果酶受体结构中有多键位点的存在，它们之间很可能存在协同作用。进入 21 世纪以来，捕集 CO_2 以解决全球性的温室效应已经受到普遍关注；研究者正在设计一类具有两个吸收位点之间有协同作用的羟基吡啶型离子液体。浙江大学的研究小组在苯酚阴离子中引入氮原子作为另一个作用位点，使得羟基吡啶型离子液体中阴离子的两个作用位点产生协同效应，从而提高对 CO_2 的吸收容量。

目前研制的功能化离子液体主要利用离子液体上的电负性的氮或氧的单位点作用，故对 CO_2 吸收容量每摩尔离子液体只有 1.0mol 左右。从理论上分析，通过增加离子液体的作用位点数应该可以提高对 CO_2 的吸收容量。据此思路，浙江大学的研究小组设计、合成了含两个作用位点的羟基吡啶型离子液体，并应用于捕集 CO_2。这类离子液体有很高的 CO_2 吸收容量，最高可达每摩尔离子液体 1.58mol，这种大幅度提高吸收容量的效果归因

于离子液体中多位点的协同效应。

2. 羟基吡啶型离子液体的制备

此类离子液体需用两步法制备。第一步，是将不同种类的羟基吡啶和三己基十四烷基氢氧化膦，以文献中介绍的方法进行中和反应而得到中间体。第二步，再用阴离子交换树脂的乙醇溶液，与等摩尔的2-羟基吡啶进行离子交换。将该混合溶液在常温下搅拌24h。反应完全后，将制备所得的离子液体样品在60℃下，真空干燥24h，以除去样品中可能存在的痕量水。然后再用核磁共振谱（NMR）、红外光谱（IR）和质谱（MS）对这类羟基吡啶离子液体进行结构确认。卡尔费休（Karl Fisher）水分测定仪测定分析，表明离子液体中的水分含量小于0.1%（质量分数）。

3. 羟基吡啶型离子液体与 CO_2 的反应机理

研究表明，与其他功能化离子液体和吸附材料相比，在目前所知范围内，羟基吡啶型离子液体的 CO_2 吸收容量是最大的。羟基吡啶型离子液体与其他离子液体对 CO_2 捕集效果比较见表4-16。

表4-16　羟基吡啶型离子液体与其他离子液体对 CO_2 捕集效果比较

离子液体	温度, ℃	压力, atm[①]	吸收容量, mol CO_2/mol IL
[P_{66614}][2-Hp]	20	1.0	1.58
[P_{66614}][2-Hp]	30	1.0	1.41
[APBim][BF_4]	22	1.0	0.50
[P_{4444}][Ala]	25	1.0	0.65
[P_{66614}][Pro]	25	1.0	0.90
[MTBDH][Im]	23	1.0	1.03
DBU+Hexanol	25	1.0	1.30
[P_{66614}][Pho]	23	1.0	0.85
[P_{66614}][Triz]	23	1.0	0.97
[P_{66614}][2-CNpyr]	25	1.0	0.90
SBA-HA	25	1.0	3.11（Mmol/g）
N-enriched Cabon	25	1.0	3.13（Mmol/g）
BINOL	25	1.0	2.27（Mmol/g）

① 1atm=101325Pa。

研究小组采用量化计算和谱学研究结合的方式，研究了羟基吡啶型离子液体吸收 CO_2 的机理（图4-45）。结果表明，此类离子液体阴离子中的吡啶环上存在着π电子离域作用，使得环上的氮、氧原子间产生了协同作用，从而使氮原子的密立根电荷上升，进一步

增加了 CO_2 的吸收容量。研究小组认为，这样一种高效和具有良好循环性能的离子液体可以作为一种潜在的、并具有很高应用价值的 CO_2 捕集剂。同时，这种多位点间的协同作用，为在气体分离领域设计性能优良的吸收吸附剂提供了新的设计思路。

图 4-45　羟基吡啶型离子液体吸收 CO_2 的反应机理

五、醇胺型金属螯合离子液体

目前工业上最广泛应用的 CO_2 捕集技术是使用醇胺（或以 MDEA 为基础的配方型溶剂）水溶液的化学吸收法，因为它具有廉价、易反应和吸收容量较高等一系列优点。然而，醇胺水溶液吸收法也具有很多难以克服的缺点，比如溶剂挥发性高、易失效和再生能耗高等。因此，解决溶剂易挥发损失、易降解变质和能耗高的问题，成了使用化学溶剂进行碳捕集工艺过程中亟待解决的问题。

鉴于醇胺型金属螯合离子液体的高 CO_2 吸收量、良好的可循环性以及简单温和的可制备性，使之相比于其他功能化离子液体或者醇胺与离子液体的复合溶液，这类离子液体是更加优质的 CO_2 捕集剂。同时，由于醇胺与碱金属离子间的螯合作用，导致醇胺型金属螯合离子液体同时具备高化学稳定性和高吸收量。经研究证明，醇胺型金属螯合离子液体可以利用醇胺和碱金属阳离子的多点配位作用，形成类冠醚的螯合配合物，从而消除传统功能化离子液体的多步合成和醇胺液体的挥发性等缺点。基于吸收实验数据、量化计算结果和波谱分析等数据显示，通过醇胺和碱金属之间的螯合作用，不但能够稳定高效地吸收 CO_2，而且该类离子液体具有（类似目前工业上常用的 MEA、DEA 和 MDEA）优异的吸收—再生循环重复利用性能。

冠醚的最大特点是能与正离子，尤其是碱金属离子络合，并随环的大小而与不同金属离子络合。冠醚的此特性广泛应用于有机合成，使某些很难进行的合成反应变得较容易。例如，安息香在水溶液中的缩合反应的产率很低，但若加入 7% 的二苯并 -18- 冠醚 -6（图 4-46），即可将反应产率提高至 78%。

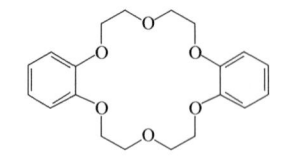

图 4-46　二苯并 -18- 冠醚 -6 的分子结构

醇胺型金属螯合离子液体可以利用醇胺和碱金属阳离子的多点配位作用，形成如图 4-46 所示的类冠醚的螯合配合物，从而消除传统功能化离子液体的多步合成和醇胺液体的挥发性等缺点。基于吸收实验数据、量化计算结果和波谱分析等数据显示，通过醇胺和碱金属之间的螯合作用，不但能够稳定高效地吸收 CO_2，而且该类离子液体具有优异的回收—再生利用性能。

1. 羟基吡啶型离子液体的合成方法

醇胺型金属螯合离子液体是由醇胺与碱金属盐等摩尔混合制备得到的。例如，将二乙醇胺和 $LiTf_2N$ 等摩尔混合后，50℃下搅拌反应 2h。然后将离子液体产物在 60℃下真空干燥 24h，除去可能存在的痕量水分。然后用 NMR 以及 IR 对产物结构进行表征。通过卡尔费休水分测定仪的测定，制备所得的离子液体中水含量小于 0.1%（质量分数）。

2. 醇胺型金属螯合离子液体的配位结构与表征

醇胺型金属螯合离子液体由各种醇胺与碱金属盐简单地进行等摩尔混合反应而得。图 4-47 中的 5 种配位醇胺分子被作为研究对象，考察了配位原子种类和配位数对该类离子液体的 CO_2 物理化学吸收性能的影响。图 4-47 是醇胺型螯合离子液体的配体结构图。

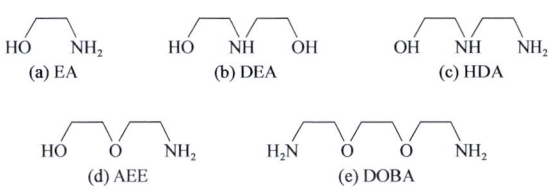

图 4-47 醇胺型螯合离子液体的配体结构图

3. 醇胺型金属螯合离子液体吸收容量和稳定性研究

在 CO_2 捕集过程中，具有良好热稳定性的离子液体会有较好的循环反应性能。因此，提高离子液体的稳定性显得尤为重要。热重分析法表明，醇胺型金属螯合离子液体的配位数和配位原子种类很大程度上影响了该类离子液体的稳定性。离子液体配位原子种类及其对稳定性和吸收容量的影响见表 4-17。四种金属螯合离子液体的稳定性如图 4-48 所示。

表 4-17 离子液体配位原子种类及其对稳定性和吸收容量的影响

离子液体	分解温度 T_{dec}，℃	能量	吸收容量，mol	配位原子
[Li(EA)][Tf_2N]	230	−275.1	0.54	N, O
[Li(DEA)][Tf_2N]	263	−347.7	0.52	O, N, O
[Li(AEE)][Tf_2N]	267	−343.7	0.55	N, O, O
[Li(HDA)][Tf_2N]	295	−371.7	0.88	N, N, O
[Li(DOBA)][Tf_2N]	319	−454.8	0.90	N, O, O, N

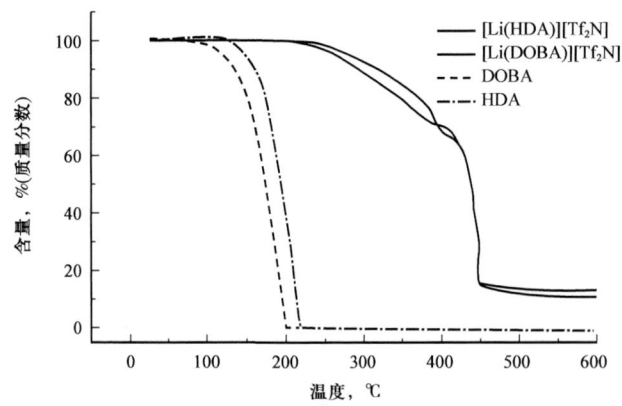

图 4-48 四种金属螯合离子液体的稳定性

鉴于醇胺型金属螯合离子液体的高吸收容量、良好的可循环性以及简单温和的可制备性，故相比于其他功能化离子液体或者醇胺与离子液体的溶液，此类离子液体是一类更加优质的 CO_2 捕集剂。由于此类新型离子液体中包含锂阳离子和冠醚，因而同样可以用在电池或者分离过程领域。

参 考 文 献

[1] 王湛，宋凡，陈强，等．膜技术及其应用［M］．北京：化学工业出版社，2022.

[2] 孟宪杰，常宏岗，颜廷昭．天然气处理与加工手册［M］．北京：石油工业出版社，2016.

[3] 顾晓峰，王日生，陈赓良．天然气净化工艺技术进展［M］．北京：石油工业出版社，2019.

[4] 师春元，黄黎明，陈赓良．机遇与挑战——二氧化碳资源开发与利用［M］．北京：石油工业出版社，2006.

[5] 袁标，沈鹏．离子液体捕集 CO_2 的研究进展［J］．天然气化工—C_1 化学与化工，2022，47（3）：1.

[6] 孙志敏，李宝亮．离子液体吸收 CO_2 的研究进展［J］．长春师范大学学报，2015，34（8）：60.

[7] 张锁江，吕兴梅，等．离子液体——从基础研究到工业应用［M］．北京：科学出版社，2006.

[8] 张锁江，张香平，李春山．绿山介质：离子液体的合成及规模化制备新技术［J］．精细化工原料及中间，2006（1）：3-4.

[9] 嵇艳．膜基 CO_2 捕集剂及其性能研究［D］．南京信息工程大学，2011.

[10] 郭燕．功能化离子液体捕集 CO_2 的研究［D］．杭州：浙江大学，2013.

[11] 方诚刚，张锋，马文静，等．氨基酸离子液体—MDEA 混合水溶液对 CO_2 的降膜吸收［J］．化工学报，2011，62（3）：723.

[12] 王梅，张立麒．咪唑类离子液体混合物吸收 CO_2 性能研究［J］．燃料化学学报，2012，40（10）：1264.

第五章 中国 CCUS 技术发展思路

二氧化碳捕集利用与封存技术（CCUS）作为一种大规模的温室气体减排技术，近年来在生态环境部、科学技术部、国家发展和改革委员会等有关部门的共同推动下，CCUS 相关政策逐步完善，科研技术能力和水平日益提升，试点示范项目规模不断壮大，整体竞争力大大增强，已呈现出良好的发展势头。但总体上看，中国面向碳中和的绿色低碳技术体系还尚未建立，重大战略技术发展应用尚存缺口，现有减排技术体系与碳中和愿景的实际需求之间还存在较大差距。有关研究表明，CCUS 在未来的半个世纪发展内，将成为中国实现碳中和宏伟目标不可或缺的关键性技术之一，故很有必要根据当前新的发展形势对 CCUS 的战略定位进行重新思考和评估，并在此基础上加快推进、超前部署。

在努力实现"双碳"的背景下，大力发展二氧化碳捕集利用与封存（CCUS）技术不仅是未来中国减少二氧化碳排放、保障能源安全的战略选择，而且也是构建生态文明和实现可持续发展的重要手段。随着国内外对气候变化理解和谈判形势的改变，CCUS 技术内涵和外延不断丰富拓展，当前很有必要对 CCUS 技术发展趋势进行系统研判，重新定位其技术发展愿景，并进一步（根据国情）统筹考虑 CCUS 技术发展路径。

实现碳中和目标的实质是，要求中国建立以非化石能源为主的零碳（排放）能源系统，从而将经济发展与碳排放脱钩。CCUS 技术作为中国实现碳中和目标技术组合的重要组成部分，不仅是中国化石能源低碳利用的唯一技术选择，保持电力系统灵活性的主要技术手段，而且也是钢铁、水泥等很难减排行业切实可行的技术方案。此外，CCUS 与新能源耦合的负排放技术还是抵消无法削减碳排放、实现碳中和目标的托底技术保障。

从实现碳中和目标的减排需求来看，依照现在的技术发展预测，2050 年和 2060 年，需要通过 CCUS 技术实现的减排量分别为 $6\times10^8 \sim 14\times10^8$t 和 $10\times10^8 \sim 18\times10^8$t 二氧化碳。其中，2060 年生物质能碳捕集与封存（BECCS）和直接空气碳捕集与封存（DACCS）分别需要实现减排 $3\times10^8 \sim 6\times10^8$t 和 $2\times10^8 \sim 3\times10^8$t 二氧化碳。从中国源汇匹配的情况看，CCUS 技术可提供的减排潜力，基本可以满足实现碳中和目标的需求（$6\times10^8 \sim 21\times10^8$t 二氧化碳）。

近年来，中国高度重视 CCUS 技术的发展，并稳步推进该技术的研发与应用。但中国 CCUS 技术整体水平目前尚处于工业示范阶段，且现有示范项目的规模均较小。同时，CCUS 技术的成本是影响其大规模应用的重要因素；但随着有关技术水平的不断提高，中国 CCUS 技术成本未来还有较大下降空间。

第一节　CCUS 的技术内涵

一、主要技术内容

CCUS 技术是一项针对温室气体的减排技术，能够大幅减少化石燃料使用过程中的温室气体排放，它涵盖二氧化碳（CO_2）捕集、运输、利用与封存 4 个环节。

在 CO_2 捕集阶段，目前主要包括 3 种技术：（1）燃烧后捕集。主要应用于燃煤锅炉及燃气轮机发电设施。（2）燃烧前捕集。需要搭配整体煤气化联合循环发电技术（IGCC），投资成本较高，只能用于新建发电厂。（3）富氧燃烧。通过制氧技术获取高浓度氧气，实现烟气再循环（图 5-1）。

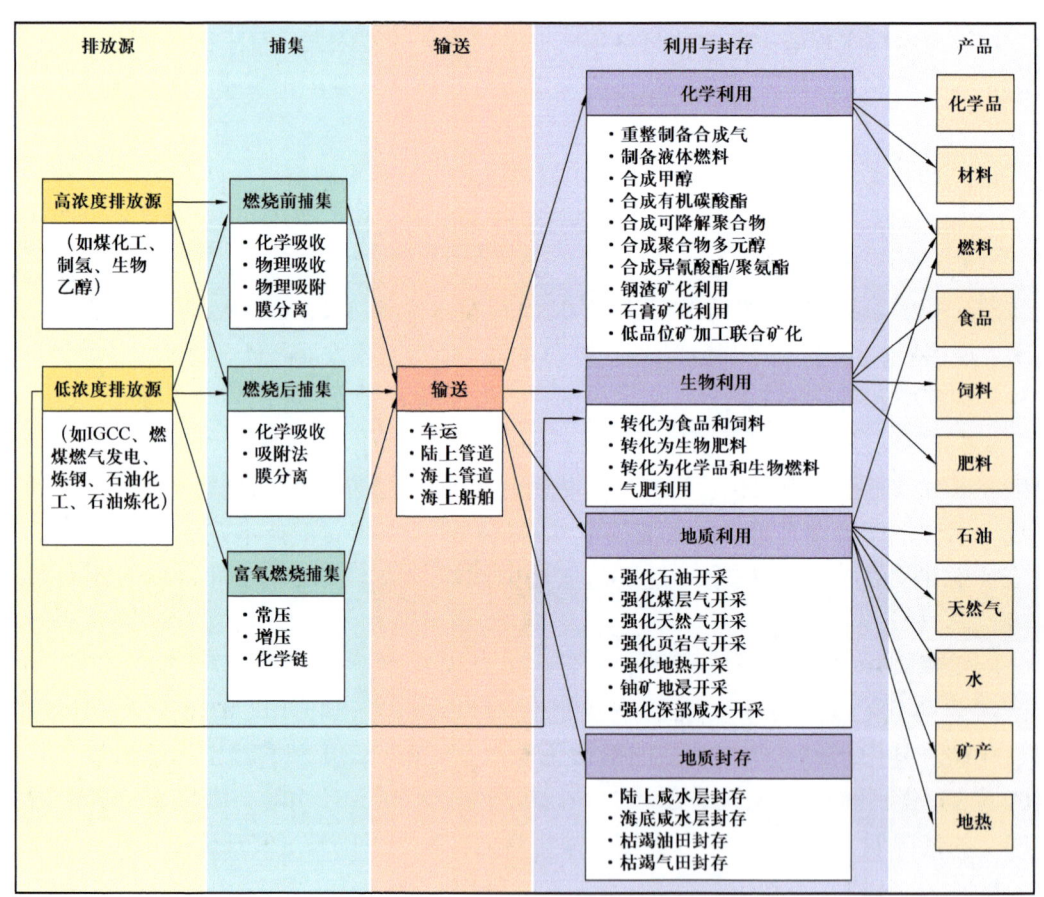

图 5-1　CCUS 技术流程及分类示意图

在 CO_2 运输阶段中，目前 CO_2 运输存在管道、船舶、铁路/公路等灵活多样的运输方式，其中 CO_2 的管道输送正作为一项成熟技术在商业化应用。目前国内 CO_2 输送主要采用罐车运输。

在 CO_2 利用阶段，CO_2 地质利用（尤其是驱油技术），因其封存规模大，且具有提高采收率的良好效应，在各类 CCUS 技术中脱颖而出，使 CO_2 驱油成为 CCUS 的主要技术发展方向。当前的发展趋势是越来越多的技术被纳入 CCUS 体系中，包括化工利用、生物利用、物理利用等。

在 CO_2 埋存阶段，地质封存又可进一步划分为咸水层（盐水层）封存、深部不可开采煤层封存、废弃油气藏封存等 3 种主要类型。目前，国际上也已开展海上盐水层及废弃油气田埋存 CO_2 的示范项目。从 CO_2 埋存类型来看，在运行及执行项目中有 60% 以上是 CO_2 驱油项目。

图 5-1 示出了针对不同排放源的 CCUS 技术流程及其分类。

从低碳发展和碳减排的角度分析，推广和应用 CCUS 技术的意义重大。主要体现在如下几个方面：

（1）它是当前唯一能够大量减少工业温室气体排放的技术措施。对炼化、气电、水泥和钢铁等行业实现深度减排而言，CCUS 技术是必不可少的；且它也是可再生能源电力和节能技术不可替代的一种技术措施，对于中国践行低碳发展战略和实现绿色发展至关重要。美国能源署（IEA）在其研究报告《世界能源技术展望 2020——CCUS 特别报告》中指出，如果 2070 年全球要实现净零排放，除能源结构调整之外，工业和运输行业仍有 $29 \times 10^8 t$ CO_2 无法去除，必须利用 CCUS 技术进行储存和消纳。

（2）CCUS 技术本身也可以认为是未来具有相当经济效益的减排手段。对于水泥、钢铁和化工等减排难度甚大的行业而言，碳捕集与封存（CCS）技术是最成熟、成本效益最好的选择。若不采用 CCS 技术，这些行业几乎不可能实现净零排放。对发展氢能工业而言，煤或天然气结合 CCS 技术制氢是成本最为低廉的低碳制氢方法[1]。

（3）CCUS 技术也是生产低碳氢（蓝氢）的重要途径之一。IEA 指出，除使用可再生能源电解水制（绿）氢外，经过 CCUS 技术改造的化石能源制氢设施也是低碳氢的重要来源。目前，全球经过 CCUS 技术改造的 7 个制氢厂每年可生产 $40 \times 10^4 t$ 的氢气，是电解槽制氢量的 3 倍。未来一段时间，与制备低碳氢有关的 CCUS 项目将快速增加，从而全面推动碳捕集量不断增长。预计到 2070 年，全球 40% 的低碳氢将来自"化石燃料 +CCUS 技术"。

二、CCUS 产业发展现状

CCUS 技术目前已经实现了很大进展，但实现规模化发展仍需一段距离。

对于 CCUS 产业的认识可以大致归纳如下。

1. CCUS 产业仍处于商业化的早期阶段

全球碳捕捉与封存技术发展已有 40 余年，尤其是在 CO_2 驱油领域取得了丰富的研究与实践经验。就整个 CCUS 产业而言，由于受限于经济成本的制约，目前仍处于商业化的早期阶段。但从技术角度看，其所涉及的各个环节，均有较为成熟的技术。按照 CCUS

产业链各环节的组合关系，可将国内外CCUS产业模式分为3类：（1）捕集—利用型（CU型）。将捕集的CO_2进行直接应用，主要为化工利用和生物利用。（2）捕集—运输—埋存型（CTS型）。将捕集的CO_2通过罐车或管道等方式输送至目的地，并进行地质封存，例如神华集团在内蒙古开展的咸水层封存示范工程。（3）捕集—运输—利用—埋存型（CTUS型）。利用方式主要为CO_2驱油。目前，在全球大规模综合性项目中，美国、加拿大及中东地区以CTUS型为主，欧洲、澳大利亚则以CTS型居多。中国当前正在运行与在建项目大多为CU型，完整产业链的CTUS型相对较少。

2. 全球二氧化碳捕集量主要集中在北美和欧洲地区

根据全球碳捕集与封存研究院（GCCSI）的统计，目前世界上的CCUS项目已经超过400个，约有65个商业CCS设施。在2020年启动的17个商业设施中，有12个位于美国。正在运行中的CCS设施每年可捕集和永久封存约$4000 \times 10^4 t$ CO_2。在运行、在建和规划的项目中，年捕集量在$40 \times 10^4 t$以上的大规模综合性项目有43个，62%的捕集量集中在北美和欧洲地区，其次是澳大利亚和中国。美国在利用CO_2驱油的同时，目前已经封存了约$10 \times 10^8 t$ CO_2，形成了成熟的驱油技术和配套设施。

3. 中国碳捕集技术主要应用于煤电行业，地质封存则集中于石油行业

中国各类CCUS技术覆盖面较广，相关项目涵盖了深部咸水层封存、CO_2驱油、CO_2驱替煤层气等多种关键技术。截至2019年底，中国共开展了9个捕集示范项目、12个地质利用与封存项目，其中包含10个全流程示范项目。所有这些CCUS项目的CO_2累计封存量仅为200t。2011年与2018年中国CCUS各环节技术发展水平如图5-2所示。

从CO_2排放源的类型来看，以电厂、水泥、钢铁和煤化工为主，其排放量占总量的92%。从CCUS示范项目的碳捕集源来看，主要集中在煤电和煤化工领域，CO_2运输方式以罐车为主，管道运输方式较少。

从碳利用和封存方式来看，目前中国化工和生物利用的CO_2数量较少。化工利用是以化学转化为主要手段，将CO_2和共反应物转化成目标产物，产品包括材料、燃料、化学品等；生物利用是以生物转化为主要手段，将CO_2用于生物质合成，产品包括食品、饲料、肥料等。燃煤电厂碳捕集后一般为食品加工业或工业所用，而煤化工领域碳捕集后较多用于驱油，两类碳捕集均有咸水层封存案例，且封存潜力较大。

目前，CCUS示范工程投资主体基本是国内大型能源企业，全流程初始投资及维护成本之和每吨超千元。典型CCUS项目各环节成本构成分别为捕集成本60%，封存成本18%，运输成本22%。其中，捕集阶段是能耗和成本最高的环节。低浓度CO_2捕集成本为每吨300~900元，罐车运输成本约为$0.9 \sim 1.4$元/(t·km)。驱油封存技术成本差异较大，但因其具有提高采收率的有利效应，可在一定程度上补偿CCUS成本。当原油价格为70美元/bbl时，可基本平衡CCUS驱油封存成本。中国主要CCUS/CCS示范项目试验工程的基本情况列于表5-1。

第五章 中国CCUS技术发展思路

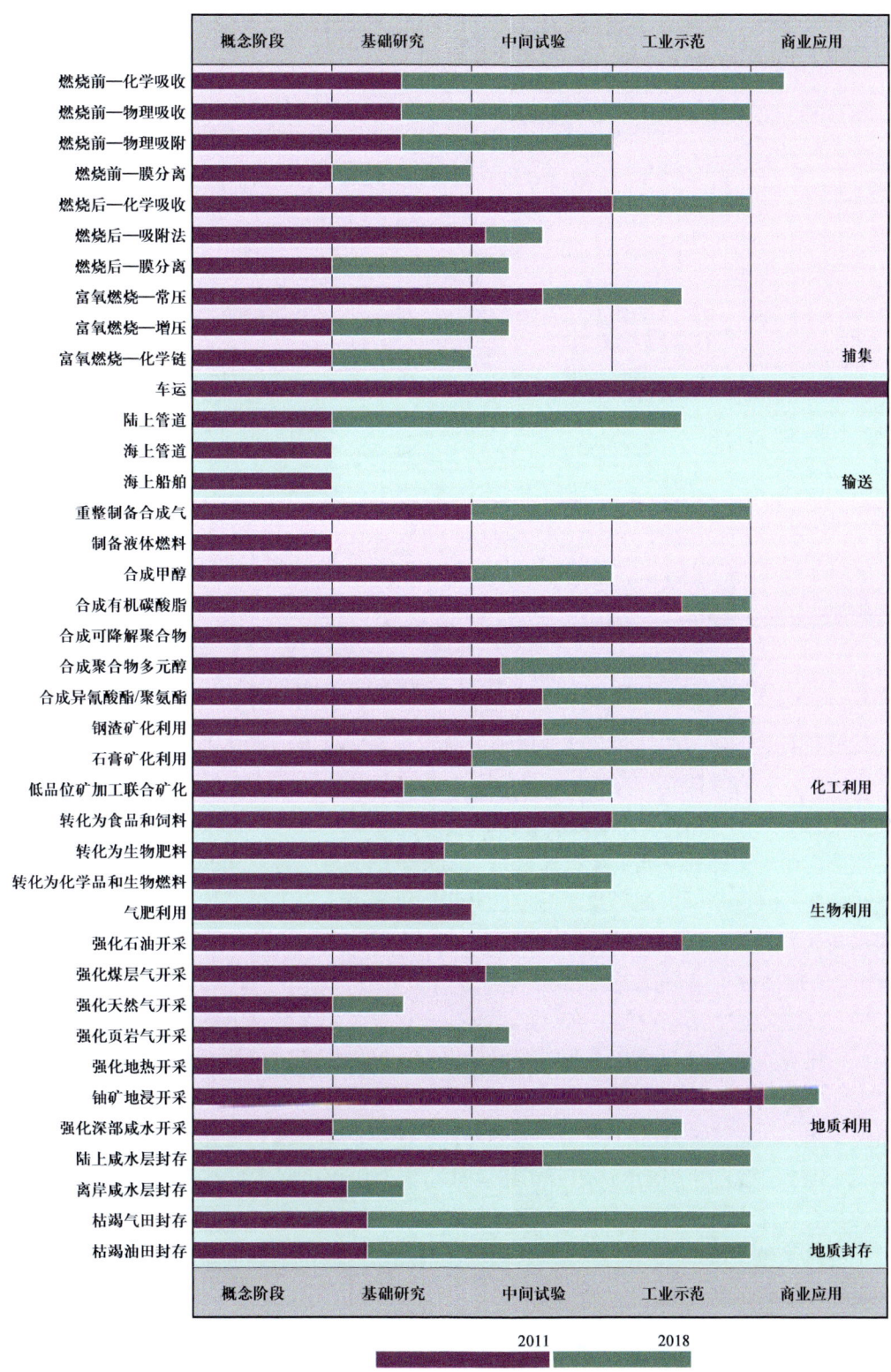

图 5-2 2011年与2018年中国CCUS各环节技术发展水平

表 5-1　中国主要 CCUS/CCS 示范项目试验工程的基本情况

项目名称	捕集方式	规模，10⁴t/a	利用与封存方式	投运情况
华能集团上海石洞口碳捕集示范项目	燃煤电厂燃烧后捕集	12	食品级和工业利用	2009 年投运间歇运营
中电投重庆双槐电厂项目	燃煤电厂燃烧后捕集	1	工业利用	2010 年投运在运营
中国石化胜利油田碳捕集和驱油示范项目	燃煤电厂燃烧后捕集	第一阶段：4 第二阶段：100	驱油	一阶段 2010 年投运
华中科技大学富氧燃烧项目	燃煤电厂富氧燃烧	10	工业利用	2014 年建成暂停运营
连云港清洁煤能源动力系统研究设施	IGCC 燃烧前捕集	3	盐水层封存	2011 年投运在运营
神华集团鄂尔多斯 CCS 示范项目	煤化工燃烧前捕集	10	盐水层封存	2011 年投运 2015 年暂停
延长石油 CCUS 项目	煤化工燃烧前捕集	5	靖边油田驱油	2012 年建成在运营
天津北塘电厂 CCUS 项目	燃煤电厂燃烧后捕集	2	食品级利用	2012 年投运在运营
新疆敦华公司项目	石油炼化厂燃烧后捕集	6	克拉玛依油田驱油	2015 年投运在运营

4. 二氧化碳驱油已成为石油行业提高采收率的关键技术

目前在石油行业，注气驱油技术已成为产量规模居首位的强化采油技术。在气驱技术体系中，CO_2 驱油兼具经济效益和环境效益。石油行业探索应用 CO_2 驱油技术的历史可追溯到 20 世纪中叶。经过几十年的发展，CO_2 驱油已成为提高石油采收率的关键技术，并且已成熟应用于美国和欧洲主要石油公司。随着全球应对气候变化的压力逐渐增大，石油行业在发展 CCUS 产业方面形成了一定的共识，世界五大石油公司均在产业链不同环节开展布局与实践。英国石油公司（bp）、意大利埃尼公司、挪威艾奎诺（Equinor）公司、皇家荷兰/壳牌集团、法国道达尔公司和英国国家电网公司建立了北部耐力合作伙伴关系（NEP），以建设海上基础设施，在英国北海安全运输和储存数百万吨 CO_2，建立脱碳的工业集群；埃克森美孚公司将成立新的碳减排部门，提供低碳减排技术商业化解决方案，初期将专注于碳捕获和储存；雪佛龙—德士古公司宣布将持续投资开发 CCUS 技术的蓝色行星系统（Blue Planet Systems）公司，逐步降低工业生产中的碳排放强度；阿布扎比国家石油公司（ADNOC）与法国道达尔公司签署战略框架协议，以探索在 CO_2 减排以及 CCUS 领域的联合研究。

工程总承包（EPC）公司在 CCUS 领域项目建设方面扮演着重要角色，并积极参与石油公司在 CCUS 领域的项目设计与实施，开展技术应用与实践，且多数 EPC 公司同时参与油气领域和 CCUS 领域的项目建设。

从国内来看，石油行业的 CO_2 利用以提高采收率为主，也就是说，在驱油的同时将

CO_2 封存于地下，实现碳减排和增产的双重利益。目前已开展驱油项目的油田包括中国石油的大庆油田、吉林油田、新疆油田、长庆油田和中国石化的胜利油田、中原油田等，并在吉林、胜利等油田成功建成了 CO_2 驱油与埋存的示范基地，取得了理论、技术和矿场试验方面的重大进展。CO_2 驱替煤层气项目仍处于先导试验阶段，由中联煤层气有限责任公司在沁水—临汾盆地的柳林和柿庄区块开展。另外，中国石化塔河炼化公司对两套制氢装置加热炉尾气进行回收处理，生产出高纯度的 CO_2 供应塔河油田，用于驱油并埋存在废弃和低效的油井里。该项目具备年产 $11.6×10^4$t 液态 CO_2 的能力，一期已于 2020 年 5 月投入使用。

三、CCUS 产业发展瓶颈及技术发展趋势

1. 中国 CCUS 产业发展面临的瓶颈仍需突破

相对于中国在 CO_2 排放量和减排方面的需求，当前 CCUS 在中国的减排贡献仍然很低，年封存量约为年排放量的万分之一，CCUS 产业发展面临多个因素制约。

（1）CCUS 项目成本普遍较高，尚未形成产业集群。在实际应用中，高昂的投资成本及运行成本阻碍了 CCUS 项目的顺利推进。

但油价上涨可以大幅度提高 CO_2 承受成本，对于有一定承受力的油田，油价每增加 10 美元/桶，其承受成本将增加 12~92 元/t，但只有不到 1/4 的油田可承受 200 元/t 以上的来源成本（捕集成本＋压缩成本＋运输成本）。从煤电行业来看，情况似乎更加不容乐观。在现有技术条件下，煤电示范项目安装碳捕集装置后，捕集每吨 CO_2 将额外增加 140~600 元/t 的运行成本，直接导致发电成本大幅度增加，无法实现减排收益，从而严重影响企业开展 CCUS 示范项目的积极性。

（2）CCUS 产业关键技术有待进一步突破，资金支持力度还需加大。若要推动第二代燃煤电厂碳捕集技术在 2030 年示范完成并投入商业化运营，则应进一步增加政策扶持和融资力度。同时，燃烧前处理技术仍属新兴技术，发电机成本较高，需要加快技术研发进度。另外，受现有的 CCUS 技术水平的制约，在项目部署时将使一次能耗增加 10%~20% 甚至更多，效率损失很大，严重阻碍着 CCUS 技术的推广和应用。要想迅速改变这种状况，就需要更多的资金投入。

（3）商业模式尚未成熟，产业发展面临多重阻碍。同时，全流程 CCUS 示范项目涉及电力、煤化工、钢铁、油气等多个行业的不同企业，项目的实施普遍面临收益分享、责任分担和风险分担等一系列难题，需要建立有效的协调机制或行业规范，以及长期公平的合作模式，有效解决气源供给、管网输送、地企关系等问题，从而实现 CCUS 项目各环节的良好对接。

2. CCUS 技术发展具有广阔前景

首先，为了减缓气候变化的不利影响，全球 198 个国家"减碳"目标的实现，各行业

对碳减排指标的要求等直接体现了对 CCUS 技术的刚性需求，也必将加速 CCUS 产业关键技术的迭代发展。

国际能源署（IEA）研究表明，基于 2070 年实现净零排放的目标，到 2050 年需要应用各种碳减排技术将空气中的温室气体含量限制在 $450×10^{-6}$（体积分数）以内，其中 CCUS 的贡献约为 9% 左右，即利用 CCS 技术捕集的 CO_2 总量将增至约 $56.35×10^8 t$，其中利用量为 $3.69×10^8 t$，封存量为 $52.66×10^8 t$。到 2070 年，化石燃料能效提升与终端用能电气化、太阳能/风能/生物质能/氢能等能源替代和 CCUS 是主要碳减排路径，累计减排贡献占比分别可达 40%、38% 和 15%。中国到 2050 年，电力、工业领域通过 CCUS 技术实现 CO_2 减排量将分别达 $8×10^8 t/a$ 和 $6×10^8 t/a$。如果要将净零排放目标从 2070 年提前到 2050 年，全球 CCUS 设施数量必须再增加 50%。

尽管 CCUS 技术目前能耗和成本仍较高，但从长期来看，必将随着技术的不断进步而趋于下降。据 IEA 预计，碳捕集成本在未来 10~20 年间将有大幅度下降的空间。其中，通过推广电化学分离技术预计可使电厂平准化度电成本（LCOE）下降 30%；使用膜分离、先进化学吸收法、变压吸附（PSA）和变温吸附（TSA）、钙循环法等工艺可使 LCOE 下降 10%~30%；使用加压富氧燃烧、化学链燃烧和吸附强化水煤气变换技术可使 LCOE 下降 10%。随着智能化钻井技术和勘探技术的发展，预计碳封存成本到 2040 年将下降 20%~25%。此外，随着 CO_2 交易价格的不断上涨，CCUS 将越来越具有良好经济性。

四、对中国发展 CCUS 产业的建议

1. 开展以商业化为目标的大规模 CCUS 全流程示范项目

目前，中国已经开展的 CCUS 示范工程规模较小，技术水平与设备规模仍需进一步突破，同时缺少全流程一体化、更大规模的可复制的经济效益明显的集成示范项目。为实现碳中和目标，中国还需要探索和布局百万吨级甚至千万吨级的 CCUS 项目。鉴于此，建议开展以商业化为目标的全流程、大规模的示范项目，尽快促进商业模式形成，为行业制定技术标准、项目监测和风险评估方法提供实践支持。

2. 开展 CCUS 产业集群建设

在源汇匹配条件较好的区域建设 CCUS 工业集群，通过对管网和封存基础设施的共享使用，可降低成本、形成规模效应，提高 CCUS 技术应用的可行性。建议在鄂尔多斯盆地、准噶尔—吐哈盆地、四川盆地、渤海湾盆地、珠江口盆地等具有集群建设有利条件的区域，积极探索建设以 CCUS 技术为基础的"净零/近零示范区"，推动 CCUS 产业化、规模化发展。中国 CCUS 技术区域集群如图 5-3 所示。

3. 加大对 CCUS 产业的政策扶持与资金支持力度

CUS 技术对工业企业深度脱碳具有非常重要的意义，但关键技术的创新与发展仍然

面临着成本高昂、投资不足、全社会重视程度不够等问题。近年来，欧美发达国家相继出台扶持政策，加大 CCUS 技术研发力度。对于中国而言，与新能源产业相比，CCUS 相关政策扶持力度仍需加强。建议在技术研发、项目税收、土地使用、市场机制建设、运输管网建设等方面给予 CCUS 项目更大的支持力度，为产业可持续发展营造良好的政策环境[2]。

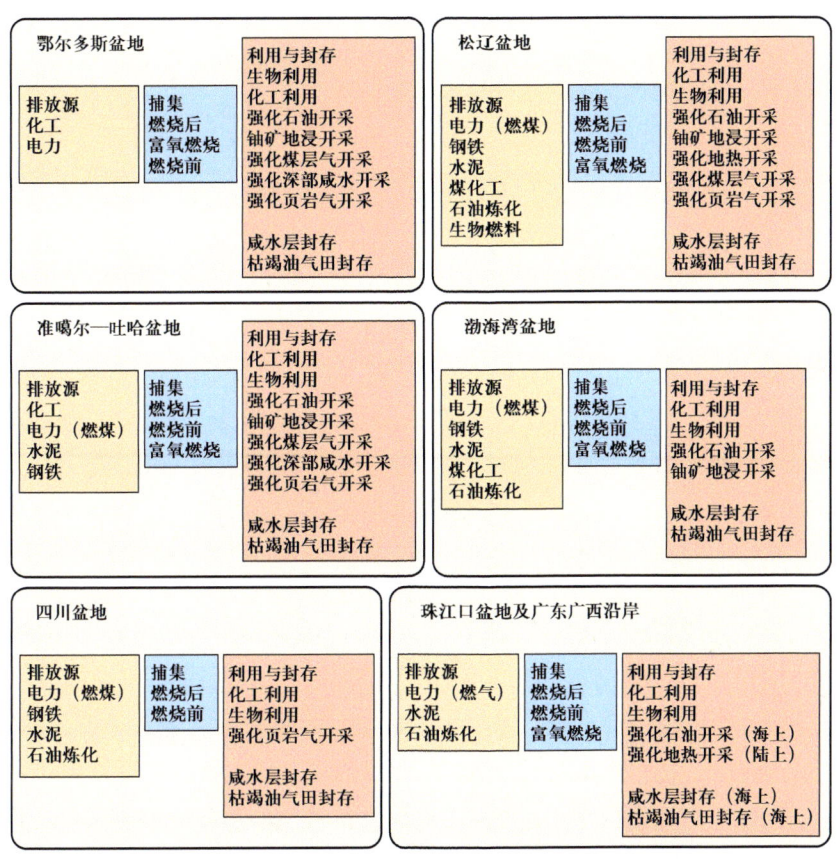

图 5-3　中国 CCUS 技术区域集群

第二节　CCUS 技术发展路线研究

一、技术现状与挑战

CCUS 作为大规模碳减排的有效技术，对中国应对气候变化意义重大。政府、企业以及科研机构对 CCUS 技术的发展高度重视，其研发与应用也处于不断创新和升级之中。但中国以化石能源为主导的能源结构，以及碳排放达峰和 2℃ 温升目标带来的减排压力，使中国 CCUS 技术的发展在基础和条件不变的情况下，既存在复杂性和多样性，又具有自主性和引领性。

中国发展 CCUS 技术具有良好的基础条件：（1）以化石能源为主的能源结构长期存在；（2）适合 CO_2 捕集的大规模集中排放源为数众多、分布广泛，且类型多样；（3）中国理论地质封存容量巨大，初步研究估算在万亿吨级规模；（4）中国完备的工业产业链为 CO_2 利用技术发展提供了多种选择；（5）存在多种 CO_2 利用途径，其潜在收益可推动 CCUS 其他技术环节的发展。

但是，中国发展 CCUS 技术仍面临诸多挑战：（1）当前所处的经济发展阶段难以承受 CCUS 的高投入、高能耗和高额外成本；（2）污染源东汇西的错位分布格局增加了 CCUS 集成示范和推广的难度；（3）复杂的地质条件和密集的人口分布给规模化封存提出了更高技术要求。

另外，国内外新形势对 CCUS 技术发展带来了新的机遇：（1）全国统一碳市场的建立为 CCUS 技术发展提供了新的驱动力；（2）具有较好社会效益和经济效益的 CO_2 利用技术不断涌现，有望提高 CCUS 技术的整体经济性，并提供与可再生能源协同的更多选项；（3）低能耗捕集技术的出现有望大幅降低 CCUS 的实施成本；（4）随着低渗透石油资源勘探和开发的比重不断增加，10～20 年内 CO_2 强化采油技术（CO_2-EOR）将面临更大需求。同时，国内外环境的变化也使 CCUS 技术发展面临新的挑战：（1）建设生态文明社会和落实可持续发展战略对 CCUS 技术的能耗、水耗以及环境影响提出更高要求；（2）2035 年前后将是捕集技术实现代际升级的关键时期，二代捕集技术需要在 2035 年之前做好大规模产业化的准备。

二、总体发展目标

中国政府郑重承诺在 2030 年二氧化碳排放达到峰值，故 CCUS 技术有望在 2030 年后的去峰阶段发挥重要作用。近年来，虽然中国可再生能源发展迅速，但在中国能源结构中的比例增长较为缓慢。根据政府已有规划，2020 年、2030 年非化石能源分别占比 15% 和 20%，无法满足能源需求的增长。CCUS 技术可以在避免能源结构过激调整、保障能源安全的前提下完成减排目标，使中国能源结构实现从化石能源为主向可再生能源为主的平稳过渡。

2050 年，随着技术研发的不断推进，CCUS 技术的成本将大幅降低，一部分技术可进行材料生产，或者与可再生能源结合实现负排放或能源储存，即使不考虑减排目的，CCUS 也将具有其社会经济价值。因此，中国政府提出的发展路线图充分考虑了 CCUS 技术的近远期定位，提出中国 CCUS 技术发展的总体愿景与各时间节点的发展目标。中国 CCUS 技术发展总体路线图如图 5-4 所示。

2025 年：建成多个基于现有 CCUS 技术的工业示范项目，并具备工程化能力；第一代捕集技术的成本及能耗比目前降低 10% 以上；突破陆上管道安全运行保障技术，建成百万吨级输送能力的陆上输送管道；部分现有利用技术的利用效率显著提升，并实现规模化运行。

2030 年：现有技术开始进入商业应用阶段，并具备产业化能力；第一代捕集技术的成本与能耗比目前降低10%～15%；第二代捕集技术的成本及能耗与第一代技术成本接近；突破大型CO_2增压（装备）技术，建成具有400万吨级输送能力的陆上长输管道；现有利用技术具备产业化能力，并实现商业化运行。

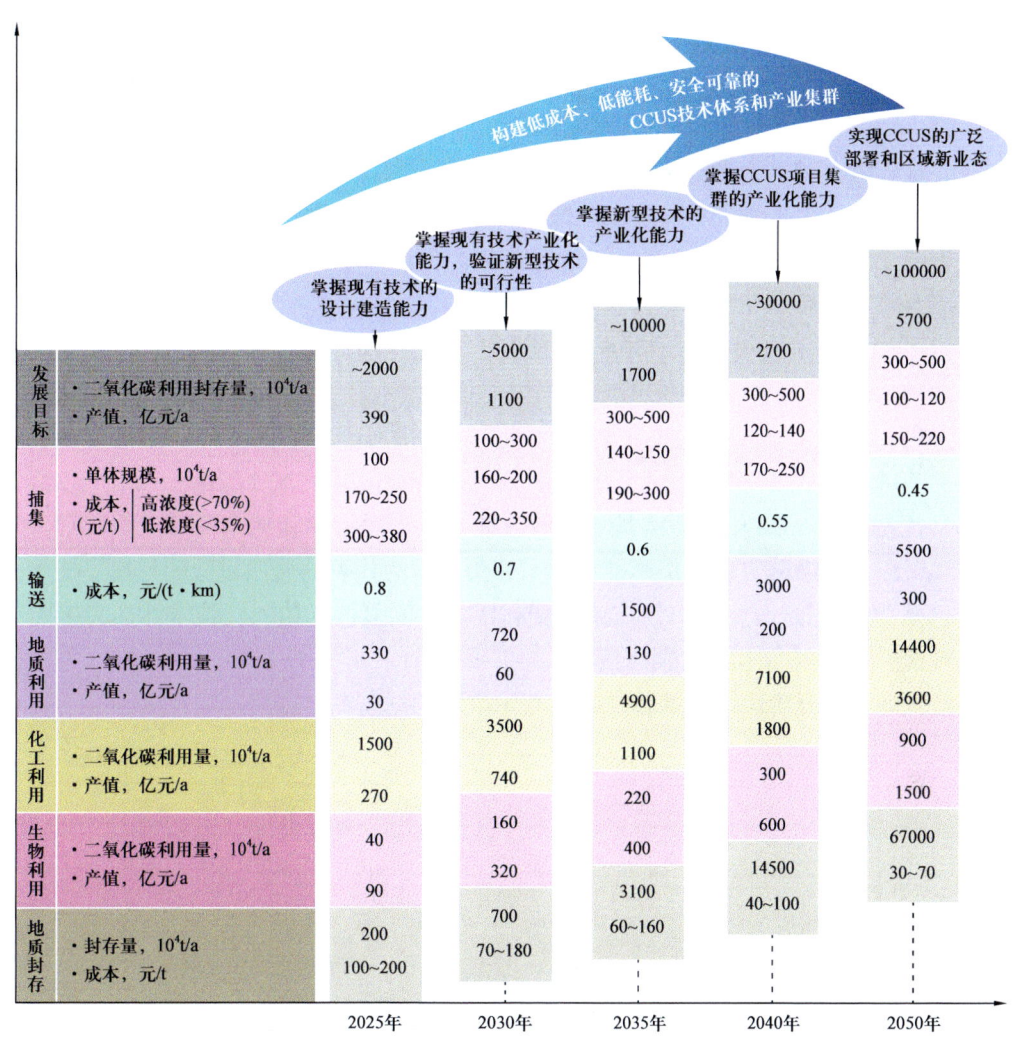

图5-4 中国CCUS技术发展总体路线示意图

2035年：部分新型技术实现大规模运行；第一代捕集技术的成本及能耗与目前相比降低15%～20%；第二代捕集技术实现商业应用，捕集成本及能耗比第一代技术降低10%～15%；新型利用技术具备产业化能力，并实现商业化运行；地质封存安全性保障技术获得突破，大规模示范项目建成，具备产业化能力。

2040年：CCUS系统集成与风险管控技术得到突破，初步建成CCUS集群，CCUS综合成本大幅度降低。第二代捕集技术成本及能耗比第一代降低20%～30%，并在各行业实现广泛商业应用。

2050年：CCUS技术实现广泛部署，建成多个CCUS产业集群。

三、发展途径

近期优先解决 CCUS 技术成本、能耗和安全问题,促进 CO_2 利用技术向具有更大减排潜力的封存技术平稳过渡。

1. 二氧化碳捕集

电力、钢铁、水泥、化工等行业是捕集技术的应用主体。其中,燃煤火电是中国 CO_2 的最主要排放源,对于中国碳减排目标的实现意义重大,对捕集技术在其他行业的推广也具有重要的借鉴意义。燃烧后捕集在燃煤电厂的应用最为成熟,目前国际上成功运行的两座百万吨级 CCS 示范工程均采用了燃烧后捕集。相比之下,燃烧前捕集和富氧燃烧技术能耗和成本的下降潜力更大。

中国半数以上的现役燃煤火电机组建成于 2005—2015 年间,预计 2045 年后将陆续退役。2030—2035 年间,应以采用第一代捕集技术的存量火电机组改造为主,2035 年前后应以采用二代捕集技术的新建火电机组为主,因此,2035 年前后将是捕集技术实现代际升级的关键时期,新一代捕集技术的推广将大幅降低减排成本和能耗。基于上述情景预期,第一代技术在 2030 年前后将具备产业化能力,之后能耗和成本下降空间有限。随着燃烧前和增压、化学链富氧燃烧等燃料源头捕集技术为代表的第二代低能耗捕集技术的不断成熟,至 2035 年左右,第二代技术能耗和成本将明显低于第一代技术,成为中国火电行业实现低碳排放的主力技术碳捕集技术电厂应用前景如图 5-5 所示。到 2035 年,中国在捕集技术环节应分阶段优先部署的研发与示范活动见表 5-2。

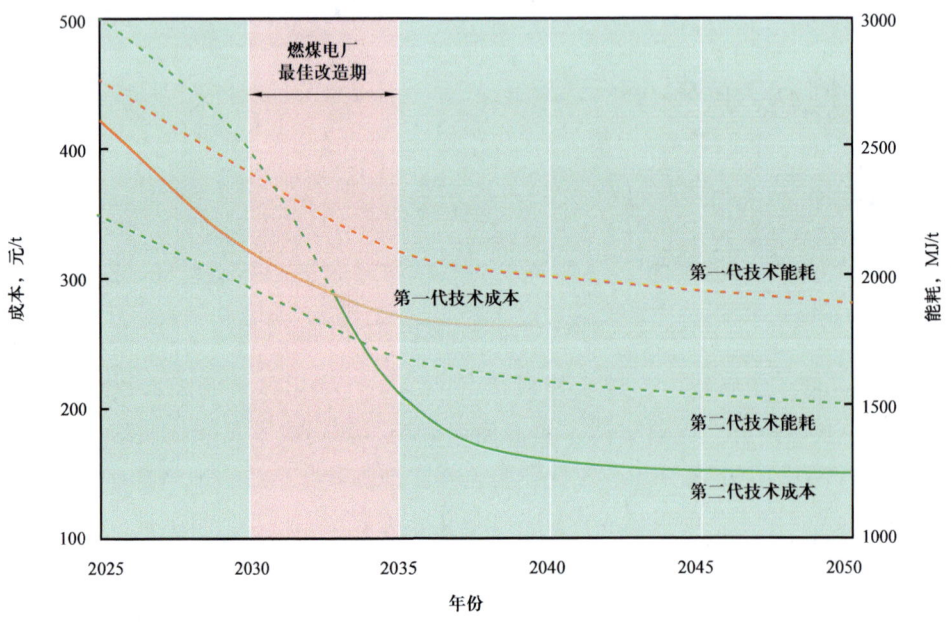

图 5-5 碳捕集技术电厂应用前景示意图

表 5-2　捕集环节分阶段的优先行动

优先行动	至 2025 年	至 2030 年	至 2035 年
燃烧后捕集	• 复合有机胺吸收剂相应的工艺开发和示范；新一代有机胺吸收剂开发和试验； • 膜材料和高效固体吸收剂的开发； • 启动 $30×10^4$t 以上规模示范	• 新一代有机胺吸收剂相应的工艺开发及示范； • 膜材料和高效固体吸收剂的工业级试验示范； • 启动百万吨级工业示范	• 新一代有机胺吸收剂的捕集工艺与工业的集成示范和推广； • 新一代膜材料和高效固体吸收剂及相应的工艺开发与工业示范
燃烧前捕集	• 新型煤气化/脱碳一体化技术开发； • 先进物理吸收剂和工艺开发与中试试验； • 新型固体吸收（附）剂的开发与中试试验； • 中高温 CO_2 分离膜材料开发	• 新型煤气化/脱碳一体化技术中试； • 系统集成优化技术开发； • 新型固体吸收（附）剂及工艺示范； • 中高温 CO_2 分离膜材料及工艺系统的试验和示范； • 煤化工行业 $100×10^4$t/a 规模以上工程示范； • 电力行业 $30×10^4$～$50×10^4$t/a 规模工程示范	• 新一代低能耗捕集技术的工业示范； • IGCC+燃烧前捕集的百万吨级工业示范
富氧燃烧	• 低能耗制氧技术大型示范； • 酸性气体共压缩纯化技术开发； • 新型载氧体的开发和中试试验； • 全流程热耦合优化技术； • 完成万吨级化学链、加压富氧燃烧中间试验	• 百万吨级常压富氧燃烧全流程工程示范； • 十万吨级化学链、加压富氧燃烧工业示范	• 常压富氧燃烧商业化推广； • 化学链燃烧、加压富氧燃烧大型示范

2. 二氧化碳利用

近年来 CO_2 利用技术发展较快，部分技术已进入规模化示范阶段，逐渐具备经济可行性。到 2030 年，CO_2 化工利用技术、部分生物利用技术和部分地质利用技术在无碳收益情况下也具备一定经济竞争力，故应优先推进发展。CO_2 化工利用技术和生物利用技术发展路径分别如图 5-6 和图 5-7 所示。2030—2035 年期间 CO_2 化工利用技术将逐渐达到商业化应用水平，CO_2 生物利用技术和地质利用技术的经济可行性将逐渐摆脱外部条件制约，到 2040 年达到商业化水平。

3. 系统集成与集群化

CCUS 集群具有基础设施共享、项目系统性强、技术代际关联度高、能量资源交互利用、工业示范与商业应用衔接紧密等优势，是一种较高效费比的发展途径，未来可能形成具有中国特色的 CCUS 新业态。中国 CCUS 系统集成与集群化发展路径如图 5-8 所示。

二氧化碳捕集和资源化利用技术进展

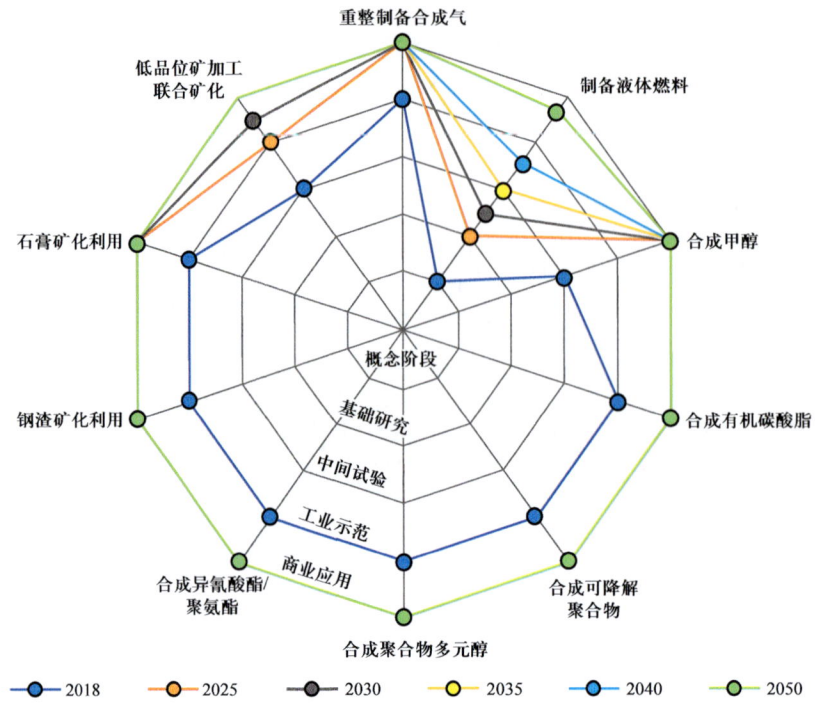

图 5-6 CO$_2$ 化工利用技术发展路径图

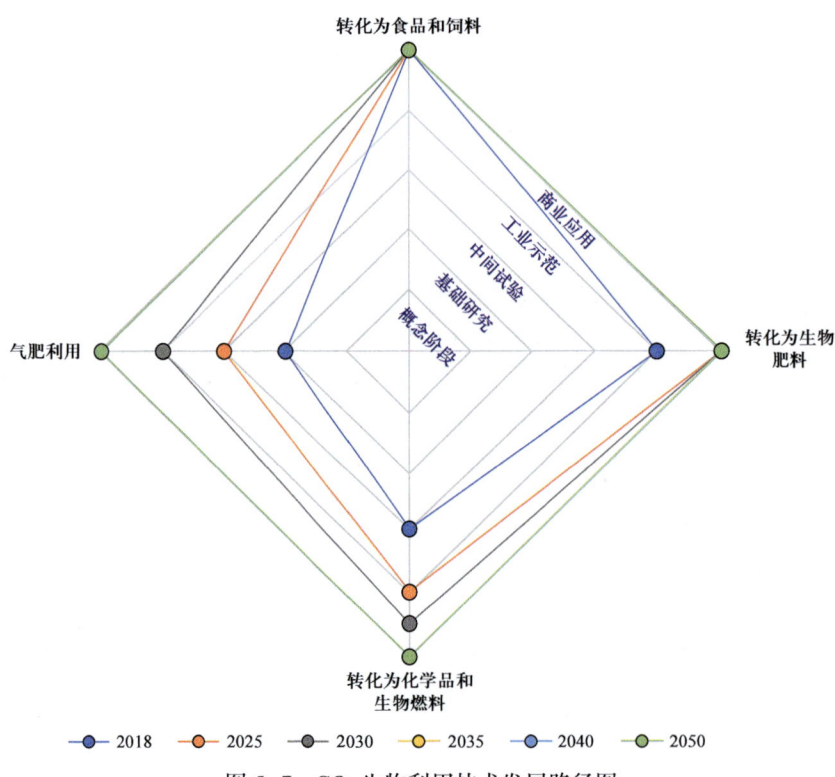

图 5-7 CO$_2$ 生物利用技术发展路径图

第五章 中国 CCUS 技术发展思路

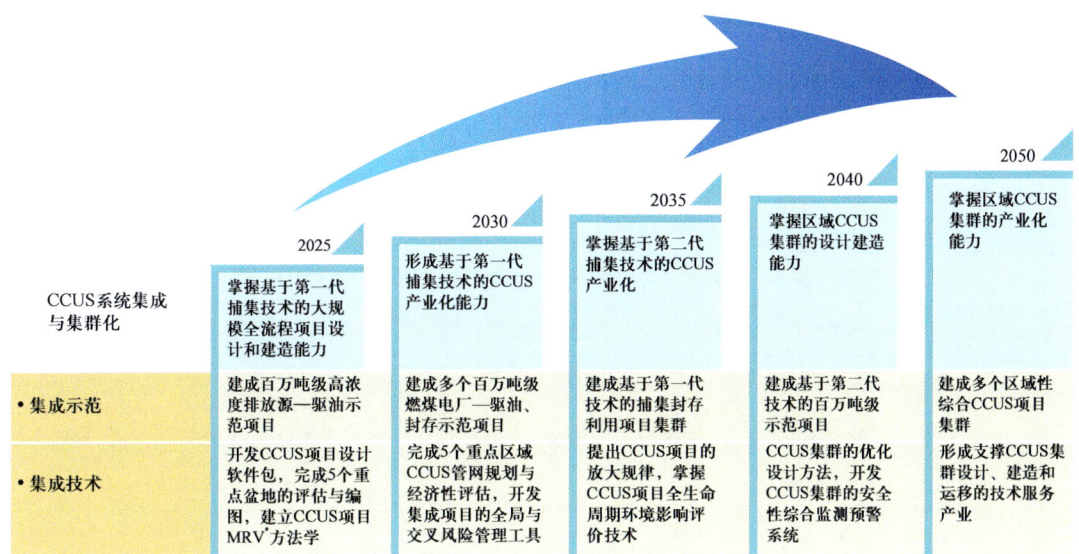

*MRV：核算(Measurement)、报告(Reporting)、核正(Verification)。

图 5-8 中国 CCUS 系统集成与集群化发展路径图

四、全流程系统集成与大规模示范

CO_2 利用技术具有社会效益与经济效益"双赢"的属性，不仅有助于降低 CCUS 技术应用成本，而且可以积累未来向具有更大减排潜力封存技术过渡的工程经验。具体优先行动如下：

CO_2 地质利用方面，优先安排跨行业的百万吨规模 CO_2 捕集、驱油利用与封存一体化示范项目、开展安全风险管控、储层精细描述、提高驱油效率、项目全生命周期经济评价等配套研究；研发铀矿地浸开采技术的绿色高效溶剂；支持强化煤层气开采过程中甲烷脱附与 CO_2 吸附的机理和相关助剂研发；开展 CO_2—轻烃—岩石系统的组分传质、相关组分在固体介质表面的吸附与解析等基础研究，奠定强化天然气开采（CCS-EGR）和强化页岩气开采技术基础；部署高效换能、微量贵金属提纯等基础研究，引导强化地热开采和强化深部咸水开采技术进入中试门槛。

CO_2 化工利用方面，开展重整制备合成气的百万吨级大规模商业化应用示范，加快技术全面推广；部署合成甲醇技术十万吨级示范研究，形成大规模产业化应用潜力；安排合成可降解聚合物、合成有机碳酸酯、合成聚合物多元醇、矿化利用等技术的进一步扩试，具备万吨级示范能力；部署制备液体燃料技术中高性能催化材料的基础研究，建立规模化生产技术，为技术扩试提供支撑。

CO_2 生物利用方面，开展高效光生反应器研究，奠定微藻转化为化学品和生物燃料技术的万吨级中试示范基础；加强固氮藻种的筛选和遗传改良基础研究，形成高效固氮微藻规模化生产技术；部署应用基础和下游转化研究，降低规模化微藻转化为食品和饲料的技术成本。

根据区域特点，CO_2 的地质利用技术主要适合在中西部及东北地区应用，化工利用技术与生物利用技术主要适合在东部、南部应用，具有很好的地域互补性（图 5-3）。2025—2060 年，CCUS 技术各环节成本估计见表 5-3[3]。

表 5-3　CCUS 技术各环节成本估计

年份		2025	2030	2035	2040	2050	2060
捕集成本 元/t	燃烧前	100~180	90~130	70~80	50~70	30~50	20~40
	燃烧后	230~310	190~280	160~220	100~180	80~150	70~120
	富氧燃烧	300~480	160~390	130~320	110~230	90~150	80~130
运输成本 元/(t·km)	罐车运输	0.9~1.4	0.8~1.3	0.7~1.2	0.6~1.1	0.5~1.1	0.5~1
	管道运输	0.8	0.7	0.6	0.5	0.45	0.4
封存成本，元/t		50~60	40~50	35~40	30~35	25~30	20~25

第三节　CCUS 技术的应用及其技术经济分析

一、应用现状分析

中国电力、钢铁、水泥、石化等主要碳排放行业，目前均已建有不同规模的示范项目（表 5-4），不同排放源二氧化碳捕集规模、捕集方法及其工艺指标的比较见表 5-5[3]。

表 5-4　具有代表性（含 CCUS-EOR）示范项目

序号	项目名称	排放源	捕集技术	运输方式	封存或利用方式	投运年份	产能 10^4t/a	2017 年状况
1	中石油吉林油田 CO_2-EOR 研究与示范	天然气净化	燃烧前	管道（~50km）	EOR	2007 年	20	运行中
2	华能高碑店电厂	燃煤电厂	燃烧后	—	—	2008 年	0.3	运行中
3	华能石洞口电厂	燃煤电厂	燃烧后			2009 年	12	
4	中石化胜利油田燃煤电厂 4×10^4t/a CO_2 捕集与 EOR 示范	燃煤电厂	燃烧后	罐车（~80km）	EOR	2010 年	4	运行中
5	中联煤层气公司 CO_2-ECBM 项目	外购气		罐车	ECBM	2010 年	0.1	
6	中电投重庆双槐电厂碳捕集示范项目	燃煤电厂	燃烧后	—	—	2010 年	1	运行中
7	神华集团煤制油 10×10^4tCO_2 捕集和示范封存	煤制油	燃烧前	罐车（~13km）	咸水层封存	2011 年	10	封存 30×10^4t，监测中

续表

序号	项目名称	排放源	捕集技术	运输方式	封存或利用方式	投运年份	产能 10^4t/a	2017年状况
8	华中科技大学35MW富氧燃烧技术研究与示范	燃煤电厂	富氧燃烧	—	—	2011年	10	运行中
9	国电集团天津北塘热电厂	燃煤电厂	燃烧后	—	—	2012年	2	运行中
10	延长石油陕北煤化工 $5×10^4$t/a CO_2 捕集与EOR示范	煤化工	燃烧前	罐车	EOR	2013年	5	运行中
11	中石化中原油田 CO_2-EOR 项目	化工厂	燃烧前	罐车	EOR	2015年	10	运行中
12	华能绿色煤电IGCC电厂捕集利用和封存示范	燃煤电厂	燃烧前	罐车	EOR及咸水层封存		10	捕集装置建成，封存工程延迟，运行中

注：本表未考虑化工利用、生物利用项目，只考虑捕集和地质利用与封存的环节或全流程试验项目。

表5-5 不同排放源 CO_2 捕集项目的成本比较

行业	示范项目	排放源 CO_2 浓度 %	捕集规模 10^4t/a	捕集方法	工艺指标：每吨 CO_2 再生能耗 GJ/t
燃煤电厂	胜利燃煤电厂烟气捕集示范	14	4	以MEA法为主的复合胺吸收剂	2.7
	锦界电厂烟气捕集示范	11.1	15	复合胺溶剂	2.4（设计）
	Petra Nova燃煤电厂捕集示范	10~15	140	KS-CDR技术（胺溶液）	2.6
	边界大坝燃煤电厂捕集示范	10~15	100	溶剂吸收法	2.7（非公开数据）
炼化厂	中原炼化厂尾气捕集	14.11	10	MEA（一乙醇胺）化学吸收法	
水泥厂	海螺水泥烟气捕集示范	70.5% N_2、9.7% O_2、19.7% CO_2	5	以羟乙基乙二胺（AEEA）为主的新型复合有机胺吸收剂	
天然气分离	松南气田高碳天然气捕集示范	21~32	50	以N-甲基二乙醇胺为主溶剂的MDEA法	0.65

二、不同 CO_2 输送方式的比较

CO_2 输送现有管道、船舶、公路、铁路等多种方式，它们的优缺点比较见表5-6。表5-6中说明 CO_2 的各种输送方式，表明中国目前均已进入了商业应用的阶段。目前运输成本约为0.8元/(t·km)；至2035年有望降到0.6/(t·km)。国内外主要 CO_2 捕集技术的发展阶段如图5-9所示。

表 5-6 各种输送方式的优缺点比较

方式	优点	缺点
管道	（1）连续性强，安全性高； （2）运输量大，运行成本低； （3）大多为地下管道，节约土地资源，不受天气影响； （4）CO_2 泄漏量极少，对环境污染小	（1）灵活性差，只适用于固定地点之间的运输； （2）管道不容易扩展，有时需船舶和槽车协助； （3）初始投资大； （4）运输前必须净化 CO_2，以免杂质造成管道损坏； （5）过程中需要控制压力和温度，防止因相变致运输瘫痪
船舶	（1）运输灵活便捷； （2）适用于河网密集和近海 CO_2 捕集中心的初步开发； （3）中小规模与远距离的 CO_2 运输成本低； （4）离岸封存的重要选择	（1）间歇性运输，连续性差； （2）受地理限制，仅适用于内河与海洋运输； （3）装载卸载与临时存储等中间环节多，导致交付成本增加； （4）大规模近距离时，船舶运输经济性较差； （5）要求低温液化甚至固态化运输； （6）温液态 CO_2 增加捕集与压缩能耗与成本
公路	（1）运输灵活，不受运输地点限制； （2）不需要前期大量投入； （3）适应性强，方便可靠； （4）运输网络比较发达，机动性强； （5）各个环节之间的衔接灵活，可动态调整	（1）单次性运输量少，单位运输成本高； （2）连续性差，对规模大小不敏感，不适用于 CCUS 等大规模的工业系统； （3）远距离运输安全性差，对汽车运输安全要求高； （4）存在保温和操作上的泄漏，CO_2 泄漏量较大，存在环境污染； （5）易受不利天气和交通状况影响而中断； （6）温液态 CO_2 增加捕集与压缩能耗与成本
铁路	（1）比公路运输距离长，通行能力大，成本相对较低； （2）捕集点和利用点靠近铁路时，可利用现有设施降低成本	（1）运输不连续，运输成本比管道运输高； （2）受现存铁路设施影响，地域限制大，需要罐车和船舶运输作为辅助； （3）必要时需要铺设专用铁路，增加运输成本； （4）沿线需要装卸，临时存储设备，增加运输费用； （5）温液态 CO_2 增加捕集与压缩能耗与成本

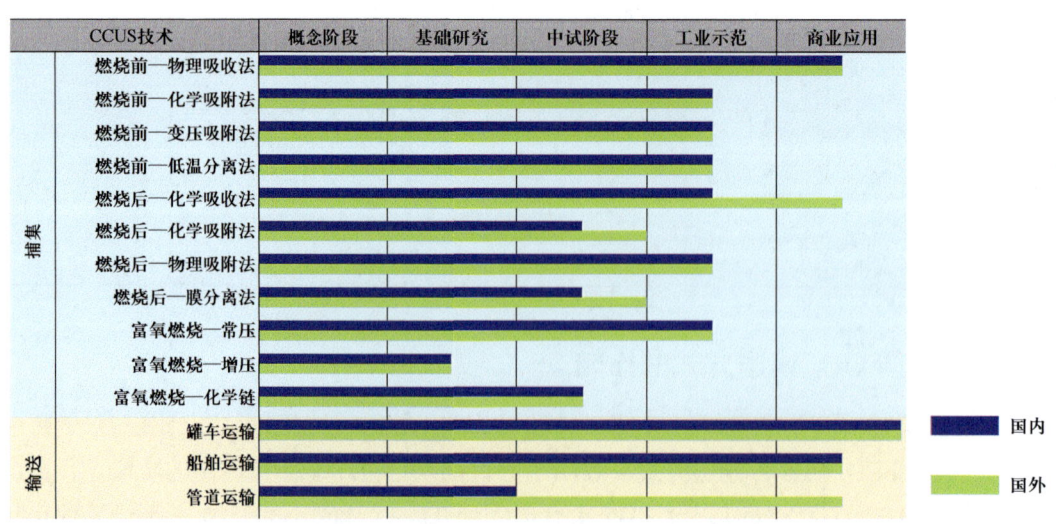

图 5-9 国内外主要 CO_2 捕集技术的发展阶段

三、CO_2 利用与封存的技术进展

CO_2 利用是指通过工程手段将捕集的二氧化碳实现资源化利用。根据工程技术手段的不同，大致可分为地质利用、化工利用和生物利用等三种类型（图 5-10 和图 5-11）。CO_2 封存是指通过地质手段将捕集的 CO_2 注入深部地质储层以实现其与大气长期隔绝的过程。目前工业上确定的三大类主要地质封存储层是枯竭油气藏、煤层和咸水层。CO_2 驱油技术因其在驱油的同时又实现了碳封存，兼有经济效益和环境效益，因而当前已经成为技术发展的主要方向[3]。

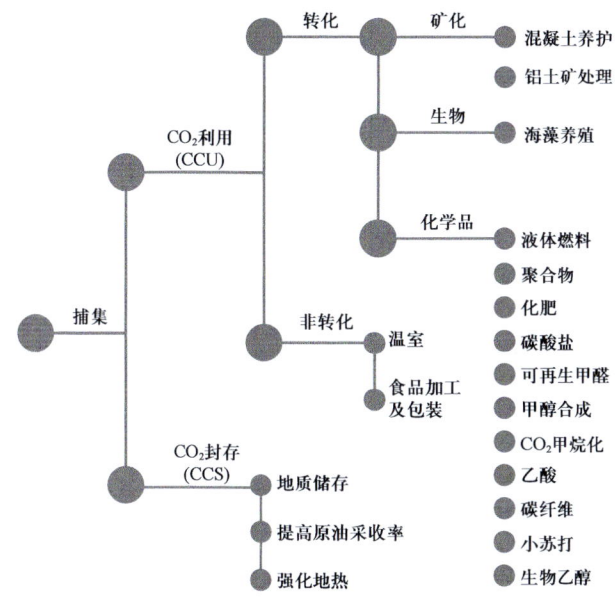

图 5-10　CO_2 利用与分类示意图

虽然中国近年来在 CCUS 项目建设上取得了很大进展，但与欧美发达国家相比仍有较大差距。据《中国碳捕集利用与封存年度报告（2023）》显示，当前中国建成或正在建设的 CCUS 示范项目超过 100 个，涵盖电力、油气、化工、水泥、钢铁等多个行业，初步具备了大规模捕集、利用和封存 CO_2 的工程能力。但是，捕集能力仍然有限；具有代表性的示范项目见表 5-4。全球（除中国外）已建的大型碳捕集装置 37 个，而碳捕集（总）能力则达到 4000×10^4 t/a。

目前 CCUS 有关技术进展如下。

1. 捕集技术

CO_2 捕集技术成熟程度差异较大，目前燃烧前物理吸收法已经处于商业应用阶段，燃烧后化学吸附法尚处于中试阶段，其他大部分捕集技术处于工业示范阶段。燃烧后捕集技术是目前最成熟的捕集技术，可用于大部分火电厂的脱碳改造，国家能源集团国华电力锦界电厂开展的 15×10^4 t 碳捕集与封存示范项目正在建设，是目前中国规模最大的燃煤电

厂燃烧后碳捕集与封存全流程示范项目。燃烧前捕集系统相对复杂，整体煤气化联合循环（IGCC）技术是典型的可进行燃烧前碳捕集的系统。国内的 IGCC 项目有华能天津 IGCC 项目以及连云港清洁能源动力系统研究设施。富氧燃烧技术是最具潜力的燃煤电厂大规模碳捕集技术之一，产生的 CO_2 浓度较高（约 90%～95%），更易于捕获。富氧燃烧技术发展迅速，可用于新建燃煤电厂和部分改造后的火电厂。

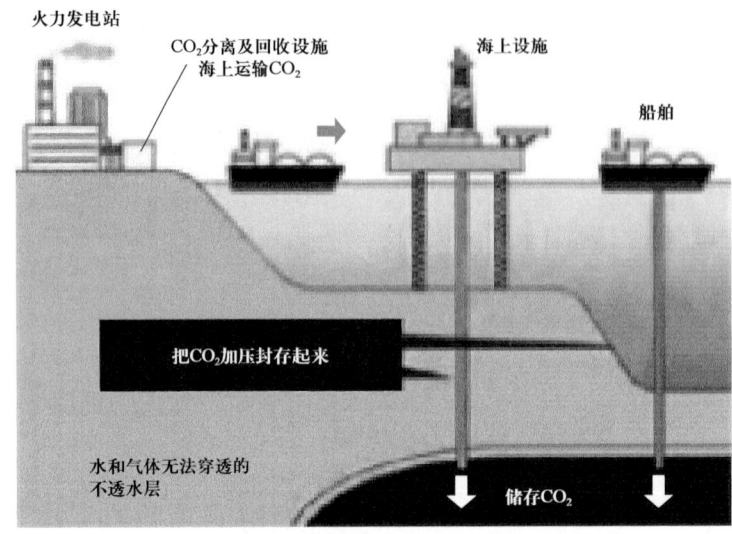

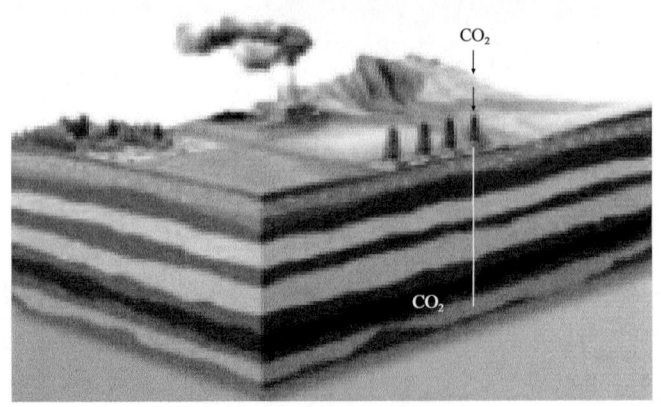

图 5-11　CO_2 封存技术示意图

当前第一代碳捕集技术（燃烧后捕集技术、燃烧前捕集技术、富氧燃烧技术）发展渐趋成熟，主要瓶颈为成本和能耗偏高、缺乏广泛的大规模示范工程经验；而第二代技术（如新型膜分离技术、新型吸收技术、新型吸附技术、增压富氧燃烧技术等）仍处于实验室研发或小试阶段，技术成熟后其能耗和成本会比成熟的第一代技术降低 30% 以上，2035 年前后有望大规模推广应用。

2. 输送技术

在现有 CO_2 输送技术中，罐车运输和船舶运输技术已达到商业应用阶段，主要应

用于规模 10×10^4t/a 以下的 CO_2 输送。中国已有的 CCUS 示范项目规模较小，大多采用罐车输送。华东油气田和丽水气田的部分 CO_2 通过船舶运输。管道输送尚处于中试阶段，吉林油田和齐鲁石化公司采用陆上管道输送 CO_2。海底管道运输的成本比陆上管道高 40%~70%，目前海底管道输送 CO_2 的技术缺乏经验，在国内尚处于研究阶段。

3. 利用与封存技术

在 CO_2 地质利用及封存技术中，CO_2 地浸采铀技术已经达到商业应用阶段，EOR 已处于工业示范阶段，EWR 已完成先导性试验研究，ECBM 已完成中试阶段研究，矿化利用已经处于工业试验阶段，CO_2 强化天然气、强化页岩气开采技术尚处于基础研究阶段。中国 CO_2-EOR 项目主要集中在东部、北部、西北部以及西部地区的油田附近及中国近海地区。国家能源集团的鄂尔多斯 10×10^4t/a 的 CO_2 咸水层封存已于 2015 年完成 30×10^4t 注入目标后，停止注入。国家能源集团国华电力锦界电厂 15×10^4t/a 燃烧后 CO_2 捕集与封存全流程示范项目，拟将捕集的 CO_2 进行咸水层封存，目前尚在建设中。2021 年 7 月，中国石化正式启动建设中国首个百万吨级 CCUS 项目（齐鲁石化—胜利油田 CCUS 项目），有望建成为国内最大的 CCUS 全产业链示范基地。中国科学院过程工程研究所在四川达州开展了 5×10^4t/a 钢渣矿化工业验证项目；浙江大学等在河南强耐新材股份有限公司开展了 CO_2 深度矿化养护制建材万吨级工业试验项目；四川大学联合中国石化等公司在低浓度尾气 CO_2 直接矿化磷石膏联产硫基复合肥技术研发方面取得良好进展。中国 CO_2 化工利用技术已经实现了较大进展，电催化、光催化等新技术大量涌现。但在燃烧后 CO_2 捕集系统与化工转化利用装置结合方面仍存在一些技术瓶颈尚未突破。生物利用则主要集中在微藻固定和气肥利用方面。

综合以上分析可以预期，到 2030 年，中国全流程 CCUS（按 250km 运输计）技术成本为每吨二氧化碳 310~770 元，到 2060 年，将逐步降至每吨二氧化碳 140~410 元；估计还有 47%~94% 的下降空间。

第四节 "双碳"目标下 CCUS 的减排需求与潜力

一、中国未来的减排需求

国内外的研究结果表明，在实现碳中和目标的发展背景下，中国 CCUS 技术减排需求为：2030 年 0.2×10^8~4.08×10^8t，2050 年 6×10^8~14.5×10^8t，2060 年 10×10^8~18.2×10^8t。各研究机构在情景设置中主要考虑了中国实现 1.5℃ 目标、2℃ 目标、可持续发展目标、碳达峰碳中和目标，各行业 CO_2 排放路径，CCUS 技术发展，以及 CCUS 技术可以使用或可能使用的情景。中国 CCUS 的减排需求如图 5-12 所示。表 5-7 为 2025—2060 年中国各行业 CCUS 二氧化碳减排需求明细。

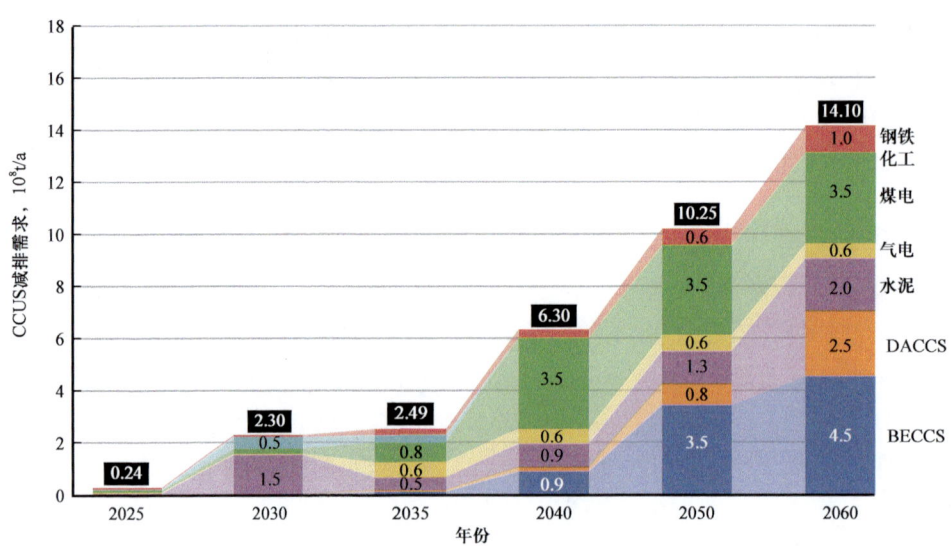

图 5-12 中国 CCUS 的减排需求

表 5-7 2025—2060 年各行业 CCUS 二氧化碳减排需求　　　　单位：10^8 t/a

年份	2025	2030	2035	2040	2050	2060
煤电	0.06	0.2	0.5~1	2~5	2~5	2~5
气电	0.01	0.05	0.2~1	0.2~1	0.2~1	0.2~1
钢铁	0.01	0.02~0.05	0.1~0.2	0.2~0.3	0.5~0.7	0.9~1.1
水泥	0.001~0.17	0.1~1.52	0.2~0.8	0.3~1.5	0.8~1.8	1.9~2.1
BECCS	0.005	0.01	0.18	0.8~1	2~5	3~6
DACCS	0	0	0.01	0.15	0.5~1	2~3
石化和化工	0.05	0.5	0.3	0	0	0
全行业	0.09~0.3	0.2~4.08	1.19~8.5	3.7~13	6~14.5	10~18.2

数据来源：IEA，2011，2000；Wang et al，2014；亚洲开发银行，2015；Xu et al，2016；中国 21 世纪议程管理中心，2019；Li，2021；DNV，2020；Goldman Sachs，2020；波士顿咨询公司，2020；能源转型委员会，2020；何建坤，2020；能源基金会，2020；WRI，2021；麦肯锡，2021；全球能源互联网发展合作组织，2021a，2021b；中国 21 世纪议程管理中心，2021；中国工程院，2021；清华大学、北京理工大学、国务院发展研究中心、国家应对气候变化战略研究和国际合作中心、发展改革委能源研究所等单位根据中国碳中和情景联合预测数据。DACCS 正处于基础研究阶段，技术成熟度与经济性尚待改善，减排潜力短期内难以释放，预计 2035 年左右可进行工业化示范推广。

1. 火电行业

火电行业是当前中国 CCUS 示范的重点，预计到 2025 年，煤电 CCUS 减排量将达到 $600×10^4$ t/a，2040 年达到峰值，为 $2×10^8$~$5×10^8$ t/a，随后保持不变；气电 CCUS 将逐渐展开部署，于 2035 年达到峰值后保持不变，当年减排量为 $0.2×10^8$~$1×10^8$ t/a。燃煤电厂加装CCUS可以捕获90%的碳排放量，使其变为一种相对低碳的发电技术。在中国目前的装机容量中，到2050年仍将有大约$9×10^8$kW在运行中。CCUS技术的部署有助于充分利用现有的煤电机组，适当保留煤电产能，避免一部分煤电资产提前退役而导致资源浪费。现役先进煤电机组结合CCUS技术实现低碳化利用改造是释放CCUS减排潜力的重要途径。技术适用性标准和成本是影响现役煤电机组加装CCUS的主要因素。技术适用性标准决定一个电厂是否可以成为改造的候选电厂，现阶段燃煤电厂改造需要考虑的技术适用性标准包括CCUS实施年份、机组容量、剩余服役年限、机组负荷率、捕集率设定、谷值/峰值等。

2. 钢铁行业

钢铁行业CCUS 2030年减排需求为$0.02×10^8$～$0.05×10^8$t/a，2060年减排需求为$0.9×10^8$～$1.1×10^8$t/a。中国钢铁生产工艺以排放量较高的高炉—转炉法为主，电炉钢产量仅占10%左右。高炉—转炉法炼钢工艺中约89%的能源投入来自煤炭，导致吨钢碳排放较高。CCUS技术可以应用于钢铁行业的诸多方面，主要包括氢还原炼铁技术中氢气的产生以及炼钢过程。中国钢铁厂排放的主要是中等浓度的CO_2，可采用燃烧前和燃烧后捕集技术进行捕集。在整个炼钢过程中，炼焦和高炉炼铁过程的CO_2排放量最大，故这两个过程的碳捕集潜力最大。中国钢铁行业最主流的碳捕集技术是从焦化和高炉的尾气中进行燃烧后CO_2捕集。钢铁行业捕集的CO_2除了进行利用与封存以外，还可直接用于炼钢过程。这些技术已于首钢集团测试成功，并被推广应用到了天津钢管公司和西宁特钢集团。充分应用这些碳捕集技术能够减少总排放量的5%～10%。钢铁行业CO_2利用主要有四个发展方向：（1）用于搅拌。CO_2可代替氮气（N_2）或氩气（Ar）用于转炉的顶/底吹或用于钢包内的钢液混合。（2）作为反应物。在CO_2-O_2混合喷射炼钢中，减少氧气与铁水直接碰撞引起的挥发和氧化损失。（3）作为保护气。CO_2可部分替代N_2作为炼钢中的保护气，从而最大程度上减少钢的损失，以及成品钢中的氮含量和孔隙率。（4）用于合成燃料。CO_2和甲烷的干燥重整反应能够生产合成气（一氧化碳和氢气），然后将其用于柴油冶金（DRI）炼钢或生产其他化学品。

3. 水泥行业

水泥行业CCUS 2030年CO_2减排需求为0.1～$1.52×10^8$t/a，2060年减排需求为1.9～$2.1×10^8$t/a。水泥行业石灰石分解产生的CO_2排放约占水泥行业总排放量的60%，故CCUS技术是水泥行业脱碳的必要技术手段。

4. 石化和化工

石化和化工行业是当前CO_2的主要利用领域，通过化学反应将CO_2转变成其他物质，然后进行资源再利用。中国石化和化工行业有很多高浓度CO_2（高于70%）排放源（包括天然气加工厂，煤化工厂，氨/化肥生产厂，乙烯生产厂，甲醇、乙醇及二甲基乙醚生产厂等），相对于低浓度排放源来说，其捕集能耗低、投资成本与运行维护成本低。因此，石化与化工领域高浓度排放源可为早期 CCUS 示范项目提供低成本机会。中国的早期 CCUS 示范项目优先采用高浓度排放源与 EOR 相结合的方式，通过 CO_2-EOR 产生收益，当市场油价处于高位时，CO_2-EOR 收益不仅可以完全抵消 CCUS 成本，并为 CCUS 相关利益方创造额外经济利润，也就是说以负成本实现 CO_2 减排。2030 年石化和化工行业的 CCUS 减排需求约为 $5000×10^4t$，到 2040 年逐渐降低至 0。

二、中国基于源汇匹配的 CCUS 减排潜力

在 CO_2 地质利用与封存技术类别中，CO_2 强化咸水开采（CO_2-EWR）技术可以实现大规模的 CO_2 深度减排，中国的理论封存容量高达 $24170×10^8t$；在目前的技术条件下，CO_2-EOR 和 CO_2-EWR 可以开展大规模的示范，并可在特定的条件下实现规模化 CO_2 减排。

中国 CO_2-EOR 潜力大，从盆地规模来看，渤海湾盆地、松辽盆地具有较大的 CO_2-EOR 潜力，被视为 CCUS 项目实施的优先区域。结合中国主要盆地的地质特征和 CO_2 排放源分布，可实施 CO_2-EOR 重点区域为东北的松辽盆地区域、华北的渤海湾盆地区域、中部的鄂尔多斯盆地区域和西北的准噶尔盆地与塔里木盆地区域。

中国适合 CO_2-EWR 的盆地分布面积大，封存潜力巨大。准噶尔盆地、塔里木盆地、柴达木盆地、松辽盆地和鄂尔多斯盆地是最适合进行 CO_2-EWR 的区域。2010 年神华集团在鄂尔多斯盆地开展的 CCS 示范工程是亚洲第一个，也是当时最大的全流程 CCS 咸水层封存工程。松辽盆地深部咸水层具有良好的储盖层性质，是中国未来大规模 CO_2 封存的一个潜在的场所。东部、北部沉积盆地与碳源分布空间匹配相对较好，西北地区则封存地质条件相对较好。塔里木、准噶尔等盆地地质封存潜力巨大，但碳（污染）源分布相对较少。南方及沿海的碳源集中地区，能开展封存的沉积盆地面积小、分布零散，地质条件相对较差，陆上封存潜力非常有限。

在近海沉积盆地实施离岸地质封存可作为重要的备选。CCUS 源汇匹配主要应考虑排放源和封存场地的地理位置关系和环境适宜性。250km 是不需要 CO_2 中继压缩站的最长管道距离，故常常作为中国源汇匹配分析中的输送距离限制，超过 250km 一般就不再考虑。

1. 火电

准噶尔盆地、吐鲁番—哈密盆地、鄂尔多斯盆地、松辽盆地和渤海湾盆地被认为是火电行业部署 CCUS 技术（包括 CO_2-EOR）的重点区域，适宜优先开展 CCUS 早期集成示范项目，推动 CCUS 技术大规模、商业化发展。2020 年中国现役火电厂分布在 798 个 50km 网格内，覆盖了中国中东部、华南大部及东北和西北的局部地区。CO_2 年排放量大于 $2000×10^4t$ 的 50km 网格共有 51 个，主要分布在华中和东部沿海一带，封存场地适宜性以中、低为主。尤其是东部沿海一带陆上几乎没有适宜封存的场地。CO_2 年排放量介于 $1000×10^4$~$2000×10^4t$ 的网格数量为 99 个，主要分布在吐鲁番—哈密盆地、鄂尔多斯

盆地、准噶尔盆地、松辽盆地、柴达木盆地等具有中、高封存适宜性的场地。南部内陆省份，如贵州、江西、安徽等局部火电排放量大的区域，不存在匹配的封存场地。湖南、湖北两省分别在洞庭、江汉盆地仅有分散的中、低适宜性场地。因此，从区域集群发展的角度来说，在50km运输范围内，源汇匹配情况不佳。

2. 钢铁

钢铁企业主要分布在铁矿石、煤炭等资源较为丰富的省区，如河北、辽宁、山西、内蒙古等，以及具有港口资源的沿海地区，这些地区经济发达、钢铁需求量较大。2020年中国钢铁企业分布在253个50km网格内。CO_2年排放量大于$2000×10^4$t的网格共有26个，主要分布在河北、辽宁、山西。CO_2年排放量介于$1000×10^4$~$2000×10^4$t的网格数量为28个，主要分布在河北、山西、辽宁、山东等。此外，在福建、湖南、湖北、广东、江西、江苏、新疆等省区各自分布有1~2个网格。在这些高排放区域中，山东渤海湾盆地内有分散的中、低适应性的封存场地。山西钢铁厂则应加大输送距离，在网格外的鄂尔多斯、临汾等盆地寻找适宜的封存场地。以排放点源进行匹配研究时，在250km匹配距离内，79%以上的钢铁厂可以找到适宜的地质利用与封存场地。钢铁厂开展全流程CO_2-EOR与CO_2-EWR（二氧化碳强化咸水开采）结合项目或单独的CO_2-EOR项目，平准化成本较低，甚至一些项目还可以盈利。由于油田的CO_2封存容量非常有限，加之与化工、火电、水泥等行业的CCUS竞争，钢铁行业为了完成深度碳减排很难获得足够的油田开展CO_2-EOR，必须开展CO_2-EWR项目钢铁厂的CO_2净捕集率越高，大规模项目的平准化成本越低。在相同净捕集率下，匹配距离越大，匹配的项目越多，累计减排的CO_2量越大。在相同的捕集率和匹配距离的情景中，CO_2-EWR项目的平准化成本比CO_2-EOR项目高很多。分布于渤海湾盆地、准噶尔盆地、江汉盆地、鄂尔多斯盆地等盆地及附近的钢铁厂数量多、CO_2排放量大、封存场地的适宜性较高，源汇匹配较好。相比较而言，南方、沿海及其他区域的钢铁厂项目平准化成本较高的原因是运输距离较长和评估的CO_2排放量较少，项目未匹配成功的主要原因为钢铁厂距离陆上盆地较远。

中国2025—2060年CCUS二氧化利用和封存潜力见表5-8。

表5-8 中国2025—2060年CCUS二氧化碳利用与封存潜力　　　　单位：10^8t/a

年份	2025	2030	2035	2040	2050	2060
化工/生物利用	0.4~0.9	0.9~1.4	1.4~2.6	2.9~3.7	4.2~5.6	6.2~8.7
地质利用与封存	0.1~0.3	0.5~1.4	1.3~4.0	3.3~8.0	5.4~14.3	6.0~20.5
合计	0.5~1.2	1.4~2.8	2.7~6.6	6.2~11.7	9.6~19.9	12.2~29.2

三、中国CCUS技术的成本评估

中国CCUS示范项目整体规模较小，成本较高。CCUS的成本主要包括经济成本和环境成本。经济成本包括固定成本和运行成本,环境成本包括环境风险与能耗排放。经济成本首要构成是运行成本,是 CCUS 技术在实际操作的全流程过程中,各个环节所需要的成本投入。运行成本主要涉及捕集、运输、封存、利用这四个主要环节。预计至 2030 年,CO_2 捕集成本为 90~390 元 /t,2060 年为 20~130 元 /t;CO_2 管道运输是未来大规模示范项目的主要输送方式,预计 2030 年和 2060 年管道运输成本分别为 0.7 和 0.4 元 /(t·km)。2030 年 CO_2 封存成本为 40~50 元 /t,2060 年封存成本为 20~25 元 /t。CCUS 各环节技术成本参见表 5-9。2025—2060 年 CCUS 技术成本的变化状况如图 5-13 所示。

表 5-9　2025—2060 年 CCUS 各环节技术成本

年份		2025	2030	2035	2040	2050	2060
捕集成本 元 /t	燃烧前	100~180	90~130	70~80	50~70	30~50	20~40
	燃烧后	230~310	190~280	160~220	100~180	80~150	70~120
	富氧燃烧	300~480	160~390	130~320	110~230	90~150	80~130
运输成本 元 /(t·km)	罐车运输	0.9~1.4	0.8~1.3	0.7~1.2	0.6~1.1	0.5~1.1	0.5~1
	管道运输	0.8	0.7	0.6	0.5	0.45	0.4
封存成本,元 /t		50~60	40~50	35~40	30~35	25~30	20~25

注:成本包括了固定成本和运行成本。数据来源:王枫等,2016;刘佳佳等,2018;科技部,2019;Fan et al,2019;蔡博峰等,2020;魏宁等,2020;王涛等,2020;Yang et al,2021。

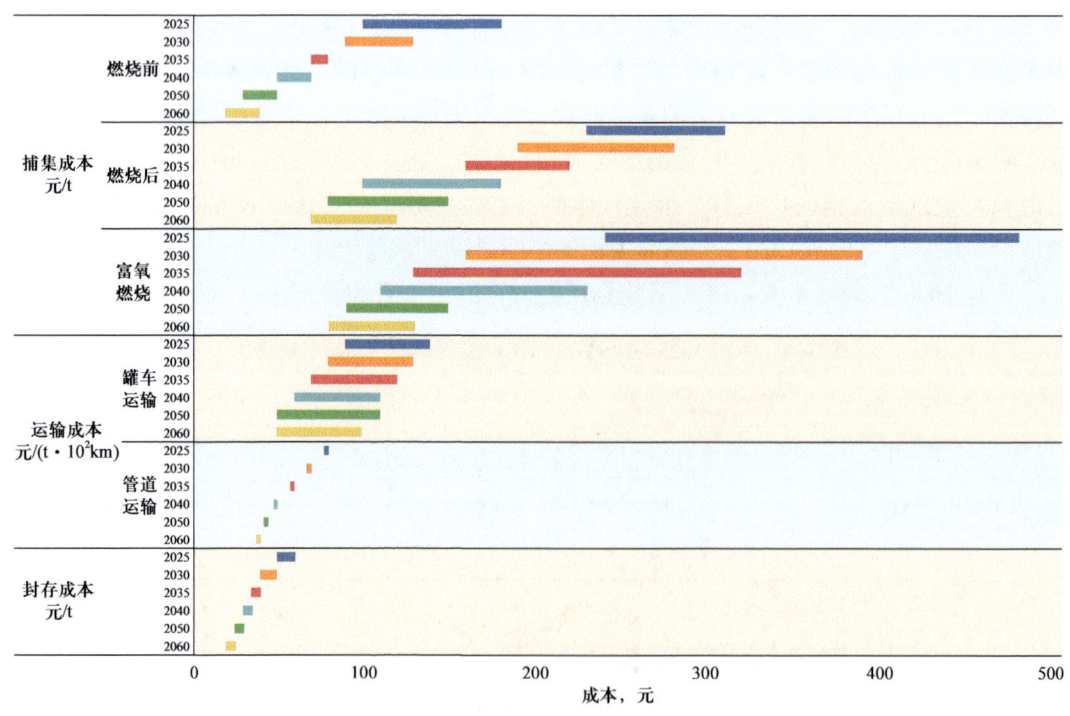

图 5-13　中国 2025—2060 年 CCUS 技术成本的变化状况

以火电为例，安装碳捕集装置导致的成本增加为 0.26~0.4 元 /kW·h。总体而言，装机容量大的电厂每度电成本、加装捕集装置后增加的发电成本、CO_2 净减排成本和捕集成本更低。按冷却装置来分，对比空冷电厂，湿冷电厂 CO_2 净减排成本和捕集成本更低，但是耗水量更大，电厂安装捕集装置后冷却系统总水耗量增加近 49.6%，给当地尤其是缺水地区造成更严重的水资源压力。

在石化和化工行业中，CCUS 运行成本主要来自捕集和压缩环节，原料气中 CO_2 浓度愈高，通常意味着 CO_2 的捕集和压缩成本的愈低。因此，提高 CO_2 产生浓度是降低 CCUS 运行总成本有效方式。

采用 CCS 和 CCU 工艺后，煤气化成本分别增加 10% 和 38%，但当碳税高于 15 美元 /t CO_2 时，采用 CCS 和 CCU 的煤气化工艺在生产成本上更具有优势。在延长石油 CCUS 综合项目中，其 CO_2 来自煤制气中的预燃烧过程（即煤制气中合成气的生产过程）。因此，具有较高的纯度和浓度；故相较于其他 CO_2 捕集和运输项目，延长石油 CCUS 综合项目的捕集和运行成本下降了约 26.4%，仅为 26.5 美元 /t。其中，捕集成本为 17.52 美元 /t，运输成本为 9.03 美元 /t。

经济成本的另一个构成要素是固定成本。固定成本是 CCUS 技术的前期投。一家钢铁厂安装年产能为 $10×10^4$ t 的 CO_2 捕集和封存设施的固定成本约为 2700 万美元。在宝钢（湛江）工厂启动一个的 CCUS 项目，CO_2 年捕集能力为 $50×10^4$ t（封存场地在北部湾盆地，距离工厂 100km 以内），需要投资 5200 万美元。从宝钢（湛江）工厂进行的经济评估显示，其总减排成本为 65 美元 /t；与日本 54 美元 /t 和澳大利亚 60~193 美元 /t 的（总）成本相似。

环境成本主要由 CCUS 可能产生的环境影响和环境风险所致。一是 CCUS 技术的环境风险，CO_2 在捕集、运输、利用与封存等环节都可能会有泄漏发生，会给附近的生态环境、人身安全等造成一定影响；二是 CCUS 技术额外增加能耗带来的环境污染问题；大部分 CCUS 技术有额外增加能耗的特点，增加能耗就必然带来污染物的排放问题。从封存的规模、环境风险和监管考虑，国外一般要求 CO_2 地质封存的安全期不低于 200 年。能耗主要集中在捕集阶段，对成本以及环境的影响十分显著。例如，各种类型醇胺是目前从燃煤烟气中捕集 CO_2 应用最广泛的吸收剂。但是，基于醇胺吸收剂的化学吸收法在商业大规模推广应用中仍存在明显的限制，其主要原因之一是运行能耗过高，可达 4.0~6.0MJ/kg。鉴于此，如离子支撑液体膜分离 CO_2 之类新型气体脱碳工艺的技术开发，目前正受到广泛关注，实现工业化指日可待[4]。

四、二氧化碳地质封存联合深部咸水开采（CO_2-EWR）的技术进展

欧美国家及日本的经验表明，地下封存可能是处置 CO_2 最有效的措施之一；但对于传统的 CO_2 咸水层封存项目，由于 CO_2 的大规模注入会导致地层压力升高与浅水层水体的污染。因此，目前全球也没有正在运行的示范性工程，已经明确考虑采用和正在考虑采用的 CO_2-EWR 技术的工程项目也屈指可数[5]。

CO₂-EWR 技术是将 CO₂ 注入深部咸水或卤水层以驱替高附加值的液体产品资源（例如锂盐、钾盐、元素溴等），或开采深部水资源，并同时实现 CO₂ 深度减排和长期封存的一种 CO₂ 捕集技术（图 5-14 和图 5-15）。该技术一方面可以通过合理控制开采井位和采水量以控制释放储层压力，达到安全、稳定地大规模封存 CO₂ 的目的；另一方面则可将采出的低矿化度咸水经处理后用于中国西部缺水地区，或东部的地面下沉严重地区的生活用水或工农业发展用水。采出的高矿化度咸水卤水则可以萃取高附加值化工产品（如轻质碳酸镁）或提取钾盐、锂盐、溴元素。

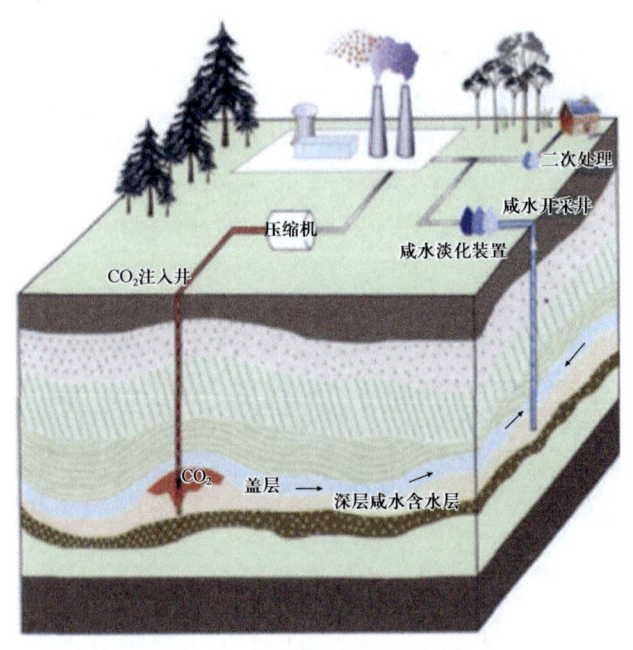

图 5-14 CO₂-EWR 技术原理示意图

从图 5-15 可以看出，CO₂-EWR 技术按其流程分为 4 大模块；煤化工企业的典型生产用水与 CO₂ 排放情况见表 5-10。表 5-10 中数据表明，煤化工企业是高污染、高水耗的行业，每个上规模的煤化工企业 2000～3000t/h 的供水量是必不可少的。2015 年新疆三大煤化工基地水资源供需情况如图 5-16 所示。图 5-16 所示数据则表明，该地区缺水情况非常严重，水资源已经成为制约经济（尤其是煤化工）发展的主要瓶颈。

CO₂ 地质封存主要集中于 880m 以下的咸水层中。此时，CO₂ 处于超临界状态，兼具气体的高扩散性、低黏度性和液体强溶解性。为了保护淡水资源，含水层的矿化度应大于 10g/L。中国陆地及大陆架分布有大量沉积盆地，符合上述封存条件的咸水

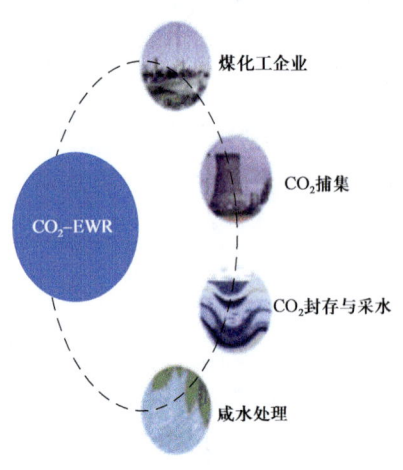

图 5-15 CO₂-EWR 技术链示意图

层体积也相当大。表5-11列出了新疆地区主要盆地的基本特征。总体而言，其有效封存体积相当可观，有可能实现规模化封存。

表5-10 生产用水与CO_2排放情况

产品	需水量，t/t	CO_2排放量，t/t
合成氨	21.60	4.04
甲醇	8.50	3.16
二甲醚	7.20	4.44
液体燃料（煤直接液化）	12.00	2.90
液体燃料（煤间接液化）	13.00	7.22

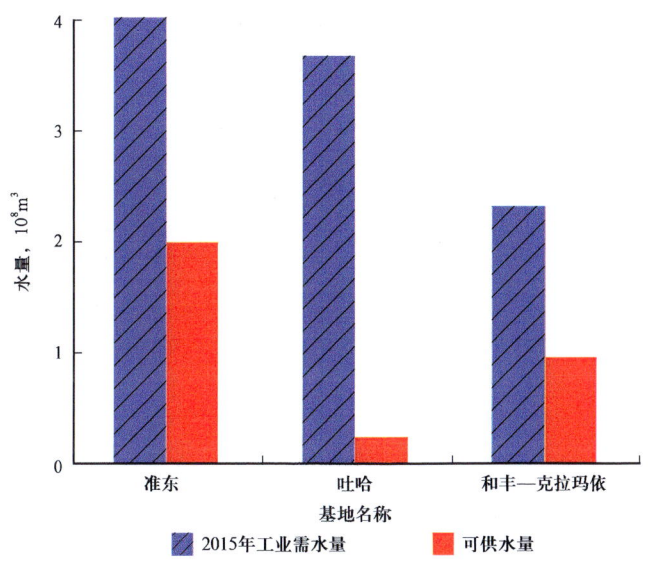

图5-16 2015年新疆三大煤化工基地水资源供需情况

表5-11 新疆地区主要沉积盆地的特征

盆地名称	面积，km^2	厚度，m	周长，km	地层年代
准噶尔盆地	158240	12000～13000	25.387	C-P, T-N
塔里木盆地	596600	17000～21000	41.057	P, T_3-N
吐哈盆地	55810	8000～9000	19.798	C-P, T-N

注：C，石炭系；P，二叠系；T，三叠系；T_3，三叠系上统；N，新近系。

对CO_2-EWR技术而言，如何达到在CO_2安全封存的同时，驱出最大水量是其首先要关注的核心问题。近年来，国内外研究者相继开发了不同的数值模拟程序，这也是今后技术开发的重点方向（图5-17）。

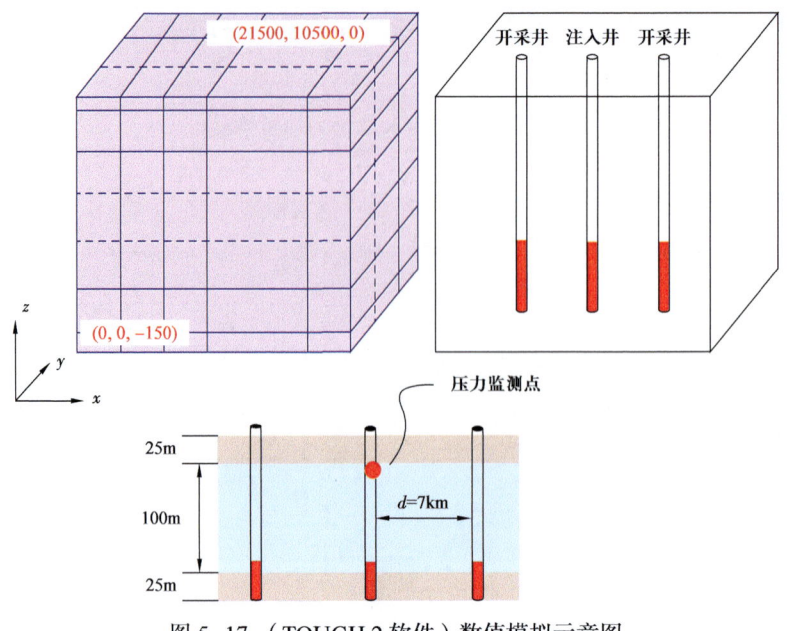

图 5-17 （TOUGH 2 软件）数值模拟示意图

第五节　CCUS-EOR 技术示例

一、发展概况

随着中国"双碳"目标任务的不断推进，大力发展 CCUS 技术不仅是未来减少 CO_2 排放的主要措施之一，而且也是构建生态文明和实现可持续发展的重要手段。根据工程技术手段的不同，CO_2 利用可分为地质利用、化工利用和生物利用等。其中，CO_2 地质利用是将 CO_2 注入地下，进而实现提高油气采收率、促进资源开采（如开采地热、深部咸水或卤水、铀矿等多种类型资源）的过程。CCUS-EOR 技术的核心是在 CO_2 捕集封存的同时，强化石油开采。据估计，全球陆上 CO_2 理论封存容量为 $6\times10^{12}\sim42\times10^{12}$t，海底理论封存容量为 $2\times10^{12}\sim13\times10^{12}$t。在所有封存类型中，深部咸水层封存容量占比约 98%，是较为理想的适合 CO_2 封存的早期地质场所。

最初中国油田 CCUS 封存技术应用主要集中于松辽盆地、渤海湾盆地鄂尔多斯盆地和准噶尔盆地，通过 CO_2 强化石油开采技术可以封存约 51×10^8t[6]。大庆油田所在的松辽盆地低渗透和致密油储量大，适合 CO_2 驱地质储量约为 3×10^8t。长垣外围低产低渗透油田产量递减快、采油速度低，通过优化应用 CCUS-EOR 技术，在实施碳减排的同时，可以转变开发方式以提高采收率。因此，当前很有必要根据新的发展形势加快推进、超前部署，有序地开展大规模 CCUS-EOR 示范与产业化集群建设。在统筹规划油田上下游系统布局的基础上，综合考虑 CO_2 捕集、输送、驱油与埋存等全流程工艺环节。同时，尽快突破 CCUS-EOR 全流程中的相关技术难题，提高全链条技术单元之间的兼容与集成优化，大力推进 CCUS-EOR 的工业化示范基地建设。

二、CCUS-EOR 全流程工艺环节简介

CCUS 是指将 CO_2 从工业过程、能源利用或大气中分离出来，直接加以利用或注入地层以实现 CO_2 永久减排的一系列技术的总和。对于 CO_2 的驱油利用，目前美国和欧盟处于领先地位。总体而言，中国的 CCUS-EOR 技术目前尚处于工业示范阶段。CCUS-EOR 全流程主要由捕集、输送、驱油与埋存三大环节构成。

1. CO_2 捕集

发展 CCUS-EOR 技术的前提是需要有充足的碳源保障，而 CO_2 捕集就是获取优质、丰富碳源的关键步骤，因此，CO_2 捕集是 CCUS-EOR 的基础保障。

目前碳源浓度分类尚无具体标准。一般认为：小于 30% 为低浓度碳源，30%~90% 为中浓度碳源，大于 90% 则为高浓度碳源。对于石油化工企业，低浓度碳源典型气源有烟道气、天然气制化肥变换气、炼化企业乙二醇装置 EO（环氧乙烷）反应副产气等；中浓度气源有煤化工变换气、油田高含碳采出气等；高浓度气源有低温甲醇洗放空尾气等。油田生产上游业务及炼化下游业务，主要以低浓度碳源为主。上游业务相对分散，单一碳源规模较小；下游炼化企业相对较集中，单一碳源规模大，燃煤动力锅炉和催化烧焦尾气规模可达百万吨级。

碳捕集技术可按不同工艺的角度进行分类。根据碳捕集与燃烧过程的先后顺序，可将碳捕集技术分为燃烧前捕集、富氧燃烧和燃烧后捕集，使用何种技术与碳排放源含碳浓度相关。根据不同原理的分离工艺，可将碳捕集技术分为化学吸收法、物理吸收法、吸附法、膜分离法等。按照发展历程和技术成熟度，又可分为第一代捕集技术和第二代捕集技术；其中，第一代捕集技术以化学和/或物理吸收法为代表，化学吸收法如醇胺法，物理吸收法如聚乙二醇二甲醚法、低温甲醇法等。以甲基二乙醇胺（MDEA）为基础组分的各种配方型脱碳溶剂，现阶段也已经成功地应用于大规模示范装置；第二代碳捕集技术，如新型吸收（吸附）技术、新型膜分离技术、增压富氧燃烧技术等，目前仍处于实验室研发或小试阶段，（待技术成熟后）预计其能耗和成本会较第一代技术降低 30% 以上。

世界最大的碳捕集项目"新佩特拉"设施已于 2017 年 1 月正式投入使用（图 5-18）。该项目投产后该设施每年从发电站尾气中捕集超过 $140×10^4 t$ 的 CO_2，捕集获得的 CO_2 被注入附近油田用于驱油。目前，中国油气生产企业绝大多数碳源为低压低浓度，由于常压、低 CO_2 浓度的各种尾气、烟气组成复杂且排放量巨大，碳捕集难度甚大。从现有碳捕集技术来看，此类碳源捕集的成本颇高[7]。

2. CO_2 输送

CO_2 输送是 CCUS 产业链中连接 CO_2 捕集与封存利用之间的关键环节。CO_2 运输效率

图 5-18 "新佩特拉"设施的核心部分——碳捕集装置

和成本将直接影响 CCUS 整体规模和经济效益。CO_2 输送主要有活动式（车载或船运）和管道输送两种方式，选择何种运输方式应根据 CO_2 气源工况、注入或封存场所具体情况综合评价确定。一般来讲，活动式车船运输是周期性的，且需要临时储存；因此，对于长距离、大规模、连续性输送 CO_2，采用管道输送较为经济高效。

CO_2 分固、液、气和超临界四种相态。超临界 CO_2 是一种可压缩的高密度流体，既有气体的高扩散性和低黏度，又兼有液体的密度和对物质优良的溶解能力。在工业应用中，CO_2 在液、气和超临界态输送均有应用。对于 CO_2 管道输送，采用何种相态输送，需结合管道水力、热力、强度以及水合物生成等约束条件，进行工艺计算与不同技术的可行性研究方；在此基础上，找出在给定输送量和管道路由情况下的最优输送方案。

目前，世界上大部分的 CO_2 管道位于美国，其正在运营的 CO_2 干线管网超过 5000km，其他 CO_2 管道位于加拿大、挪威和土耳其。国外已有 40 余年的商业化 CO_2 管道输送实践，大部分管道输送采用超临界相态输送。国外多数 CO_2 驱油项目均使用工业来源的 CO_2 作为气源，如加拿大韦本（Weyburn）油田的 CO_2 来自美国合成燃料厂净化装置，采用超临界输送，管道长度约 300km。中国 CO_2 管道输送技术起步较晚，在现有 CO_2 输送技术中，罐车运输和船舶运输技术已达到商业应用阶段，主要用于规模小于 10×10^4 t/a 的 CO_2 输送。由于中国已有的 CCUS 示范项目规模均较小，故大多采用罐车输送，仅个别油田采用气态或液态管道输送。

3. CO_2 驱油与埋存

欧盟于 2016 年 6 月启动计划，将 CO_2 利用与埋存作为重大研究方向，日本也制定了 CO_2 利用与埋存规划路线。国家发展和改革委员会、国家能源局在《能源技术革命创新行动计划（2016—2030年）》中提出"在CO_2封存利用领域，要重点发展驱油驱气、微藻制油等技术"，并将研究CO_2驱油利用与封存技术作为重点任务。

CO_2在油和水中溶解度都很高。与水相比，地层吸收CO_2能力更强，注入CO_2能够有效地补充地层能量；与其他气体驱油介质相比，CO_2在油藏条件下更容易达到超临界状态。对于油田而言，将捕集的CO_2进行地质埋存的同时，也实施了有效利用；即在实现CO_2与大气长期隔绝封存的同时，也使在常规注水开发条件下，难以经济有效地动用的特低渗透地质储层建立了有效驱动体系，从而提高原油采收率。

美国是较早研发和应用CO_2-EOR（CO_2驱油提高采收率）技术的国家。1958年，CO_2驱油在美国二叠纪（Permain）盆地开始工业规模应用。中国自20世纪60年代开始关注CO_2驱油理论和技术，1990年代在中国多个油田相继开展了CO_2驱油现场试验，但由于油藏类型与国外不同，国外成熟的技术不能应用，且受到气源的限制，国内CO_2驱油技术发展缓慢。随着吉林长岭含CO_2气藏的发现与开发，中国石油在吉林油田率先推动了CO_2驱工业化技术研究和实践，随后又分别在大庆油田和长庆油田开展了CO_2驱工业化试验并取得了成功[8]。

三、地面工程技术路线研究与应用

1. CO_2捕集技术研究应用情况

大庆石化公司化肥厂合成氨装置始建于20世纪70年代初，装置主要原料为油田伴生气、水蒸气、空气，主要产品为合成氨，副产品为CO_2。装置经历次改造后，目前合成氨年产量为$45×10^4$t，合成氨排放气体中的94%为CO_2。为了满足油田驱油需要，规划建设年生产规模$40×10^4$t的CO_2回收装置，回收CO_2的纯度为99%。脱碳工艺技术主要分为溶剂吸收法（包括热钾碱法、醇胺法、物理溶剂法）、膜分离法、变压吸附法及压缩—冷凝法等几大类。工程应用中，需根据实际需求选择适用的技术进行碳捕集。考虑到原料是来自合成氨装置放空的高纯度CO_2，只需简单处理、脱水即可；因此，选择压缩—冷凝法（物理分离）处理CO_2。

2. 大庆油田天然气净化厂碳源捕集技术

基于"生产合格天然气、捕集利用CO_2"的目的，多年来大庆油田一直对气田气和油田伴生气中所含CO_2进行捕集和利用，目前CO_2捕集能力已经达到$22.1×10^4$t/a。其中：徐深气田建有徐深-9天然气净化厂，CO_2捕集能力为$20×10^4$t/a；红压油气处理厂的CO_2捕集能力为$2.1×10^4$t/a。

目前适用于油气田的脱碳工艺技术主要有：膜分离法、变压吸附法、低温分馏法，以及溶剂法中的醇胺法和物理溶剂法。其中，醇胺法工艺是目前油气田应用最多和最重要的脱碳工艺。该工艺流程相对复杂，适用于CO_2含量不大于30%的场合。近年来以MDEA（甲基二乙醇胺）为基础组分的配方型溶剂工艺广泛应用于气体脱碳。大庆油田徐深-9

天然气净化厂及红压油气处理厂碳捕集均采用此项技术。红压油气处理厂是大庆油田长垣老区伴生气和气田气系统联络的枢纽，也是油田伴生气向长输管道输送的唯一节点。目前，红压油气处理厂原料气量为 $86.3\times10^4m^3/d$，CO_2 浓度为 $3.17\%\sim4.57\%$，天然气净化装置产生的脱碳尾气（CO_2）排放量约为 $3.58\times10^4m^3/d$。为减少尾气对空气的污染，并充分利用 CO_2 资源，2021年在红压油气处理厂北侧新建 $90\times10^4m^3/d$ 天然气净化装置，用以处理红压深冷装置原料气，解析出的 CO_2 进入尾气回收装置（设计处理规模 $4\times10^4m^3/d$），可产液态 CO_2 约 $2.1\times10^4t/a$。天然气净化装置包括脱碳单元、脱水单元；尾气回收装置包括尾气增压、尾气脱硫、尾气脱水和尾气液化储存。脱碳单元中采用活化MDEA溶剂吸收天然气中的 CO_2；尾气脱水采用分子筛法，脱水后 CO_2 尾气液化至 $-20°C$ 后储存于储罐，装车拉运至榆树林油田树-101 CO_2 注入试验站。

3. CO_2 输送技术研究与应用

为满足大庆油田"十四五"CCUS开发需要，需建设大庆石化公司 CO_2 气源地至目标试验区长距离、大规模输送管道。利用PipePhase、PIPESIM、OLGA和HYSYS等四款多相介质输送管道工艺模拟计算软件，对输送距离为100km、输送量为 $40\times10^4t/a$ 及 $100\times10^4t/a$ 的管道，开展不同管径、不同季节、不同保温方式的工艺模拟计算。利用4款软件在相同输送条件下进行模拟计算结果表明，其压降相对误差在9%以内。大庆油田冬季气候严寒，且管道中间不加热，由模拟计算表明，即使管道保温，CO_2 在输送一段距离后温度仍会降温至临界温度以下，相态也由超临界变为密相。因此，结合 CO_2 气源捕集工艺和 CO_2 驱油注入需求，确定 CO_2 输送采用"超临界"相态输送工艺。

4. CO_2 驱油地面建设技术研究与应用

与水驱、化学驱采出流体的物性相比，CO_2 驱采出流体主要具有以下特点：由于 CO_2 对原油具有萃取性，故轻质组分随开发过程的进行先增加、后减少；重质组分则随开发过程的进行先减少、后增加；采出流体气油比高、间歇性突高、甚至出现气段塞。因此常规的地面系统处理工艺不能较好地适应 CO_2 驱集输处理工艺需求[7]。大庆油田通过前期先导性试验及工业化推广项目，不断研究并完 CO_2 驱油配套技术，不断推动 CO_2 驱技术发展[8]。

（1）从机理研究入手，开发新型特色集油技术以缓解冻堵。由于现场易冻堵部位通常为见气井井口100m以内，因此，开发成功了创新特色集油工艺——"羊角环"集油工艺。该工艺主要应用于榆树林油田。油井井口处设置羊角式单管自压集油段，避免了1口井集油管道发生冻堵影响环上其他油井生产。油井井口羊角式单管自压集油段管材采用碳钢内衬316L不锈钢电加热管，具备加热维温的作用，在管道发生冻堵时，可以采取电加热解堵这一最简便的管道解堵措施，快速恢复油井生产。

（2）采用"预分离"处理工艺，保障采出液平稳接转。为预防 CO_2 驱采出液对设备的腐蚀，转油站设置预分离流程。即转油站 CO_2 驱采出液进站后先进入油气分离器，再通过三相分离器进行油、气、水三相分离。

（3）研发了多种新型注入模式，基本满足开发试验需要。针对小规模的CO_2驱油试验，研发了井场活动注入工艺技术。该注入工艺主要针对开发形势不明确、注气井分布分散、不能形成规模的注入需求，通过采用注气泵车对CO_2罐车来液进行增压，进行井口注入。

（4）初步建立"伴生气回收循环注入"模式，促进CO_2循环回注。根据伴生气中CO_2回收利用经济点，初步建立"伴生气中二氧化碳回收循环注入"模式。国际上公认：气体低位热值大于$8.4MJ/m^3$即可燃烧，大庆油田天然气低位热值为$36.8MJ/m^3$左右，因此，理论上讲天然气含量大于23%、CO_2含量小于77%时伴生气即可以燃烧。工程应用中，由于CO_2热值为零，在燃烧过程中CO_2将吸收天然气燃烧所放出的部分热量以高温烟气的形式排放，同时考虑到燃烧装置热值适应性、加热设备排烟温度规定、伴生气产量和成分等因素，经过现场生产跟踪，确定伴生气回收利用经济点，并根据回收利用经济点，初步建立伴生气回收利用模式，即当伴生气中CO_2体积含量小于等于30%时，作为燃料气使用，伴生气经简单除油干燥后，供站内加热炉燃烧自耗；当伴生气中CO_2含量大于30%时，则需要对伴生气处理后进行回注。

（5）初步建立"CO_2驱地面采出系统腐蚀防护技术"体系。在CO_2驱采出流体集输与处理系统中，介质温度及CO_2分压是影响腐蚀速率的主要因素。集油系统当CO_2分压为1.0MPa、温度为40~50℃时，腐蚀速率约为0.9mm/a，腐蚀等级达到严重腐蚀（即腐蚀速率大于0.254mm/a）。因此，集油系统需采取防腐措施。通过对CO_2集输系统中储油罐等关键环节、不同掺水介质腐蚀和管道防腐的大量研究，现已形成了一套适用于CO_2驱集输系统的、经济有效的防腐技术措施。经现场试验证明，涂层防腐技术对集输系统设备具有较好的防腐效果，油田常用环氧酚醛涂料在含CO_2油水介质中性能优于普通涂料；针对掺水和集输管道可采用连续增强塑料复合连续管或胺固化玻璃钢管材[9]。

参 考 文 献

[1] 邹才能,李建民,张茜,等.氢能工业现状、技术进展、挑战及前景[J].天然气工业,2022,42（4）:1.

[2] 邢力仁,武正弯,张若玉.CCUS产业发展现状与前景分析[J].国际石油经济,2021,29（8）:99-105.

[3] 蔡博峰,李琦,张贤,等.中国二氧化碳捕集利用与封存（CCUS）年度报告（2021）——中国CCUS路径研究[R].生态环境部环境规划院,中国科学院武汉岩土力学研究所,中国21世纪议程管理中心,2021.

[4] 孙志敏,李宝亮.离子液体吸收CO_2的研究进展[J].长春师范大学学报,2015,34（8）:60.

[5] 李琦,魏亚妮.二氧化碳地质封存联合咸水开采（CO_2-EWR）技术进展[J].科技导报,2013,31（27）:65.

[6] 曹万岩.大庆油田CCUS-EOR上下游一体化地面工艺技术路线浅析[J].油气与新能源,2022,34

（3）：1.
[7] 胡永乐，郝明强，陈国利，等.中国 CO_2 驱油与埋存技术及实践[J].石油勘探与开发，2019，46（4）：716.
[8] 张磊，张哲，巴玺立，等."碳中和"背景下油气田碳捕集技术发展方向[J].油气与新能源，2022，34（1）：80.
[9] 曹万岩，王庆伟.大庆油田二氧化碳驱集输处理工艺初探[J].石油规划设计，2017，28（2）：28.

第六章 可再生能源利用现状与发展趋势

第一节 工业发展与能源转型

一、"双碳"目标的内涵

近 200 多年来，工业文明在带来巨大进步与便利的同时，也造成了严重的环境问题和发展的不可持续性。人类文明不断进步是历史的必然，能源革命是其基础和动力。中国提出的"双碳"目标不仅是本国可持续发展的必由之路，而且也是站在人类命运共同体的高度主动做出的表率行动。

全球工业发展先后经历 3 次能源转型。第一次是木柴向煤炭发展的高碳转型期，第二次是煤炭向油气发展的低碳转型期，第三次则是油气向新能源发展的无碳转型期。每一个转型结果都是工业进步的标志，也是时代发展的需求。人类工业发展及能源转型的历程如图 6-1 所示[1]。

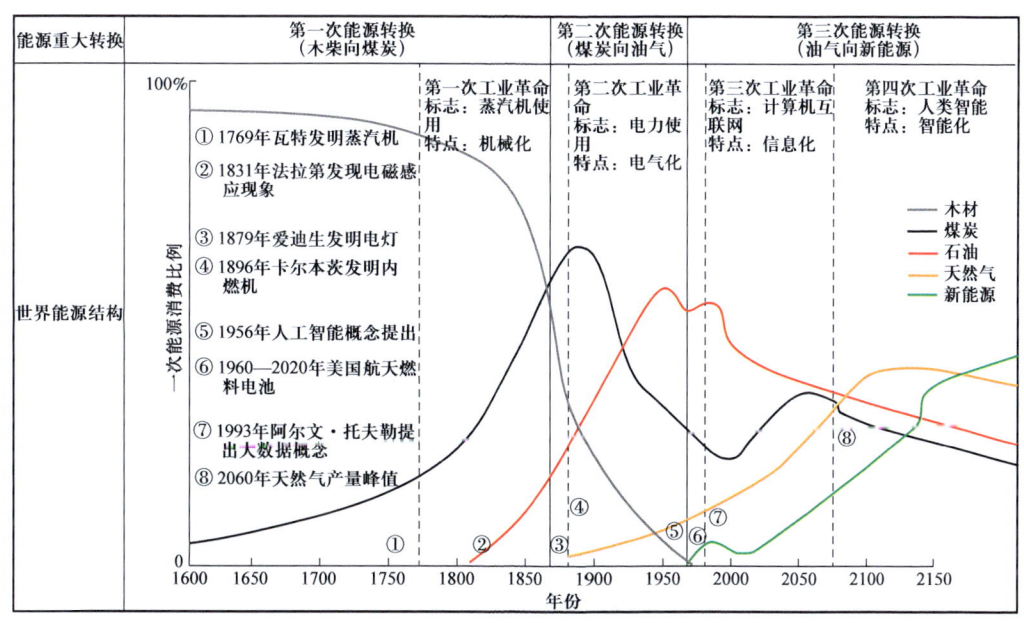

图 6-1 人类工业发展及能源转型历程示意图

近年来，由于二氧化碳过量排放而引起全球变暖，并导致十分严重的全球性环境和气候问题。自《巴黎协定》（2016）提出各国应对全球气候的行动安排后，中国政府郑重宣布：将采取更加有力的政策和措施，二氧化碳排放力争于 2030 年前达到峰值，努力争取在

2060年前实现碳中和（简称"双碳"目标）。碳中和是指：通过平衡二氧化碳排放与碳去除，通常是通过碳补偿，或简单地完全取消二氧化碳排放（向"后碳经济"过渡），实现二氧化碳净零排放。但由于目前中国在能源消费结构中煤炭的占比高达57.7%（图6-2）[2]；且根据国际能源署（IEA）的数据，中国二氧化碳总体排放量从2001年的32.5×10^8t增长至2021年的98.9×10^8t，增长超过3倍。因而与其他国家和地区相比，中国实现"双碳"目标的意义更重大、任务更艰巨，但同时又给天然气工业带来了良好的发展机遇。

关于碳达峰，就是中国承诺在2030年前二氧化碳的排放量不再增长，达到峰值之后慢慢减下去。联合国政府间气候变化专门委员会（IPCC）发布的《全球升温1.5℃特别报告》指出，碳中和（Carbon-neutral）是指1个组织在1年内的二氧化碳排放通过二氧化碳消除技术达到平衡，或称为净零二氧化碳排放（Net zero CO_2 emissions）。

目前对碳中和的认识还存在着一些误区，认为碳中和意味着零碳排放，利用新能源逐步替代化石能源。实质上从目前中国庞大的化石能源使用量的角度来看，上述"零碳排放"的目标在短时间内不可能实现。因此，只有通过优化能源结构、节能减排、加大碳汇才是实现中国碳中和的可取路径[1]。

二、中国能源消费的去碳化势在必行

挪威船级社（DNVGL）最近发布的"能源转型展望"报告称，要实现《巴黎协定》制定的气候目标，全球各国仍需加快"去碳化"进程。

如图6-2所示，2019年中国能源消费结构中，煤炭的占比远高于世界平均值27.0%。但是，同年中国天然气在能源消费结构中的占比却仅为8.1%，又远低于世界平均值24.4%。如此不合理的能源消费结构，必然导致中国二氧化碳排放总量远高于其他国家（图6-3）。根据国际能源署（IEA）发表的数据[3]，2022年中国二氧化碳排放总量为114.8×10^8t。另据《全球逐日二氧化碳排放报告2023》，2019—2022年间，全球二氧化碳排放量呈现出明显的先降后升的"V"字形变化趋势。从2019的353.4×10^8t大幅减少至2020年的334.3×10^8t。随着各国经济逐步复苏，2021年全球二氧化碳排放量达355.3×10^8t，2022年则约为360.7×10^8t。

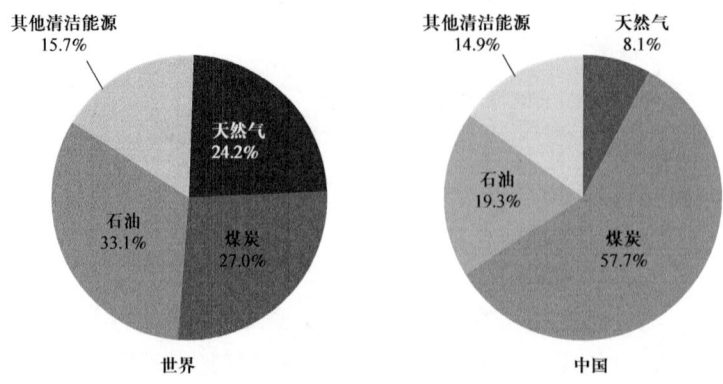

图6-2　2019年世界与中国能源消费结构比较

由于 CCS 和 CCUS 技术的推广应用与可再生能源使用量的增加，当前全球二氧化碳排放总量的下降幅度已经超过能源需求的增长速度。虽然经过以往 10 余年的去煤化努力，中国煤炭在一次能源中占比实现了显著下降，但目前依然远高于世界平均水平[4]。

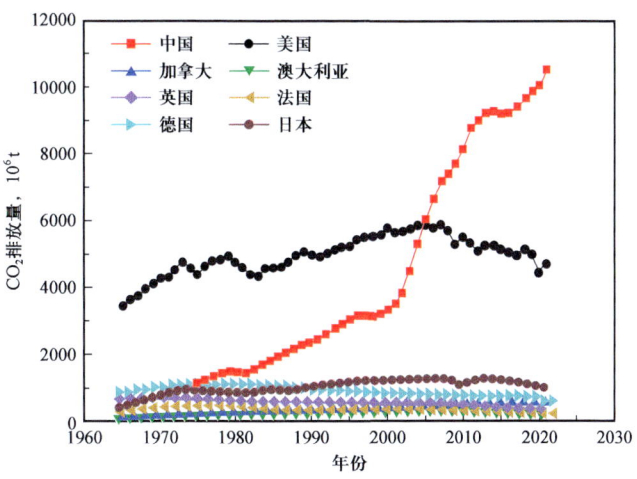

图 6-3　1960—2020 年主要国家历史 CO_2 排放

三、今后能源需求总量还将继续增长

研究表明，2035 年前中国能源需求总量仍将持续增长；但非化石能源在总能耗中的占比将从 2020 年的 18% 上升至 30% 左右。2020—2025 年，一次能源需求总量的年均增长速度为 2.1%～2.3%。在基准情景下，中国一次能源需求总量在 2025 年将达到 5.57×10^9 tce，2035 年达到 5.96×10^9 tce。在强化低碳情景下，2025 年中国一次能源需求总量为 5.52×10^9 tce，2035 年约为 5.56×10^9 tce（图 6-4）。基准情景下能源需求总量大约在 2030 年达峰。在强有力的政策支持和技术促进下，中国能源需求总量有望在 2030 年前达到峰值然后开始下降，从而为碳中和的实现留出空间。

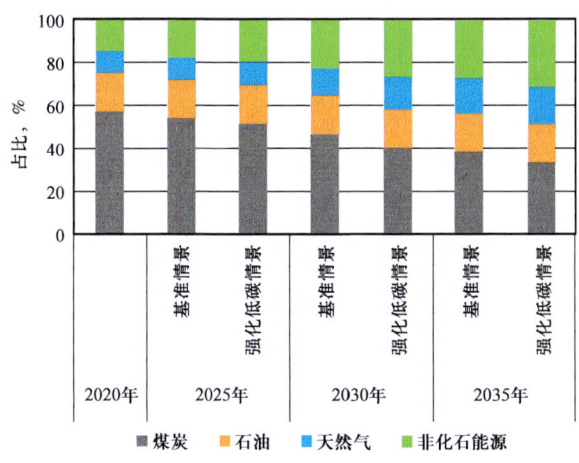

图 6-4　不同情景下的一次能源需求结构

发达国家的经验表明，必须在能源需求增长的过程中实现去碳化转型。从发达国家的人均用能与人均 GDP 的关系来看（图 6-5），绝大部分发达国家的人均用能都已进入了峰值，并维持平稳增长或开始下降。但中国人均用能和人均 GDP 在目前和今后的一段时间内仍均处于快速增长阶段，人均 GDP 从 1990 年的 318 美元（现价）增加到 2021 年的 12556 美元（现价），人均用能相应地从 0.86tce 增加至 3.7tce。

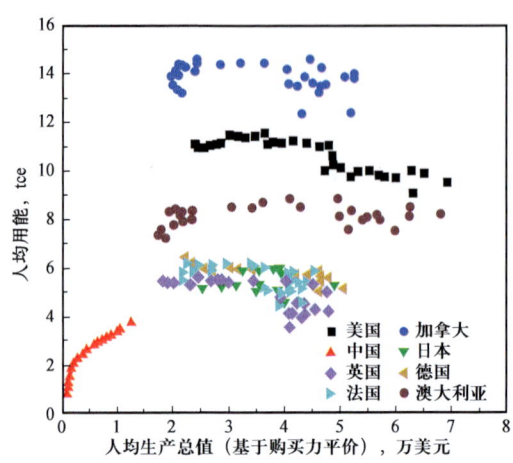

图 6-5 世界主要国家人均用能与人均 GDP 示意图

从图 6-5 所示数据可以看出，能源结构长期以煤为主的现实国情，使中国实现"双碳"目标非常困难。综合目前国内能源结构现状及能源低碳发展需求分析，现阶段大力发展可再生能源对"双碳"目标的实现具有重要意义。

四、中国天然气产业目前仍处于发展期

可再生能源确实是可以有效地消除环境碳污染的绿色能源，但它们也有一系列难以克服的缺陷。例如，太阳能和风能发电具有固有的间歇性和波动性；对电力系统有不可忽视的影响。例如，挪威的水电占能源消费的比例为 63%，但其总能源消费仅为 6000×10^4tce/a。即便能源供应波动，由于涉及范围较小，应对起来相对容易。但像中国这样的人口大国，一旦出现能源供应波动风险，其影响和损失难以估量[1]。又如，生物天然气发电仅适合于小规模的农村电站，用以推动农村散煤的替代过程。数据表明，2021 年可再生能源在世界主要国家能源结构中的占比并不高；占比最高的德国和英国也仅约 18%，而中国则只有 8% 左右[5]。非常重视可再生能源。欧盟国家非常重视可再生能源。根据欧盟发展规划规定：预计到 2050 年时，可再生能源在其能源结构中的占比将上升到 55%。迄今为止，世界上还没有完全依赖可再生能源支撑经济运行的国家。

必须指出，目前中国的生物天然气主要是通过沼气提纯而制得，沼气中约有 40% 的二氧化碳未被利用而排入大气；不仅影响大气环境，同时也浪费了大量碳资源。按图 6-6 所示技术路线可将其转化为天然气[2]，不仅可实现碳减排，也同时可实现沼气的资源化利用。

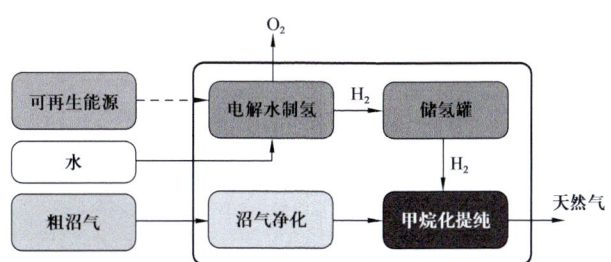

图 6-6 电解水制氢的可再生能源高效制天然气技术

随着中国全面贯彻能源革命战略、不断完善可再生能源发展政策，2017 年中国商品化可再生能源的供应总量（各类发电、供气和生物液体燃料）约合 5.4×10^8tce，约占能源总消费量的 12%；可再生能源发电总装机容量从 2015 年的 5.4×10^8kW 增加至 2017 年底的 6.5×10^8kW，2017 年可再生能源总发电量为 64179×10^8kW·h，在总发电量中的占比也从 2015 年的 24.4% 上升至 26.5%。

通过以上分析说明，在今后大力提倡使用可再生能源的同时，也不会完全放弃化石能源，故以甲烷为主要成分的天然气与可再生能源必须协同发展[4]。此外，目前发布碳中和目标的多数国家中（图 6-7），天然气已经扮演了能源供应主力军的角色，其中英国和葡萄牙的天然气消费占比在 35% 以上。

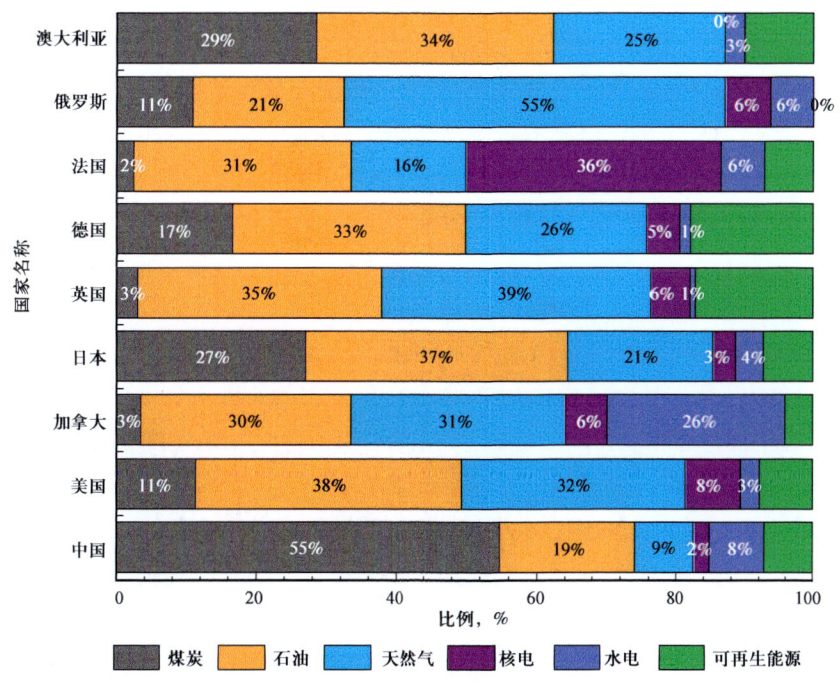

图 6-7 世界主要国家能源消费结构（2021）

综上所述，当前世界石油的年消费量已经达到 350×10^8bbl，如果以这样的消费速度持续下去，将在大约 50 年后用尽地球上所有的油气资源，100 年后用尽全球的煤炭资源。故对中国能源工业而言，在政府政策的支持下大力发展可再生及能源的去碳化势在必行[6]。虽然我们拥有充足的阳光、风力和水力资源可供发电，但太阳能和风能发电具有固有的间歇性和波动性；一旦出现能源供应波动风险，其影响和损失难以估量。但如果把对化石燃料的过度依赖转变为以可再生能源为主，并结合与天然气的协同发展方向，就有望在21世纪中叶达到"双碳"目标。

第二节 中国可再生能源利用现状与发展趋势

所谓可再生能源，主要包括常规水电、抽水蓄能、储能、地热能、风能、光伏、生物质能和氢能等8个方面。这里主要讨论生物质能和氢能。

一、可再生能源能确保能源安全

中国石油可采资源量约为212×10^8t，占世界石油可采资源量的3.3%，人均剩余可采储量仅占世界平均水平的7.7%，且中国石油资源赋存条件较差，导致石油资源增储难度较大，勘探成本甚高。按目前探明储量和开采能力计算，开采年限仅15年，而世界平均水平为45年。

中国天然气可采资源量约为23×10^{12}m³，储量较少，且资源探明率也仅为16%，人均剩余可采储量仅为世界平均水平的7.1%；同时还受到气源和输送条件等的制约。按目前探明储量和开采能力计算，开采年限只有30年，而世界平均水平为61年。

中国煤炭资源相对丰富，但剩余可采储量不多，人均剩余可采储量也仅为世界平均水平的58.6%。按目前每年约20×10^8t的开采速度计算，可开采年限不超过80年，而世界平均水平为230年。同时，中国煤炭资源分布极不均匀，西北富而东南贫，这与中国区域发展水平和消费水平不相一致，从而导致运输成本甚高。加上受地域条件的限制，从而也很难形成与资源量相适应的开采规模。

自从改革开放以来，中国石油消费量和进口量每年都不断上升，2020年中国石油总消费量为7.37×10^8t。其中，国内生产的石油总量仅为1.95×10^8t，进口的石油总量为5.42×10^8t，故石油的对外依存度已经高达73.54%。虽然近年来中国也在大力发展新能源产业，但在短时间内这个极高对外依存度还难以改变。

能源供需矛盾日益突出，不仅成为中国经济持续发展的最大制约，还直接威胁到国民经济平稳、安全运行。与能源短缺形成强烈反差的是，中国能源利用效率比较低，单位能耗高得惊人。据统计，中国目前的总体能源利用率只有33.4%左右，远远落后于发达国家的52%～55%，与世界平均水平的43%相比也落后十个百分点。另根据世界银行的统计，2011年中国创造1美元GDP的能耗为0.274kg油当量，而同期发达国家单位GDP能耗只需要0.1～0.16kg油当量。中国与发达国家单位GDP能耗水平比较如图6-8所示。

综上所述可以看出，中国可再生能源（对发展国民经济和保障国家能源安全）的重要性正在日渐显现，该产业发展的内在动力也在不断增强。我们必须现在就着眼于后化石能源时代经济的发展，将太阳能、水能、风能、生物质能、海洋能、地热能、氢能等可再生能源的开发和利用提升到战略的高度，使之服务于中国能源安全的大发展战略。

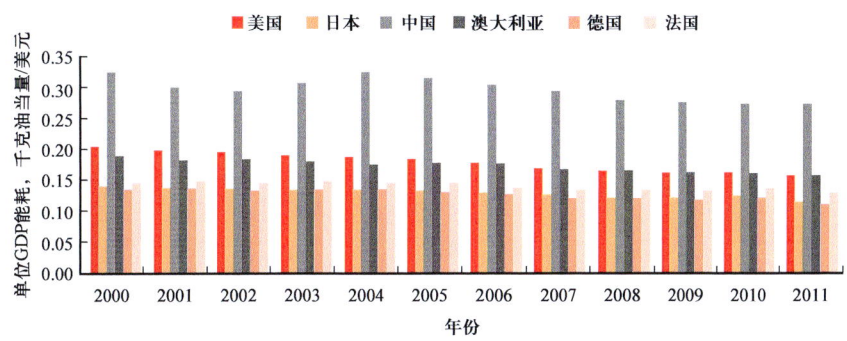

图 6-8　中国与发达国家单位 GDP 能耗水平比较

二、开发利用可再生能源是减少环境污染的需要

环境因素包括能源开发过程中对生态环境产生的影响，也包括矿物燃料燃烧过程对大气环境的影响。目前，中国煤烟型污染和汽车尾气型污染均有日益加重的趋势。其中，CO_2 排放量的 70% 都来自燃煤；而 98% 的汽车尾气是由石油燃料燃烧产生的。在南方许多城市，机动车尾气已成为大气污染的元凶；作为第一批环保模范城市的深圳，机动车尾气污染仍是环境空气中首要污染物。

另外，化石燃料燃烧过程直接向大气排放大量的 CO_2、CH_4 和 N_2O，已经成为温室气体浓度增加的要原因之一；而大气温室气体浓度增加直接导致地表温度的升高，造成全球气候变暖。从烟囱、汽车排气管排出的 CO_2 约有 50% 留在大气里，且在大气中的存留期最长可达 200 年。同时，大气中 CO_2 含量每增加 25%，近地面气温就会增高 0.5℃。全球气候变暖导致了干旱和厄尔尼诺气候异常现象频繁出现，给全球环境和经济带来了巨大的、甚至灾难性的影响。由此可见，化石燃料的燃烧是导致温室气体排放持续增加的主要原因。在通过科技创新提高能源效率并降低能耗的同时，必须大力开发利用可再生能源等替代能源，才能有效地控制并减少 CO_2 等温室气体的排放，应对全球变暖的严重环境问题。

中国汽车工业协会的数据显示，2021 年中国新能源汽车销量呈爆发式态势增长，达到 352.1 万辆；同比增长 157.6%。2012—2021 年的 10 年中，中国新能源汽车销量从 1.28 万辆剧增到 352.1 万辆，实现了跨越式发展（图 6-9）。

三、国内外开发利用可再生能源的状况

由于受到新冠肺炎疫情反复、乌克兰危机等因素的影响，引发了能源危机。故大力发展可再生能源已经成为全球各国确保自身能源安全及应对气候变暖和能源转型的重要举措。2022 年全球可再生新增装机规模接近 $3×10^8$kW。目前全球已有 60 多个国家 10% 以上发电量是由可再生能源提供的；全球可再生能源发电总量已达 $33.7×10^8$kW。中国是新增装机容量的最大贡献者，其占比为 51.7%。

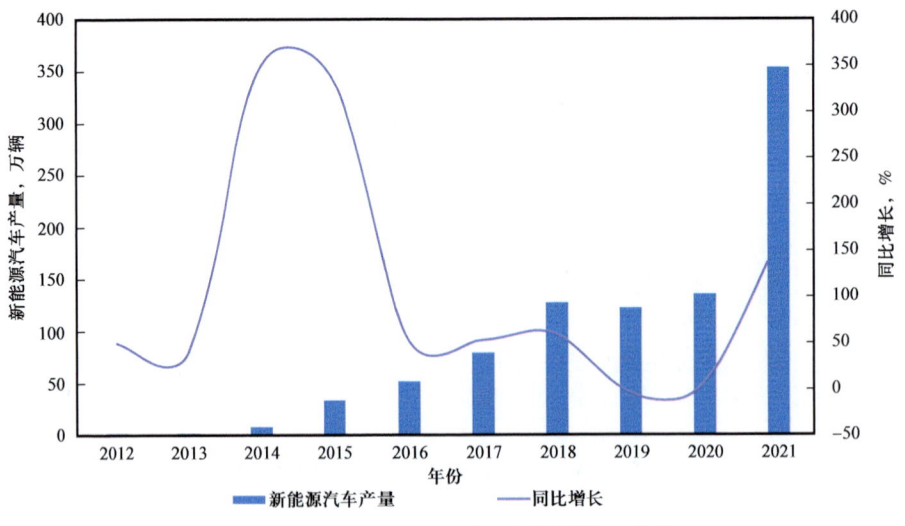

图 6-9　2012—2021 年中国新能源汽车产量

1. 欧盟

基于保障能源安全和保护环境的考虑，自 20 世纪 90 年代以来，世界各国都在大力研究和开发可再生能源。同时，欧盟在 1990 年代出台了一系列有关能源转型的政策，后者涉及电力、煤炭、核能和石油等多个可再生能源产业[6]。此外，欧盟还利用绿色金融工具，通过绿色信贷、绿色基金、绿色保险等方式，以更低的资金成本支持清洁能源的研究与发展，以控制资本流向的手段达到碳中和目的。2014—2020 年间，欧盟绿色金融的规模高达 1800 亿欧元；如果欧盟上调 2030 年的减排目标，还会再增加可再生能源方面的投资 3500 亿欧元[7]。目前欧盟是推动绿色低碳发展的引领者；根据国际能源署发布的数据，2019 年欧盟温室气体排放量较 1990 年下降 23%，已经达到"2020 年气候和能源一揽子计划"的减排目标（图 6-10）[7]。

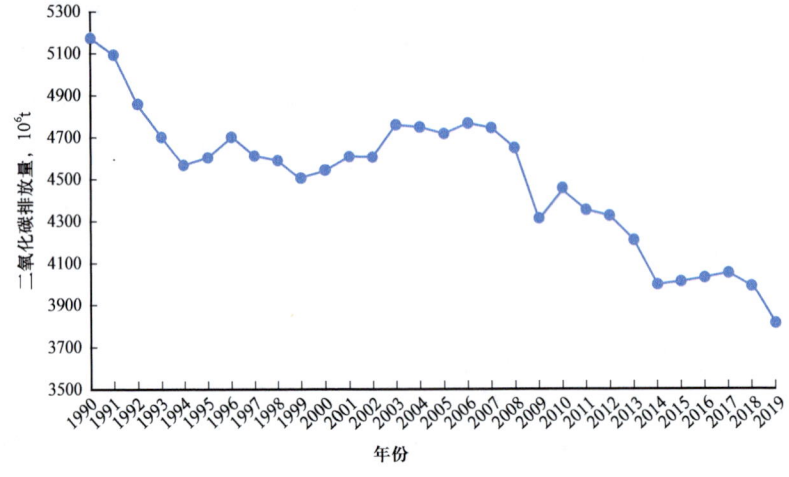

图 6-10　欧盟 CO_2 排放图

氢能作为一种高效的能源载体，它的开发与利用被认为是世界新一轮能源变革的重要方向。欧盟预测到 2050 年氢能将提供总能源需求的 24%，约为 2250TW·h。预计到 2030 年，氢能将广泛应用于电力、交通运输、工业、建筑等领域（图 6-11）。

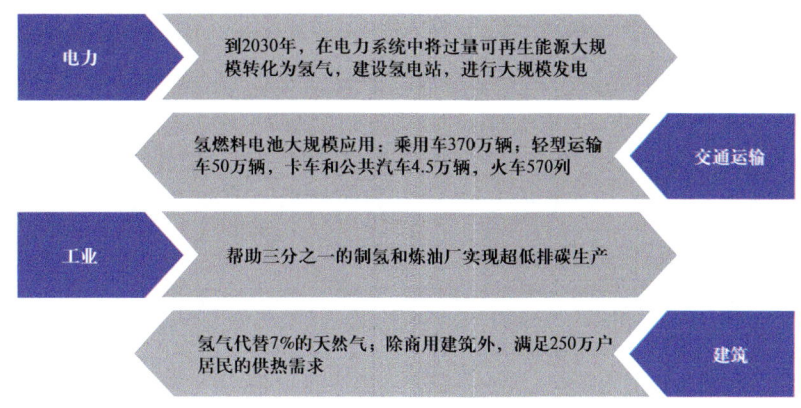

图 6-11　欧盟 2030 年用氢目标图

2. 英国

英国政府于 2002 年成立了国家能源研究中心，并于 2003 年提出了面向 21 世纪的"低碳经济"及其相关的可再生能源发展战略；并将能源政策的取向确定为能源安全、能源多样化、能源效率和有竞争力价格的能源可持续供应。为实现这一目标，英国政府确定了可再生能源研究开发领域，包括主动式和被动式太阳能装置、近海风能、垃圾填埋产气、水电、垃圾能、能源作物、燃料电池，以及与建筑物一体化的光电装置等，并确定了可再生能源利用的发展目标：到 2010 年，英国可再生能源发电量占全国发电总量的比重将从目前 4% 提高到 10%；到 2020 年达到 20%。为实现这个目标，英国政府采取了灵活的经济手段和激励政策，如通过税收、优惠贷款和政府补贴等形式对可再生能源的发展予以支持。

截至 2006 年 5 月，英国是世界上继丹麦、德国和西班牙之后，居世界第四位的风能开发利用大国，共建有 121 个风力发电场，在 125 个地点装设了 1576 台风力发电机组，其发电量可满足 89.4 万个家庭的电力需求。

除了开发风能发电外，英国在生物质能源研究开发和利用方面也取得了进展。于 2004 年就建成欧盟最大的生物柴油厂，年产量达 0.25×10^6 t。生物燃料公司计划在英国建设多个生物柴油生产装置，使生物柴油年产量达到 0.75Mt。2006 年，英国石油公司和英国联合食品有限公司联手利用英格兰东部的甜菜，开始共同打造英国最大的"绿色"燃料工厂，年产 70×10^6 t 以甜菜等植物为主要原料生产的生物丁醇燃料。到 2010 年，丁醇燃料可在 1250 个英国石油公司加油站销售。生物丁醇燃料可与传统汽油混合使用，这不仅能够拓宽能源供应的种类，还可以减少机动车 CO_2 的排放。

3. 德国

降低化石能源消耗、开发可再生能源是德国能源政策的核心。可再生能源特别是生物质能源的发展，对于德国降低能源的对外依存度具有战略意义。同时，解决环境污染问题也是德国发展替代能源的主要考虑。在德国，已经进入商业应用的可再生能源包括太阳能、生物质能、风能、水能、地热能等。为鼓励它们的发展，德国制定了多个相关法律和法规，主要有《再生能源法》《再生能源使用资助指令》《农业领域生物动力燃料资助计划》《复兴信贷银行降低二氧化碳排放资助计划》等。目前，生物质能源已占德国可再生能源市场份额的60%以上。生物质能源的来源包括植物、木材、沼气、可降解生活垃圾及工业垃圾等。针对生物质能源价格高于传统燃料的问题，德国政府对传统燃料征收重税而对生物质燃料则提供巨额补贴。目前德国每升汽油和柴油的燃油税分别高达0.654欧元和0.47欧元，而对生物质燃料免征燃油税。

在太阳能、生物质能、风能等多个领域的技术和应用中，德国都保持着全球领先地位。生物质能源已经在德国供热、发电和动力燃料等方面得到广泛应用。除油菜籽、甜菜等"第一代生物质能源"外，德国政府更加注重发展潜力巨大的"第二代生物质能源"。第二代生物质能源技术将直接利用农业秸秆、木材、木屑以及动物粪便等作为能源原料，具有生产成本更低、能量转换效率和质量更高等优点。在德国，每年有 40×10^6 t 的秸秆因无法利用而废弃，相当于 4×10^6 t 生物柴油，也相当于德国年柴油需求总量的14%。

在德国政府主导的供热、制冷等公共事业部门，可再生能源的市场份额已经占到90%以上，而生物质能源在其中所占比重超过一半。目前，德国共有1100个生物能源供热厂和 3.5×10^4 台颗粒燃料供热设备，能够使用多种生物质燃料的锅炉也已问世。德国是目前世界上使用生物柴油量最多的国家，2006年销售量超过 2×10^6 t。在德国16000家加油站中，有超过2000家提供生物柴油加油业务。

近年来，德国可再生能源发展迅速，根据环球印象投资分析德国事业部撰写并发布的《2022—2026年德国能源行业投资前景及风险分析报告》数据显示，2020年德国总发电量为 $5820.0 \times 10^8 kW \cdot h$，其中可再生能源发电量达 $2638.0 \times 10^8 kW \cdot h$，占总发电量的45.3%，同比增加3.4%，可再生能源发电量和发电总量中的占比均创新高。其中，风电、水电、太阳能占比分别为22.5%、4.3%、8.7%，生物质等其他可再生能源占比为9.9%。2016年以来，陆上风电、光伏发电和海上风电占比均增长较快，生物质能发电和水电占比保持平稳。

4. 美国

美国虽然没有签署《京都议定书》，但也十分重视可再生能源的开发。美国总统布什在2007年1月提出了以扩大可再生能源的使用和提高燃油效率为主的改革建议，以减少美国对进口外国能源的依赖。他建议：10年内把石油消费量减少20%；转型到使用可再生能源，特别是生物质能源替代。布什还建议，在2017年之前把乙醇和其他替代能源的产量提高近5倍，达到每年 1330×10^8 公升。同时，从2010年开始，把汽车的燃油效率每年提高4%，这样节约下来的石油相当于美国目前从中东地区进口石油的75%。目前美国正在大力开发生物质能源，如用玉米、大豆，甚至野生植物，如柳枝稷等，来制造乙醇。

2000年，美国已将玉米总产量的6%用于生产乙醇。2006年，这个比例升至20%。美国农业部最近的报告显示，2006—2007年度生产乙醇的玉米消费量已经从2005—2006年度的 1.6×10^8 bu 增加到 2.15×10^8 bu（[美制]1bu=35.24L）。用于乙醇生产的玉米消费量每年大约增加 7×10^8 bu 左右。在满足其他市场对玉米需求的基础上，美国国内农场每年最少可以供应生产 160×10^8 乙醇的玉米原料；满足全美燃料需求的10%。截至目前，美国已有500多万辆配备乙醇燃料专用系统并可以燃用含85%乙醇的E85乙醇燃料汽车。故这种绿色能源的开发，美国已走在了世界的前列[8]。

根据美国能源信息署（EIA）最新报告数据显示，目前光伏是美国成本最低、增长最快的清洁能源电源，能够为全美家庭提供足够的电力[9]。图6-12为美国的光伏企业一角。

图6-12 美国的光伏企业

5. 韩国

韩国能源十分匮乏。目前，全国能源总需求量的90%以上从国际市场进口。为此，韩国政府非常重视可再生能源的开发和利用，并在2003年制订了《新能源和可再生能源开发与普及第二个基本计划》。2004年，韩国政府宣布当年为可再生能源开发及普及元年，计划到2011年使可再生能源的普及率达到5%；并选择氢燃料电池、风能和太阳能等这些产业辐射范围大的项目作为重点开发领域。为此，韩国政府积极推行各种相关产业扶持政策，例如为研发工作增加预算、要求政府部门和公共机构使用可再生能源的设施以及向可再生能源开发利用提供贷款和税收优惠政策等。2007年4月，韩国产业资源部对《资源循环型经济社会形成基本法制定案》进行了立法预告。

综上所述可以看出，世界上绝大多数国家都把开发利用可再生能源作为一项基本国策。发达国家如此，发展中国家也同样十分重视这个问题。2007年4月，南美的阿根廷、巴西、智利、哥伦比亚等12个国家组成的南美国家共同体在委内瑞拉召开第一届能源首脑会议，其中的一个重要议题就是推动可再生能源研发。鉴于此，开发和利用可再生能源已成为全世界都十分关注的战略性问题。

第三节 中国生物质能源开发利用现状与发展前景

中国生物多样性丰富。生物质能源可以沼气、压缩成型固体燃料、气化为燃气、气化发电、生产燃料酒精、热裂解生产生物柴油等形式，应用于国民经济的各个领域。

一、生物质能源的利用现状

1. 直接燃烧

直接燃烧主要包括炉灶燃烧、焚烧垃圾、锅炉燃烧压缩成型燃料、联合燃烧。炉灶燃烧是传统的用能方式，因其效率低而在逐渐被淘汰。焚烧垃圾是锅炉在800～1000℃高温下燃烧垃圾中可燃组分，将释放的热量用来供热或发电（图6-13）。压缩成型燃料燃烧是先将生物质压缩成密度大的性能接近煤的物质，再将其燃烧发电，因其排放的污染尾气小而发展前景良好。联合燃烧是将生物质掺入燃煤中燃烧发电，此法可减少SO_2、NO_2等污染气体的排放。

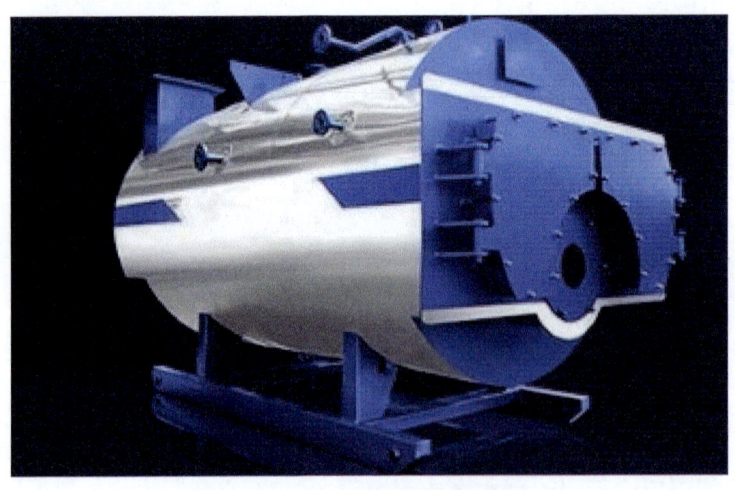

图6-13 生物质燃烧锅炉

2. 物化转化

物化转化主要包括干馏技术、生物质气化技术及热裂解技术等。干馏是把生物质转变成热值较高的可燃气、固定碳、木焦油及木醋液等物质。可燃气含甲烷、乙烷、氢气、一氧化碳、二氧化碳等，可作为生活燃气或工业用气，木焦油是国际紧俏产品，木醋液可形成多种化工产品。生物质气化是在高温条件下，利用部分氧化法，使有机物转化成可燃气体的过程。产生的气体可直接作为燃料，用于发动机、锅炉、民用炉灶等场合。生物质气化炉如图 6-14 所示。

图 6-14　生物质气化炉

3. 生化转化

生化转化主要包括厌氧消化技术和酶技术。厌氧消化是指利用厌氧微生物在缺氧的情况下将生物质转化为 CH_4、CO 等可燃气体，同时得到效果很好的可用作农田的肥料的厌氧发酵残留物。酶技术是指利用微生物体内的酶分解生物质，生产液体燃料，如乙醇、甲醇等。

二、生物质能源的利用技术

1. 沼气发酵技术

沼气发酵是有机物质在一定温度、湿度、酸碱度和厌氧条件下，经过沼气菌群消化的过程。沼气发酵可生产沼气作为能源，又可处理有机废物以保护环境，经沼气发酵后的沼渣、沼气液是优化的有机肥料。沼气发电技术即厌氧消化技术，主要用于处理畜禽粪便和高浓度工业有机废水。沼气发电装置如图 6-15 所示。中国经过几十年的研发与应用，在全国兴建了大中型沼气工程 2000 多座；户用农村沼气池 1060 多万户，数量位居世界第一。目前，中国厌氧消化工艺技术的整体水平已进入国际先进行列。

图 6-15 沼气发电装置

沼气含有多种气体成分，主要成分是甲烷（CH_4）。沼气细菌分解有机物，产生沼气的过程，叫沼气发酵。根据沼气发酵过程中各类细菌的作用，沼气细菌可以分为两大类。第一类细菌叫做分解菌，它的作用是将复杂的有机物分解成简单的有机物和二氧化碳（CO_2）等。它们当中有专门分解纤维素的，叫纤维分解菌；有专门分解蛋白质的，叫蛋白分解菌；有专门分解脂肪的，叫脂肪分解菌。第二类细菌叫含甲烷细菌，通常叫甲烷菌，它的作用是把简单的有机物及二氧化碳氧化或还原成甲烷。因此，有机物变成沼气的过程，就好比工厂里生产一种产品的两道工序：首先是分解菌将粪便、秸秆、杂草等复杂的有机物加工成半成品——结构简单的化合物；再就是在甲烷细菌的作用下，将简单的化合物加工成产品，即生成甲烷。近年开发成功的太阳能沼气池，主要是靠收集太阳光的热量，来提高沼气池发酵温度，从而更好地实现沼气生产。

2. 燃料乙醇技术

燃料乙醇主要是以糖类、淀粉和纤维素为原料经过发酵工艺而得到的。由于其发展受到粮食资源的限制，成本高，难以形成大规模生产，因而长远考虑必须寻找丰富且廉价的原料来源。由于纤维质原料非常丰富，且成本较低，因此这方面的研究主要是集中在纤维素方面。

3. 生物柴油

生物柴油的生产是指将植物油、动物油脂、废食用油以及油料作物等为原料，在以甲醇或乙醇为催化剂的作用下，将温度加热到 230～250℃ 下进行酯化反应，从而生成生物柴油的过程。近年来，中国在生物柴油研究开发和产业化方面也取得了很大的进展。目前，中国已可以利用菜籽油、大豆油、米糠下脚料等为原料生产生物柴油。生物柴油具有对环境友好、不容易意外失火、储运和使用方便等优点，是一种值得大力开发和利用的新型能源。

IEA 发布的数据显示，2022 年全球生物柴油消费量约为 4175×10^4 t。预计 2023 年消费量增长至 4631 万吨（图 6-16）。从消费量来看，全球最大的生物柴油消费地区是欧盟，占全球生物柴油总消费量的 34.65%，其次是美国、印度尼西亚、巴西、泰国、阿根廷、中国，占比分别是 20.72%、17.32%、12.31%、3.61%、1.13%、1.06%。由此可见，中国生物柴油消费量很少，在全球总消费量中占比仅 1%。

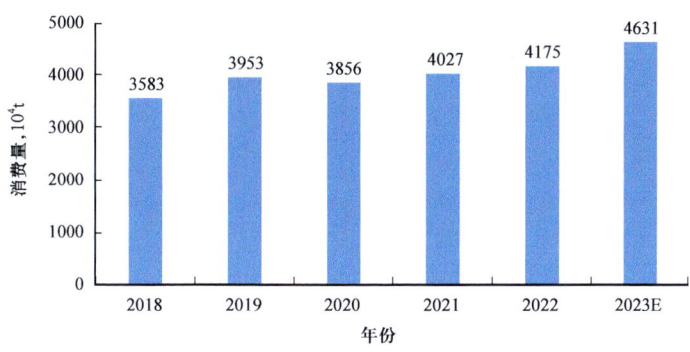

图 6-16　2018—2023 年全球生物柴油消费量统计与预测

4. 生物质固化成型技术

生物质固化技术是指在高压或高温高压下通过生物质中木质素的塑化黏合，把原来疏松的生物质压缩成密度极高的高品质成型燃料，以便储运和进行高效率燃烧的技术。中国用于生物质成型燃料的原料大部分是农作物秸秆、农产品加工剩余物、林业生物质资源等。其中，秸秆是固体成型燃料原料的主要来源。中国农作物秸秆数量大、种类多、分布广，为达到生物质成型燃料成为普遍使用的优质燃料的目标，中国将加大力度开发，并高效、合理地利用生物质能。木屑、秸秆、稻壳等均可作为生物质固化成型的原料，但当木炭为最终产品时，木屑是唯一的原料。目前，中国的生物质固化成型装备在设备的实用性、系列化、规模化上还很不足，这一问题以成型机最为突出。鉴于此，2010 年国家发布了农业行业标准《生物质固体成型燃料成型设备技术条件》（NY/T 1882—2010）（表 6-1）。

木屑、秸秆、稻壳等均可作为生物质固化成型的原料。中国当前的生物质固化成型装备在设备的实用性、系列化、规模化上还很不足，这一问题以成型机最为突出。目前农村生活能源中，秸秆燃料消费居首位，远大于煤炭和薪柴所占比重；故在农村用煤难以有大量增加的情况下，用秸秆生产成型燃料是可行的。

5. 生物质发电技术

目前利用生物质发电的主要形式有：生物质直接燃烧发电、沼气发电和生物质气化发电。生物质直接燃烧发电锅炉的外观与发电站的工艺流程分别如图 6-17 和图 6-18 所示。

表 6-1 NY/T 1882—2010 规定的成型机技术条件

项目	单位	产品外形分类符号	指标
成型设备能耗	kW·h/t	L	≤90
		B	≤70
		K	≤60
设备维修周期	h	L、K	>500
		B	>1500
产量	t/h	L、K	≥设计值
		B	≥设计值
成型率	%	>90	
安全防护装置		运动部件和加热器设置安全防护装置	

图 6-17 燃烧生物质的电站锅炉

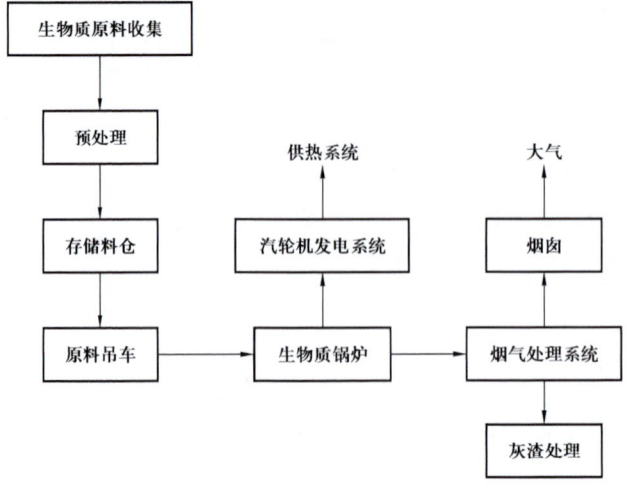

图 6-18 生物质直接燃烧发电工艺流程

三、开发生物质能源的重要意义

（1）解决"三农"问题。

"三农"问题是中国社会经济生活中急需解决的一大问题，也是中国能否实现经济发展和全面建设小康社会的关键性问题。促进生物质能的开发利用不但有利于加快新农村特别是贫困地区和少数民族地区的发展，而且有利于发展循环经济，实现经济、社会和环境保护的可持续发展。

（2）减少环境污染、保护生态环境。在中国各种主要的能源当中，煤炭占据着主导地位。同时，煤炭的大量使用也给当地、地区和全球的环境造成了严重的污染。目前，中国温室气体（GHG）的排放已经超过了世界排放量要求的13%。

（3）保证国家能源安全。传统的矿物质能源是当今社会发展和进步的发动机，目前全球总能耗的75%来自煤炭、石油、天然气等。到2050年可能要达到50×10^8tce以上。因此，开发利用生物质能已成为解决中国能源问题的战略选择。

第四节　中国油气行业面临的挑战与机遇

一、油气行业面临的挑战

在努力加快实现"双碳"目标的新形势下，随着低碳清洁能源的大规模应用，必将给油气行业带来巨大挑战。

1. 石油需求量迅速下降

欧盟预测2021—2050年石油需求量将迅速下降。相比2018年，到2030年将下降约34.2%，到2050年则下降约61.5%，年降幅约1.2%[7]。根据中国石油经济技术研究院的预测：在"双碳"背景下，中国石油需求量将于2025年达到峰值（约为7.3×10^8t），随后迅速下降；2050年降到3.1×10^8t，年平均降幅3.4%[10]。

2. 碳排放成本明显升高

中国经10年多的碳交易试点，于2021年7月正式启动了全国碳排放交易市场。中国石油、中国石化等部分油气公司也参与交易。由于中国目前的碳单价远低于欧盟的碳单价，故因碳交易而增加的营业成本不高。但可以预期，今后中国必将向欧盟的价格逐渐靠拢，从而给中国油气公司带来相当高的碳交易成本[7]。

3. 碳税征收

碳税征收将提高化石燃料价格，挤压石油行业利润，倒逼公司改变传统经营模式，加速向清洁能源转型。

二、油气行业的机遇

1. 天然气业务现状与预测

根据 IEA 发布的数据，欧盟一次能源和发电领域的天然气占比均超过 20%。近年来，随着核能的消退，天然气在电力安全领域的作用突现出来。预计 2024 年，欧盟天然气消耗量将保持在 $4.8\times10^{11}m^3/a$ 的高位。同时，在碳中和 2℃温控情境下，2050 年全球天然气需求量将达到 $5.5\times10^{12}m^3/a$ 左右，对比 2020 年增长 60%；届时，天然气将超过石油成为最重要的化石燃料。

2019 年中国天然气的人均消费量约 214m³，仅为世界平均水平的 42%；但未来会快速赶超世界水平。在碳中和情境下，中国天然气需求量将在 2040 年达到峰值（$5.5\times10^{11}m^3/a$）。因此，天然气在中国能源领域有很大的发展空间[8]。

2. 天然气提氦

与天然气伴生的氦气产量也将大幅度增加，并成为油气公司提升营业额的一个途径。中国是贫氦国家，且从天然气中提取氦气的技术水平也还有待提高；故应利用这次能源转型的机会，与天然气化工协同发展，积极开发多种从天然气中提取氦气的先进技术。例如，山西省永和县结合能源转型，正在建设一个总投资达 22.3 亿元的新能源开发与天然气化工相结合的综合利用项目。该项目建成后，可日处理 $300\times10^4m^3$ 天然气，年产液化天然气 72×10^4t，液氢 5.6×10^4t；同时副产氦气和炭黑。该项目可实现年销售收入 45 亿元，上缴利税 4.8 亿元。

3. 天然气化工

天然气作为比原油更清洁环保的工业原料，在低碳经济情境下更具有经济性。由于甲烷分子中氢/碳原子比甚高，故大量用作生产合成氨和甲醇的原料。目前世界上有 80% 的合成氨、70% 的甲醇都是以天然气为原料生产的；但中国的利用率尚不足 40%。中国的油气公司应将天然气化工视为低碳情境下大力发展的机遇。

三、绿色能源技术

全球公认：CCUS 和氢能技术是实现碳中和路径中最重要的两种减排技术。

1. CCUS 技术

CCUS 技术是可以在不改变能源结构的前提下实现碳的有效封存，故是极有发展前景的一种碳减排技术。在可持续发展情境中，欧盟的二氧化碳捕集量预计将大幅度增加，故预测其二氧化碳捕集量也将有大幅度的增加（图 6-19）。

图 6-19 所示数据表明，在可持续发展的情景中，欧盟的 CO_2 捕集量将从 2030 年的 35×10^6t 激增至 2070 年的 7×10^8t；因而 CCUS 技术的应用前景广阔。中国在达到碳中和

时，估计也有 10×10^8t 的二氧化碳需要通过 CCUS 技术处理，因此，中国的油气公司也已开始 CCUS 项目的投入。例如，CCUS 是当前唯一可以实现石油增产和碳减排双赢、也是可以实现化石能源低碳高效开发的新兴技术。齐鲁石化—胜利油田百万吨级 CCUS 项目由中国石油化工股份有限公司齐鲁分公司（齐鲁石化）捕集提供二氧化碳，并将其运送至胜利油田进行驱油封存，实现了二氧化碳捕集、驱油与封存一体化应用。该项目覆盖特低渗透油藏储量 2500 多万吨，共部署 73 口注入井，预计 15 年累计注入超 1000×10^4t，增油近 300×10^4t，使采收率提高 12 个百分点以上[7]。

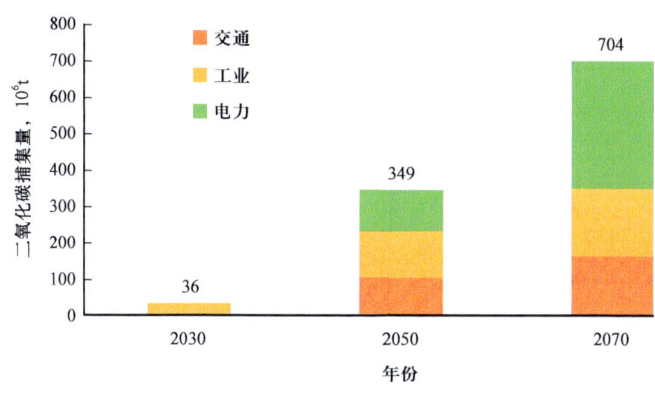

图 6-19 欧盟 CCUS 碳捕集量预测图

2. 氢能技术

氢气作为一种高效的能源载体，其开发利用是世界新一轮能源技术变革的重要方向。据欧盟预测，2050 年氢能将提供总能源需求的 24%，约为 2250TW·h。预计到 2030 年，氢能将广泛应用于电力、交通、运输、建筑等领域（图 6-20）。鉴于此，欧盟在氢能的制备、储存、运输和应用的全产业链上拥有强大的基础并投入了大量资金。

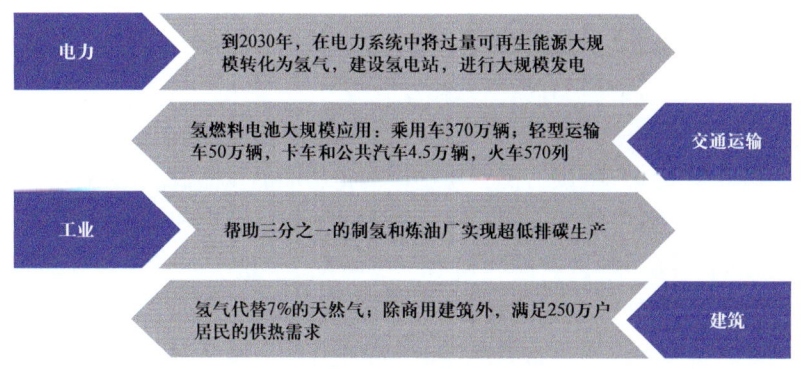

图 6-20 2030 年欧盟各行业用氢目标示意图

3. 绿色金融

欧盟利用绿色金融工具，通过绿色信贷、绿色基金、绿色保险等方式，以更低的资金成本支持清洁能源技术研究与开发，以控资本流向的方式，达成碳中和的目的。2014—2020年间，欧盟绿色金融的规模高达1800亿欧元，参与着能源研究、开发和示范等各个环节。

第五节　可再生能源制生物天然气

一、发展概况

随着世界人口增长及生产的发展，人类对能源的需求越来越大，而常规能源资源不仅储量有限且不可再生，加之化石燃料消费的增加使环境污染日益严重；因此，合理开发可再生能源已经成为人类进入21世纪以后面临的全新课题。当前中国天然气在能源消费结构中仅占8.1%，约为全球平均水平的1/3；50%以上的能源消费由煤炭提供。因此，大力发展生物质能源不仅能缓解能源紧张和减轻环境压力，且有助于解决"三农"问题。

生物质主要包括植物、动物及其排泄物、垃圾及有机废水等几大类；它是植物通过光合作用而生成的有机物。它的生成过程，实质上是二氧化碳与水在太阳能的作用下，经叶绿素的催化作用而生成碳水化合物（有机物），同时放出氧气；当碳水化合物转化成燃料并燃烧时，又释放出二氧化碳，这样就构成了一个循环。从理论上讲，在整个循环过程中并不产生多余的二氧化碳作为温室气体排放。因此，生物质也称为可再生能源。

生物质能是指直接或间接通过植物的光合作用，将太阳能以化学能的形式储存在生物质体内的一种能量形式，能够作为能源而被利用的生物质能则统称为生物质能。生物质能通常包括：木材及森林工业废弃物、农业废弃物、水生植物、油料植物、城市和工业有机废弃物、动物粪便。生物质能是排在煤炭、石油和天然气之后居于世界能源消费总量第4位的一种能源，在整个能源系统中占有重要地位。生物质资源不仅储量丰富，而且还可以再生；目前世界拥有的生物质资源约为 18.41×10^{11} t，如以能量换算，相当于石油产量的15～20倍。如果这部分资源能得到充分利用，除了可替代部分石油、煤炭等化石燃料外，还有变废为宝、保护环境和资源综合利用的功能。但是，目前已经开发作为能源用途的生物质仅占其总量的1%，因此还有相当大的发展潜力。

国外的生物质能利用技术和装置大多已达到商业化应用程度，实现了规模化产业经营。以美国、瑞典和奥地利三国为例，生物质转化为高品位能源利用已经具有相当可观的规模，分别占该国一次能源消耗量的4%、6%和10%。在美国，生物质能发电的总装机容量已经超过10GW·h，单机容量达到10～25MW；美国纽约的斯塔藤垃圾处理站投资2000万美元，采用湿法处理垃圾，回收的沼气用于发电，同时生产肥料。巴西是乙醇燃料开发应用最有特色的国家，实施了世界上规模最大的乙醇开发计划，乙醇燃料已经占该国汽车燃料消费量的50%以上。美国已开发出利用纤维素废料生产酒精的技术，建立了规模为1MW的稻壳发电示范工程，年产酒精2500t。

另外，天然气是全球十分紧缺的低碳化石燃料，2019年在世界能源消费结构中的占比为24.2%，但在中国能源消费结构中的占比仅为8.1%，约为全球平均水平的1/3。在实现"双碳"目标的背景下，天然气作为传统化石燃料中最具潜力的清洁能源，在中国当前的能源转型时期仍是需要大力发展的低碳能源。

生物天然气一般来源于厨房垃圾、畜禽粪便、农林废弃物等有机质厌氧发酵产生的沼气。沼气经分离净化而得的生物天然气，是重要的绿色清洁燃料。

在沼气提纯制备生物天然气领域，中国已经在化学吸收、压力水洗、变压吸附等技术方面研发出可供商业化应用的提纯设备。这三种提纯技术在国内所占市场份额超过90%。国家已经在全国各地支持建设了近1400处大型沼气工程，建成了64个生物天然气试点项目。但整体而言，生物天然气试点项目进展缓慢，对国内生物天然气生产总量的贡献率仍然偏低。至2018年底，这64个试点项目中正常运行的仅有22个，只占34.4%。

2018年以来，中央进一步明确了对发展生物天然气的要求。2018年4月，习近平总书记在中央财经委员会第一次会议上对发展生物天然气做出重要指示。《中共中央 国务院关于全面加强生态环境保护坚决打好污染防治攻坚战的意见》的文件中提出了"实施生物天然气工程"的意见。《中共中央 国务院关于印发〈乡村振兴战略规划（2018—2022年）〉的通知》中又进一步提出"加快推进规模化生物天然气工程"的意见。文件明确提出以实现生物天然气工业化商业化可持续发展，形成绿色低碳清洁可再生燃气新兴产业为目标，将生物天然气纳入国家能源体系。2019年12月6日，国家发展和改革委员会、生态环境部、农业农村部等十部委联合发布《关于促进生物天然气产业化发展的指导意见》（发改能源规〔2019〕1895号），提出积极发展新的生物天然气可再生能源产业，制订了到2030年生物天然气年产量达到$300\times10^8m^3$的发展目标。

根据国内外发展生物质能源的经验及其未来的发展趋势，明确今后中国生物质能源的发展方向与原则：

（1）积极发展非粮生物燃料。发展非粮生物质能源不仅不影响粮食安全，还能有效利用农业生产过程中产生的废弃资源，从而替代传统化石能源，促进环保和节能减排。从国外生物质能源开发利用现状可以看出，虽然目前以粮食为原料生产燃料乙醇和以油菜籽为原料生产生物柴油的生产规模最大，但随着开发的进行生物质能源与粮食安全的关系成为国际争议的焦点，发展非粮原料生物燃料已成为生物燃料产业的发展方向。许多国家都在寻找和发展新的非粮生物质能源植物进行生物质能源开发，例如，利用薯类、甜高粱、植物纤维（秸秆等）等转化为乙醇；利用油料作物（油菜、蓖麻）、木本植物（小桐子、黄连木）等发展生物柴油。

（2）积极研发纤维素乙醇技术以促进规模化生产。目前世界主要生物燃料生产国家，都在积极探索并促进第二代生物燃料产业技术。未来燃料乙醇产业将更多地转向纤维素类生物原料。以木质纤维素生产的液体燃料，被认为是新一代的生物质燃料。发展纤维素乙醇和新一代生物柴油不会产生传统玉米乙醇、大豆柴油引发的与人争粮的问题。有机构预测，仅纤维素乙醇产业，世界在该领域的市场规模达750亿美元。目前，包括美国、巴西、加拿大、法国、德国在内的许多国家都出台了鼓励发展纤维素制乙醇（燃料）的政策，并加速其产业化的进程。

（3）开发高产油藻并实现其产业化。利用工程微藻法生产生物柴油，为生物柴油生产开辟了一条全新的技术途径。微藻不同于玉米、大豆等其他作物，它能在海水、废水、苦咸水等各种水源或者裸露的土地上密集生长，其生产能力比陆生植物单产油脂高出几十倍，而且所生产的生物柴油不会对环境造成污染。高产油藻一旦投入产业化生产，会使生物柴油的产量规模达到数千万吨。利用工程微藻生产生物柴油是生物能源未来发展的一大趋势，其优越性在于微藻生产能力高；用海水作为天然培养基可节约农业资源；比陆生植物单产油脂高出几十倍；生产的生物柴油不含硫，燃烧时不排放有毒、有害气体，排入环境中的废气也可被微生物降解，不会污染环境。

为了规范（由不同生物质经各种途径制备的）生物天然气的技术要求并确定其取样及检验规则，国家市场监督管理总局和全国标准化管理委员会于2022年10月联合发布了国家标准《生物天然气》（GB/T 41328—2022）。该标准规定了生物天然气技术要求（表6-2），适用于沼气、生物质热解气、垃圾填埋气等含甲烷原料气经净化或甲烷化处理工艺后生产的（生物）天然气。

表6-2　生物天然气技术要求

项目	一类	二类
高位发热量，MJ/m^3 [①]	≥34.0	≥31.4
甲烷（CH_4）含量，mol/mol	$≥96×10^{-2}$	$≥85×10^{-2}$
氢气（H_2）含量，mol/mol	$≤3.5×10^{-2}$	$≤10×10^{-2}$
二氧化碳（CO_2）含量，mol/mol	\multicolumn{2}{c}{$≤3.0×10^{-2}$}
硫化氢（H_2S）含量，mg/m^3	≤5	≤15
总硫（以硫计）含量，mg/m^3	≤6	≤20
氧气（O_2）含量，mol/mol	\multicolumn{2}{c}{$≤0.5×10^{-2}$}
一氧化碳（CO）含量，mol/mol	\multicolumn{2}{c}{$≤0.15×10^{-2}$}
氨气（NH_3）含量，mol/mol	\multicolumn{2}{c}{$≤50×10^{-6}$}
汞（Hg）含量，mg/m^3	\multicolumn{2}{c}{≤0.05}
硅氧烷类含量，mg/m^3 [②]	\multicolumn{2}{c}{≤10}
总氯（以氯计）含量，mg/m^3 [③]	\multicolumn{2}{c}{≤10}
固体颗粒物含量，mg/m^3 [④]	\multicolumn{2}{c}{≤1}
水露点，℃	\multicolumn{2}{c}{在交接点压力下，水露点应比输送条件下最低环境温度低5℃}
二噁英类含量、胺含量、焦油含量 [③]	\multicolumn{2}{c}{供需双方商定}

① 本文件中使用的标准参比条件是101.325kPa，20℃，高位发热量以干基计。
② 以垃圾填埋气或热解工艺生产的生物天然气测定硅氧烷含量。
③ 以热解工艺生产的生物天然气测定二噁英类，焦油、总氯（以氯计）的含量。
④ 生物天然气中的固体颗粒物含量应以不影响输送和使用为前提。

表6-3和表6-4分别列出了未经提纯的（粗）天然气中主要组分及微量杂质组分[11]；从与表6-2所列的数据比较可以看出，（粗）生物天然气提纯工艺相当重要且复杂。

表6-3 垃圾填埋气典型组成（主要组分）

主要组分	体积分数，%
甲烷（CH_4）	41～50
二氧化碳（CO_2）	32～40
氮气（N_2）	1～4
水（H_2O）	3～5
氧气（O_2）	0.1～0.5
一氧化碳（CO）	0～0.3
氨气（NH_3）	0～0.3

表6-4 垃圾填埋气典型组成（微量组分）

微量组分		体积分数，10^{-6}
硫化物类	硫化氢	103.0
	甲硫醇	3.0
	乙硫醇	0.5
	甲硫醚	8.0
	二甲基二硫醚	0.02
	硫化碳	<0.5
	二硫化碳	<0.5
卤代物类	二氯乙烯	33.0
	二氯乙烷	0.25
	三氯乙烯	2.8
	三氯氟甲烷	0.6
	四氯乙烯	6.3
	二氯甲烷	12.0
	氯乙烯	1.4

续表

微量组分		体积分数，10^{-6}
挥发性 有机化合物类	苯	0.4～2.0
	苯乙烯	0～0.5
	甲苯	4.7～35.0
	乙苯	3.5～13.0
	氯苯	0.1～1.0
	异戊烷	0～0.097
	正戊烷	0～0.018

综上所述，生物质能源的发展对于世界各国的经济、社会和环境等方面都有重要的意义。在经济方面，生物质能源技术的开发和应用，可促进经济的可持续发展。在社会方面，生物质能源技术可以提高人民的生活质量，改善环境。在环境方面，生物质能源技术可以减少二氧化碳等有害气体的排放和对环境的破坏，保护地球生态环境。总之，世界能源结构必将从以煤炭、石油和天然气为主的矿物能源系统转向以可再生能源为主的持久性的能源系统。虽然这一转化过程需要经过漫长的发展过程，但这是必然趋势。因此，降低矿物能源消费和开发利用可再生能源应成为中国能源政策重要的组成部分。开发利用可再生能源是中国实施可持续发展战略的必然选择。

二、生物质主要转化方式及其产品

随着中国全面贯彻能源革命战略、不断完善可再生能源发展政策，2017年中国商品化可再生能源的供应总量（包括各类发电、供气和生物液体燃料）约合 $5.4×10^8$ tce，约占能源总消费量的12%。可再生能源发电总装机容量从2015年的 $5.4×10^8$ kW 增加至2017年底的 $6.5×10^8$ kW，2017年可再生能源总发电量为 $64179×10^8$ kW·h，在总发电量中的占比也从2015年的24.4%上升至26.5%。据统计，2023年上半年全国新增可再生能源装机量 $1.09×10^8$ kW，同比增加98.3%，可再生能源装机总量已经达到 $13.22×10^8$ kW。根据2021年的统计数据，可再生能源占全社会用电量的29.8%。

2022年8月，国家能源局在第二届清华大学"碳中和经济"论坛上的报告中指出：目前中国可再生能源总装机规模已经突破了 $11×10^8$ kW，水电装机规模达到了 $4×10^8$ kW，风电装机和光伏装机规模目前都是 $3.4×10^8$ kW，生物质发电装机规模将近 $4000×10^8$ kW。水电、风电、生物质发电的装机规模都位列世界第一。预测到2030年，风电、光伏发电装机容量还将增长4倍，到2050年风光装机容量将增加15倍，光伏发电容量要增加到20倍。锚定碳达峰、碳中和目标，2025年非化石能源占一次能源消费中的比例将达到20%左右；可再生能源消费量将达到 $10×10^8$ tce 左右，在一次能源消费增量中的占比将超过 50%。

当前生物质的主要转化方式如图 6-21 所示。

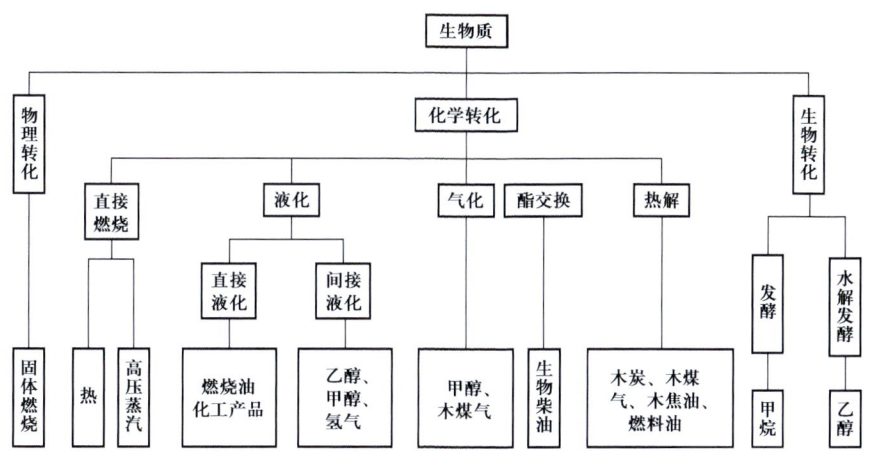

图 6-21　生物质的主要转化方式

政策和市场双重利好的驱动，大大加速了中国生物天然气的产业化进程。根据国家发展和改革委员会能源研究所发布的数据，截至 2018 年底，中国已有 7~8 个规模化生物天然气项目实现了商业化运营，年产气量约为 $5700×10^4 m^3$；中国生物天然气总产量大约 $6×10^8 m^3$。

三、沼气发电的现状与发展前景

实施生物天然气工程，既能解决畜禽粪污问题，又可以助力农村煤改气的气源问题。2020 年，中国生物天然气年产量超过 $20×10^8 m^3$，年替代县域及农村散煤约 $340×10^4 t$；预计到 2025 年产量将超过 $150×10^8 m^3$，从而形成可再生燃气新兴产业，年替代县域及农村散煤约 $2500×10^4 t$；到 2030 年，生物天然气年产量将超过 $300×10^8 m^3$，年替代县域及农村散煤超过 $5000×10^4 t$。

中国研发沼气发电有 20 多年的历史，国内 0.8~5000kW 各级容量的沼气发电机组均已先后鉴定和投产，主要产品有全部使用沼气的纯沼气发动机与部分使用沼气的双燃料沼气—柴油发动机。这些各具特色的机组已在中国部分农村、有机废水、垃圾填埋场的沼气发电工程上配套使用。近年来，中国的沼气机与沼气发电机组向两极发展；农村主要使用 3~10kW 沼气机和沼气发电机组，而酒厂、糖厂、畜牧场、污水处理厂的大中型环保能源工程，主要使用单机容量为 50~200kW 的沼气发电机组。

2019 年 4 月，英国石油公司发表报告认为[12]：由于经济的持续增长和繁荣将需要消费更多能源；但同时也将加快向低碳能源结构的转型，且此转型过程将由可再生能源和天然气主导。

到 2040 年，全球发电能源的结构即将发生实质性转变，可再生能源的重要性持续提升，煤炭、核电和水电的份额持续下降；而天然气发电的份额维持在 20% 左右。可再生能源占发电增量的约三分之二；到 2040 年将占到全球发电行业所用能源的约 30%。相反，煤炭发电的比例显著降低，其作为一次能源在消费结构的占比到 2040 年将被可再生能源超越（图 6-22）。随着可再生能源的推广应用，今后它将成为能源增长最大来源，并在全球电力市场中扮演越来越重要的角色。

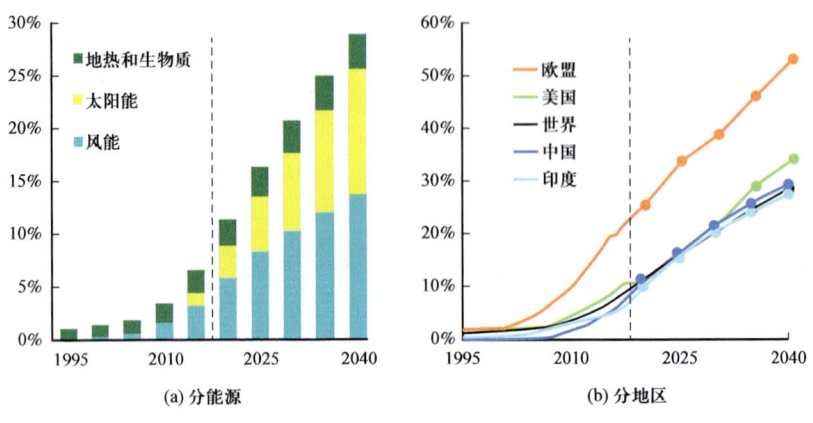

图 6-22 可再生能源发电占比

生物质能是再生能源的重要组成部分，中国生物质能源资源丰富，但原料获取和转化过程需要相当大的额外投入，且其净化、提纯的工艺过程也比较复杂，导致原料总成本居高不下。随着中国生物质能源产业化技术的发展与市场条件日益完善，利用不与民争粮及不与粮争地的原则，通过技术上的突破，商业环境的改善，已经成功地将秸秆、禽畜粪便和有机废水等生物质转化为高品位的能源；并发布相关的燃气质量国家标准加以规模化，从而使生物质能逐步发展成为大规模的、商业化经营的新兴产业，如城镇燃气。

四、生物质能利用技术

农业固体废弃物（如玉米芯、稻壳、锯末、果皮等）所含主要有机成分为：脂肪、蛋白质、淀粉和纤维素，热解后得到燃料油和高位发热量约 5000kJ/m^3 的燃料气。生物质在基本无氧的环境中受热分解，生成固体炭、液体燃料（如生物柴油）和燃气的工艺过程称为热（裂）解（pyrolysis）。目前工业上常用的生物质热解技术有生物质气化、生物质热裂解和生物直接液化。

1. 生物质气化技术

生物质气化技术是一种热化学处理技术。气化是以氧气（空气、富氧或纯氧）、水蒸气或氢气等作为气化剂，在高温的条件下通过热化学反应将生物质中可燃部分转化为可燃气（主要为一氧化碳、氢气和甲烷等）的热化学反应。气化可将生物质转换为高品质的气态燃料，直接应用作为锅炉燃料或发电，产生所需的热量或电力，或作为合成气进行间接液化以生产甲醇、二甲醚等液体燃料或化工产品。

2. 生物质热裂解

生物质热裂解技术是世界上生物质能研究的前沿技术之一。生物质热裂解，又称热解或裂解，通常是指在无氧或低氧环境下，生物质被加热升温引起分子分解产生焦炭、可冷凝液体和气体产物的过程，是生物质能的一种重要利用形式。固定床和流化床是两种不同的热解反应器技术。固定燃烧床热解反应器的基本结构如图 6-23 所示。流化床反应器是理想的快速热裂解反应器之一。

流化床反应器是一种利用气体或液体通过颗粒状固体层而使固体颗粒处于悬浮运动状态，并进行气固相反应过程或液固相反应过程的反应器。在用于气固系统时，又称沸腾床反应器。流化床反应器在现代工业中的早期应用为 20 世纪 20 年代出现的煤气化炉；目前，流化床反应器已在化工、石油、冶金、核工业等部门得到广泛应用。图 6-24 为一种应用于固体废弃物热解制备生物燃料油的流化床热解反应器。

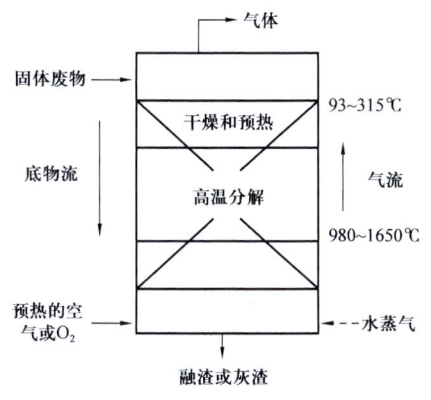

图 6-23 固定燃烧床热解反应器的基本结构

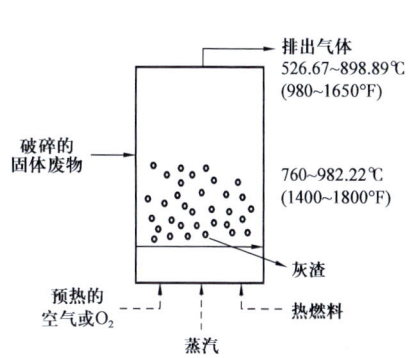

图 6-24 流化床热解反应器

3. 生物直接液化

发酵工程是指采用工程技术手段，利用微生物和有活性的离体酶的某些功能，为人类生产有用的生物产品，或直接用微生物参与控制某些工业生产过程的一种技术。例如，利用酵母菌发酵制造啤酒、果酒、工业酒精，乳酸菌发酵制造奶酪和酸奶，利用真菌大规模生产青霉素等都是发酵工程的成功范例。随着科学技术的进步，当前发酵技术已经进入能够人为控制和改造微生物的现代发酵工程阶段。现代发酵工程作为现代生物技术的一个重要组成部分，具有广阔的应用前景（图 6-25）。必须指出，在图 6-25 所示的诸多生物质转化为液体燃料的途径中，目前还只有生物质发酵制乙醇和油脂酯交换这两个途径实现了商业化应用，其他途径则尚处于技术开发阶段[13]。

五、固体氧化物电解池技术

固体氧化物电解池技术（SOEC）是基于固态电解质可实现电能、热能向化学能的高效、灵活转化，且可与太阳能、风能和潮汐能等可再生能源衔接；利用所产生的过剩电能

实现 H_2 的高效、清洁、大规模制备；也可以耦合 CO_2 捕获过程，实现 CO_2 与 H_2O 共电解制备合成气的转化过程。同时，此技术还可与大型工业结合，利用产生的低附加值原料制备乙烯、氨气、甲醛等高附加值化学品。SOEC 技术可以满足未来社会对大规模可再生能源转化及存储的需求，对加快全世界范围内非化石能源替代进程、加速实现中国"双碳"目标意义重大。

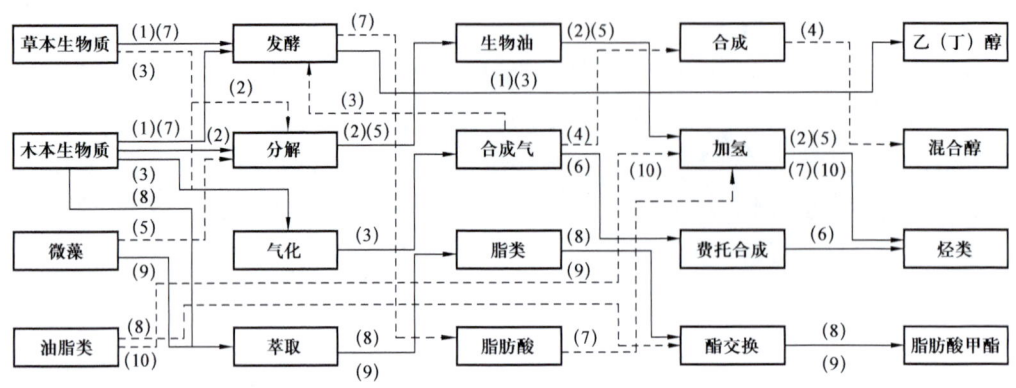

图 6-25 生物质转化为液体燃料的途径

固体氧化物电解池（SOEC）技术为固体氧化物燃料电池（SOFC）的逆过程，其实质是将电能转化为化学能，利用可再生能源高效合成燃料和化学品等，因此受到了研究人员的广泛关注。SOEC 技术具有全固态结构，电极反应简单，系统运行稳定，且灵活性高、寿命长、成本低、可利用工业余热等一系列优势[14]。

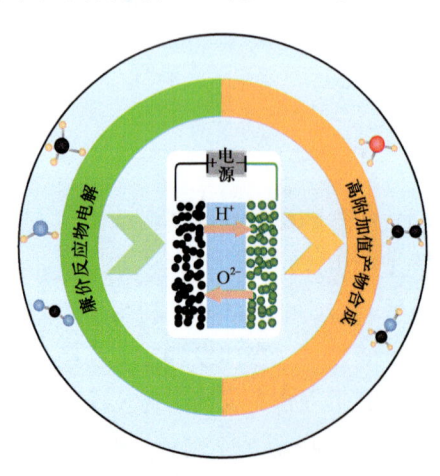

图 6-26 SOEC 技术应用图

SOEC 的工作温度为 450~800℃，可以很好地满足多种化学品或燃料的转化温度范围，极大地提高了电极反应速率与催化活性，故具有良好的应用前景。图 6-24 所示为 SOEC 技术的应用原理示意图。由图 6-26 可以看出，使用 SOEC 技术可以电解 H_2O 制备氢气，从而实现 H_2 燃料的无碳化清洁生产；当捕集和直接电解 CO_2 时，可以将 CO_2 转化为 CO，故也是一条减少温室气体排放的有效途径；当将 H_2O 与 CO_2 共电解，可以制备合成气（H_2 和 CO）以实现电能的存储，也可作 SOFC 的燃料或其他化工产品的原料。

除了使用 SOEC 技术进行直接电解反应外，也可以将 SOEC 与工业过程耦合生产高附加值化学品，因而此项技术成为近年来的研究热点。利用 SOEC 技术可以直接合成乙烯、甲醇等化学品，故具有重要的经济价值；电催化 N_2 还原合成 NH_3 还可以避免 Haber-Bosch 反应的热力学限制和高压等苛刻的反应条件。

在诸多电解水制氢技术中，SOEC 具有热力学和动力学优势，可以实现氢燃料的高效无碳化生产，其电解水制氢的工作原理如图 6-27 所示。

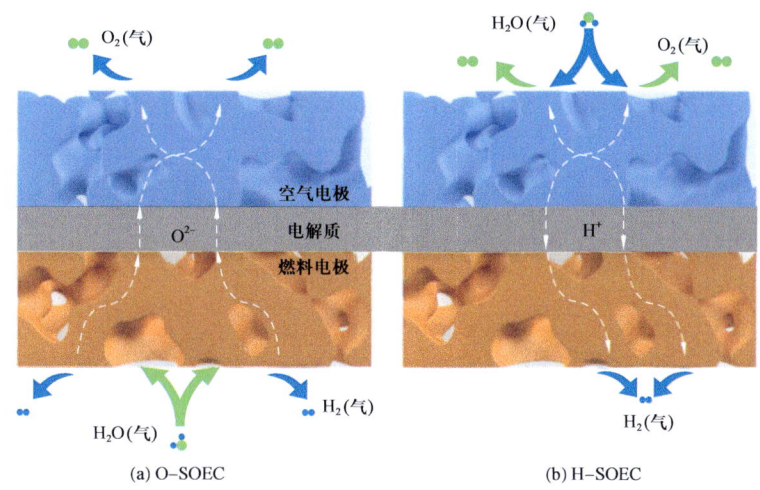

(a) O-SOEC　　(b) H-SOEC

图 6-27　电解水制备氢气的工作原理

氢基清洁燃料具有很高的能量密度（143kJ/kg），可方便地运输与储存；且氢气与氧气的燃烧过程中只生成水，在不会留下任何碳足迹的情况下产生能量，因而是实现碳中和背景下的发展新能源的重要选择[2]。

目前，氢主要由甲烷或其他烃类化合物进行蒸汽转化反应制得。在实现能源低碳化转型时期，迫切需要开发一种可持续且环境友好的氢气制备技术路线；电解水制氢技术利用可再生能源获得的电能，进行电网规模级别氢气生产，同时实现二氧化碳的零排放，故这是一项可实现能源低碳化转型的重大科技成果。

随着风电、光伏等新能源发电技术的迅速发展，在中国发电装机容量中所占份额越来越大。但风能和太阳能均具有随机性，两者输出电的功率会随着风速及光辐射量而变化，造成发电不太稳定，并网较困难，从而产生大量弃风弃光现象。利用上述可再生能源弃电将电解水制成绿氢，就能将其转化为易储存和运输的燃料（如氢气、合成气）和氧气，故这是一项极具发展潜力的新兴行业（化学储能）。

此外，SOEC 电解水产生的绿氢还可以应用于以下 3 个领域：(1) 替代焦炭应用于冶金行业；(2) 包括合成氨、甲醇在内的化工行业；(3) 应用于交通运输业，替代石油用作车用燃料和天然气掺氢。目前每年世界总用氢量已达 40×10^8t 的规模。

第六节　氢能的开发与利用

一、发展概况

所谓的氢能开发利用方法，其实质是把氢从化合物状态转化成元素状态而加以收集利用的一种能源技术方法。氢能作为储能介质具有资源极为丰富、可以循环开发利用、无污染、储运方便、热值高、用途多、适应性强等一系列特点。氢气除了作为化学燃料外，还可作为核燃料，参与聚合反应而释放更大的能量。近年来，储氢材料的开发对氢能开发利用方法与技术的发展也具有重要推动作用。随着氢能技术不断成熟，逐渐走向产业化，同时又面对全球气候变化和自然灾害加剧的压力持续增大，因而氢能开发与利用得到世界各国的普遍关注，并成为许多国家实现能源转型的战略选择。根据国际能源署（IEA）发布的数据，2021年全球年产氢气产量约 9000×10^4t，其中中国的产量为 3300×10^4t（达到工业氢气质量标准的约 1200×10^4t）[15]。2021年全球新增加氢站142座，累计达到685座（其中有363座建于亚洲，且集中在中、日、韩三国）。

目前全球已有超过20个国家或联盟发布或制定了"国家氢能战略"。中国在2020年已经将氢能纳入"十四五"规划及2035愿景，以助力中国"双碳"战略目标的实现。应特别强调，中国幅员辽阔，太阳能、风能、潮汐能等可再生能源相当丰富，已建成的可再生能源发电的装机容量居世界第一，因而在发展清洁低碳的氢能供应方面具有很大的潜力。

当前，中国氢能产业发展进入新的历史时期，《氢能产业发展中长期规划（2021—2035年）》将氢能正式纳入中国能源战略体系。为实现"双碳"目标，必须加快以煤为主的能源体系转型，除了大力发展可再生能源以外，还需要其他零碳能源作为重要补充。其中，大力发展氢能的作用体现在以下几个方面：

（1）氢能可以促进交通、钢铁和化工等领域的大规模减碳；
（2）以电能制氢可促进可再生能源的多用途高效利用；
（3）氢能有助于丰富中国的多元化能源供应，保障能源供需安全；
（4）可以加快"三北"地区可再生能源及绿氢的开发布局，实现当地经济社会的低碳、绿色、可持续发展。

二、燃料电池汽车

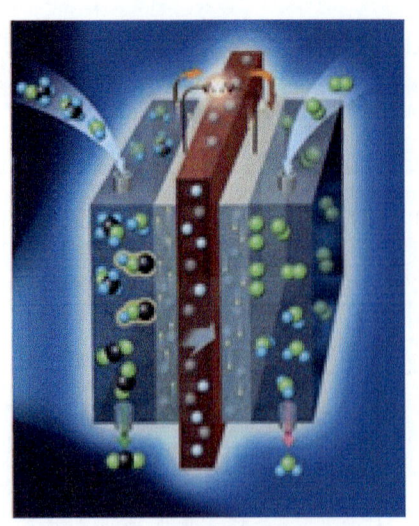

图6-28 氢燃料电池工作原理

氢燃料电池汽车与传统公交相比，具有零碳排放、能量转化率高、低温适应力好等优点，对降低大气污染、改善城市环境和降低能源消耗有着重要意义。同时，无论从技术发展程度、市场体量规模和基础设施建设等综合维度来看，具有独特动力系统的氢能燃料电池（FC）汽车被公认为是实现氢能发展的关键性突破口。作为一种真正意义上的"零排放，无污染"载运工具，它是未来新能源清洁动力汽车的主要发展方向之一。氢燃料电池工作原理如图6-28所示。氢燃料电池汽车的进一步研发与产业化，必将成为全球汽车工业领域的一场新革命[16]。

据国家工业和信息化部2023年7月份发布的数据称，2023年1—7月的7个月中，新能源汽车累计完成产量459.1万辆，同比增长40%；销量累计完成452.6万辆，同比增长了41.7%。总体而言，当前中国已经开启氢能产业的顶层设计，地方政府与企业都积极参与氢能的发展布局，氢能技术链逐步趋于完善，氢能产业链正在逐步形成，为实现"双碳"目标奠定了坚实的物质基础。

三、氢能的制备及其技术进步

在全球"碳中和"的背景下，世界各国都在大力发展氢能技术，故近年来氢能产业迅速发展。预计到2050年，全球氢能可再生能源的能力将达到约10×10^8kW，占总装机能量的17.7%，全球氢能市值将达到10万亿欧元（表6-5）。但迄今为止，氢能并未成为全球的基础能源，即使在氢能发展较快的欧洲，它在能源结构中的占比也仅为2%，而石油的占比则高达34%。

表6-5　2050年全球氢能市场规模预测

洲名	电能消耗 PW·h	装机容量 GW	可再生能源装机 GW	GDP 万亿欧元	氢能潜在市场 万亿欧元
欧洲	2.9	1055	312	15.9	2.2
美洲	3.9	1095	144	20.6	2.9
亚洲	10.4	3129	480	31.5	4.4

1. 制氢成本是制约其规模化发展的关键因素

目前传统化石制氢工艺技术，如天然气制氢、煤制氢、甲醇制氢等已经实现规模化的制氢技术仍是全球主要氢气来源；每年7000×10^4t左右的氢气产量中，约有75%以上是以天然气为原料，23%以煤炭为原料，估计生产过程中排放的CO_2约830×10^8t。由此可见，整个氢能产业当前仍高度依赖于化石燃料，并在制氢过程中排放大量二氧化碳，例如，以传统煤制氢工艺生产每千克氢气的二氧化碳排放平均强度高达22.65kg（未结合碳捕集）；天然气制氢工艺生产每千克氢气也要产生的8~16kg二氧化碳排放。

据统计，基于大工业电价[0.61元/(kW·h)]的碱性水电解制氢成本约为3.69元/m³（按电耗成本占总成本的80%测算）；而煤炭制氢成本仅为0.34元/m³，天然气制氢成本则约1.35元/m³；三者之间存在相当大的差距。只有当可再生能源发电的每度电成本低于0.5元时，氢气成本（2.6元/m³）与汽油热力成本相比才具有竞争性。而这一目标，在当前风电、光伏成本快速下降的趋势下极有希望达到；故电解水制氢工艺是未来最有希望实现绿氢大规模生产的途径。

2. 电解水制氢是最有希望的大规模绿氢生产工艺

生产过程中无碳排放的电解水制氢工艺的基本原理是：以电能作为能量来源，推动电解质溶液中的水分子在电极上发生电化学反应，生成氢气与氧气。其中：阴极发生的是析氢半反应（hydrogen evolution reaction，HER），生成氢气；阳极发生析氧反应（oxygen evolution reaction，OER），生成氧气。目前主流电解制氢技术有4种，即碱性电解制氢（alkaline water electrolysis，AWE）、阴离子交换膜电解（anion exchange membrane electrolysis，AEM）、质子膜电解制氢（proton exchange membrane electrolysis，PEM），以及固体氧化物基电解制氢（solid oxide electrolysis cells，SOEC）。电解水制氢技术的基本原理如图6-29所示，表6-6对比了上述4种工艺方法的技术指标。

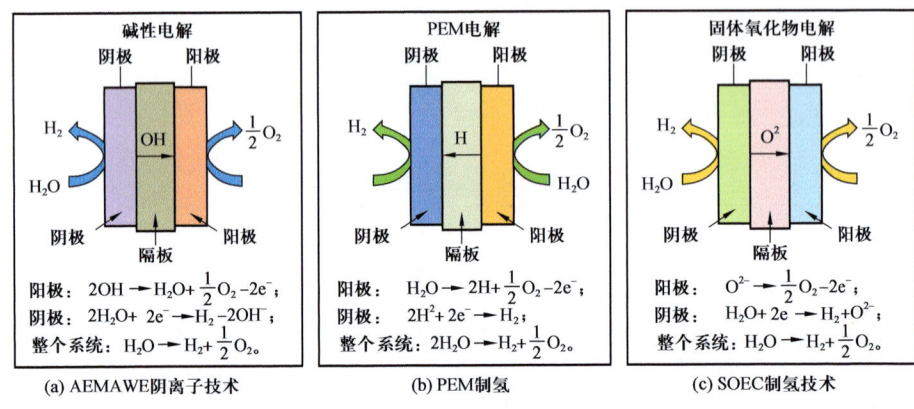

图6-29 电解水制氢技术基本原理

表6-6 当前电解水制氢技术分析对比

电解水制氢技术	隔膜材料	电流密度范围 A/cm²	标方氢能耗 kW·h	温度 ℃	商业化程度	生产特征	安全性	环保性
碱性电解制氢（AWE）	30%KOH 石棉膜	<0.8	4.5~5.5	≤90	充分产业化	需控制压差，产气需脱碱	强碱易腐蚀	石棉膜有危害性
阴离子交换膜电解（AEM）	阴离子交换膜	1~2	—	≤60	实验室研发阶段	启停便捷，产气杂质仅水蒸气	强碱易腐蚀	—
质子膜电解制氢（PEM）	质子交换膜	1~4	4.0~5.0	≤80	小规模产业化	启停便捷，产气杂质仅水蒸气	无危险物质	无污染物质
固体氧化物基电解制氢（SOEC）	固体氧化物	0.2~3.0	预期效率约为100%	≥800	尚未产业化	启停不便，产气杂质仅水蒸气	—	—

综上所述，对制备氢气的工艺方法可以归纳出如下几点认识：

（1）化石燃料制氢技术成熟、成本较低，在今后一定时期内仍将是生产氢的主要工艺方法；其今后的研发重点是结合CCUS技术，尽可能减少碳排放，实现"灰氢"向"蓝氢"的转变；

（2）中国工业副产氢资源丰富，今后仍有相当大的发展空间，开发新型气体分离提纯技术是其技术开发重点；

（3）无碳排放的电解水制氢与可再生能源发电耦合制氢技术，是今后大规模生产氢气（绿氢）的主要工艺方法，研发的重点是降低可再生能源发电的电价和提高电解制氢的效率、改善电解水制氢的生产成本；

（4）光催化制氢、光电催化制氢和微生物制氢等新型可再生能源制氢技术，目前尚未达到工业规模推广应用的要求，今后尚需进一步加强基础研究。

在表6-6所列出的4种方法之中，AWE技术是目前碱性电解制氢最成熟、应用最广的制氢技术（约70%的能量效率），也是大型制氢储能项目的首选技术路线。但在工程应用上，碱性电解制氢仍旧面临动态特性差、碱液腐蚀性、压力—液位控制、串气安全问题等缺点。为解决上述问题，研究人员近来开发出了一种阴离子交换膜电解技术（AEM），采用具有良好气密性、低电阻、成本较低的阴离子交换膜，替代AWE中的隔膜。由于AEM较低的成本以及较为优秀的电流密度指标将使其成为大规模制氢应用中AWE制氢最有可能的改进方案（相对于PEM成本更低，相对于SOEC技术门槛更低，稳定性更好）。

3. 海水制氢

海上具有丰富的风能、太阳能等可再生能源，是可再生能源就地制氢的绝佳场所。但常用的电解水制氢技术均采用纯水作为原料，而离岸条件下往往缺乏纯水供应，故限制了海上可再生能源电解制氢的应用。若使用成分复杂的海水作为原料，加碱后电解制氢，其中，Ca^{2+}、Mg^{2+}会在碱性条件下生成$Mg(OH)_2$、$Ca(OH)_2$沉淀，导致制氢设备堵塞、腐蚀和效率衰减。而且，海水中的高浓度的Cl^-的析氯电位与析氧电位相差不太大（仅约0.48V左右），在实际制氢工作电压1.8~2.0V的条件下，析氯反应将会与析氧反应竞争，从而降低电解的法拉第效率，同时生成高腐蚀性的OCl^-，引发析氧电极催化剂性能的快速衰减。

因此，复杂的海水离子成分成为制约海水直接加碱后电解制氢的关键瓶颈。现阶段一般采用先海水淡化后再碱性电解制氢的技术路线，如使用蒸馏法、反渗透和电渗析等海水淡化技术就地生产纯水。目前国内外已经建设了多个海水电解制氢项目（表6-7）。总体来看，"风电平台+电解设备"的制氢方式适用于新建的海上风电场，通过在风机平台上设置水电解制氢设备实现大规模的分布式制氢，产品氢直接通过管道外送。"旧平台改装+电解设备"的制氢方式则就近在即将退役的油气平台和现有的油气管道附近建设，从而降低制氢成本。"新建海上平台+电解设备"的制氢方式则适用于离岸较远的风电场，通过新建海上制氢平台，减少电力传输损耗。

发展水电解制氢应充分考虑区域可再生能源资源禀赋，研究风电、太阳能等可再生能源电站与制氢流程的高效耦合对构建氢能为核心的未来能源体系具有重要作用。以广东省为例，现阶段新能源发电装机规模发展迅猛（$2903×10^4$kW），同时广东省是全国海洋线长度最长的地区（4314.1km），海水资源最为丰富。充分利用好海水资源、海上风电资源的关键就在于开发具有实用价值的海水直接制氢技术。

表 6-7 国内外海水电解制氢技术及项目

项目	项目类型	开始年份	目标	主要参研机构/公司
英国 Dolphyn 项目	风电平台+电解装置	2016	2026 年实现单机制氢	环境资源管理（Environmental Resources Management）
挪威 Deep Purple 项目	风电平台+电解装置	2018	2025 年完成海上试验，2031 年项目大规模运行	德希尼布 FMC 公司（TechnipFMC）、挪威研究委员会（The Rescarch Council of Norway）
JIDAI 方案	新建平台+电解装置	2015	认为 2030 年前可实现商业化	挪威威立达（Det Norske Veritas）
Tractebel 方案	新建平台+电解装置	2019	开发 400MW 海上风电制氢平台	特克贝尔工程公司（Tractebel Engineering）
法国依费公司（Lhyfe）方案	新建平台+电解装置	2017	2025 年实现海上风电制氢	法国依费公司（Lhyfe）
德国 AuqaVentus 项目	新建平台+电解装置	2020	2030 年实现 10GW 海上风电制氢	德国莱茵集团（RWE）
青岛深远海 200×10⁴kW 海上风电融合示范风场项目	新建平台+电解装置	2020	2025 年实现海上风电 200×10⁴kW	中能融合海上风力发电机组有限公司、中国电建集团

四、氢能的储运

氢能产业发展是助力实现"双碳"目标的重要路径之一，但氢气的储运难题是制约其规模化发展的主要因素。氨宜储宜运，是一种优质的氢能载体和零碳燃料，以氨供氢、以氨代氢有望成为破解氢储运难题的一种关键技术路径。要实现大规模、跨季度、大规模能量型储能必须满足 3 个要求：（1）能量密度高；（2）储能周期长；（3）功率等级高。能够同时满足这 3 个要求的储能技术主要是化学储能。氢能作为一种二次能源，其本身就是优秀的能源载体；它可以大规模储存，并通过燃料电池等发电设备高效地转化为电能，以及电网储能。氢能是一种清洁低碳、安全高效的能源，在中国能源结构的转型过程中具有重要的战略意义。但是，中国可再生能源的生产中心与负荷中心呈逆向分布，且目前还缺乏低成本、高密度的储运技术，从而限制了中国丰富的可再生能源制氢潜力的充分发挥。另一方面，氢能储运技术的发展高度依赖科技进步与基础设施建设。因此，这两个方面也正是此项产业今后关注的重点。

氨通常以液体形式运输和储存，其储运技术相当成熟。目前，全球氨贸易量仅占其总产量的 10% 左右，大部分氨均在产地就近消费，中短距离运输通常为公路和铁路罐车运输方式，大多数采用全压式常温槽罐。液氨管道运输不易受天气和交通条件影响，效率较高，目前主要在美国有较大规模的应用。美国的输氨管网始建于 20 世纪 60 年代，迄今为止已建管道总里程约 5000km，其中最长的一条是由纽星能源公司（Nustar Energy）经营的海湾中央管道系统，长度达 3200km，从墨西哥湾的氨进口端一直延伸至中西部玉米种植地区。该管道设计管径为 150～250mm，收集支线连接了 7 座氨合成厂，分配支线连接至 36 座大型中转储库；最大操作压力为 9.8MPa，年运输能力达 225×10^4t。

远洋或沿海长距离的氨运输一般采用冷冻型氨运输船，船上配备了制冷设施用来处理蒸发气；一些氨运输船还用于装载其他液化气体，特别是 LPG（液化石油气）。据美国的液氨管道运行经验，在 100km 以内，管道运输费率与铁路和公路运输差距不明显，运输距离越长，管道运输优势则越大（图 6-30）。

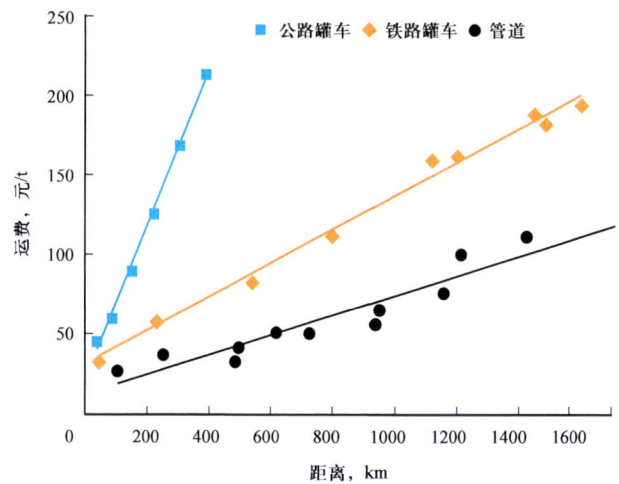

图 6-30 液氨陆路运输方式的经济性对比

在储存方面，目前液氨储罐有冷冻型、半冷型、全压型等 3 种类型。冷冻型和半冷型储罐设有保冷和氨蒸发气回收系统，一般适用于大容量储存。全压型储罐是在液氨无保温和制冷条件下的储存方式，设计压力一般高于 1.8MPa，采用球罐或水平圆柱形卧罐结构；受罐体制造的技术经济性所限，液氨带压储存单罐容量一般不超过 5000t，适用于中小规模储存。

综上所述，氨在中国能源消费结构低碳化转型过程中具有广阔的发展空间；但由于氨直接利用技术目前大多还处于研发阶段，实现完全商业化尚需一定时间。据美国阿格斯公司（Argus）预测，2030 年前全球氨能利用处于导入期，2030 年氨贸易量有望从 2020 年的 1870×10^4t 增至 2600×10^4t，这主要来自日本氨发电需求和氨氢贸易需求；此后，航运领域能源低碳/无碳化需求将推动氨市场快速增长，到 2050 年全球氨贸易量有望增至 $2 \times 10^8 \sim 3 \times 10^8$t，这意味着氨储运基础设施规模要在现有基础上扩大 10～15 倍。

五、氢能的应用

目前，氢能在能源、冶金、钢铁、燃料和化工等诸多领域有广泛的应用；但从开发新能源的角度看，最具发展前途的两项用途是氢储能和氢燃料。

1. 氢储能

风能和太阳能由于其固有的间歇性与波动性，从而对电力系统的稳定性产生了严重的影响。为实现稳定供电，必须进行动态调节；但如果依靠火电系统的频繁启停来调节，显然是不经济且很难实现的。面对可再生能源并网电量比例持续增加，电力系统供需不平衡的矛盾日益突出，因此从长远来看，大力发展大规模的跨季度能量型储能势在必行。

实现大规模的跨季度能量型储能必须满足3个要求：（1）能量密度高；（2）储能周期长；（3）功率等级高。从当前的技术发展水平来看，能满足上述3个要求的储能技术是化学储能，例如，将电能转化为氢气或合成天然气。化学储能的最大优势是能量密度很高，可达到 $1 \times 10^4 W \cdot h/kg$；储存的能量很大，可达到太瓦时级（$TW \cdot h$）；储存的时间很长，可达数月、数年。同时，氢气和合成天然气除了可用于发电外，也可以应用于交通、化工等领域。因此，大力发展化学储能技术是实现电力大规模长周期能量型储存的关键；而实现化学储能的另一个必需的配套技术——电解水制氢，则是最有希望的大规模绿氢生产工艺。

中国石化新疆库车绿氢示范项目总投资约30亿元，是中国第一个规模化利用光伏发电直接制氢的示范项目（图6-31）；它包括光伏发电、输变电、电解水制氢、储氢和输氢等5个部分。由光伏发电直接生产的氢气供给塔河炼油厂使用，估计每年可减排二氧化碳 $48.5 \times 10^4 t$。以光伏发电生产的电能电解水制氢的生产成本为18元/kg，约为目前其他途径生产绿氢成本的50%。

图6-31 中国石化新疆库车绿氢示范项目

2. 氢燃料

氢气作为一种新型能源，具有来源多样、清洁低碳、灵活高效等一系列优点，且能帮助可再生能源的大规模消纳，实现电网的大规模调峰和跨季节、跨地域储能；也可以广泛地应用于能源、交通运输、建筑等行业。目前，中国氢气的年产量已达到约 $3300 \times 10^4 t$，同时也初步掌握了燃料电池与系统集成等氢能利用的先进技术，为中国氢燃料的发展奠定了坚实的基础。

随着风能、太阳能等可再生能源的发展，以及以燃料电池为动力的交通能源需求大幅度增长，氢气作为清洁高效的能源载体，受到国内外的普遍关注。因此，高效率的电解水制氢必将成为未来新能源产业的核心技术。电解水制氢工艺的主要技术特性比较见表6-8[17]。

表6-8 电解水制氢工艺的主要技术特性比较

项目	碱性水溶液（AWE）	质子交换膜（PEMWE）	碱性离子膜（AEM）
温度，℃	70～90	65～85	65～85
压强，10^5Pa	1～32	1～35	1～32
电流密度，A/cm^2	0.2～0.5	1.5～2.5	0.8～2.1
标准工况下能耗，kW·h/m^3	4.3～5.1	4.3～4.6	4.2～4.6
电解液	5～7mol·L^{-1}KOH	纯水	1mol·L^{-1}KOH/纯水
隔膜	石棉布、PPS布	全氟磺酸膜	阴离子膜
阳极（析氧电极）	不锈钢镀镍	氧化铱	镍网
阴极（析氢电极）	不锈钢镀镍	贵金属铂碳	NiFeCo合金
双极板	不锈钢镀镍	不锈钢镀镍	不锈钢镀镍
技术成熟度	9	7	4

参 考 文 献

[1] 周守为，朱军龙. 助力"碳达峰、碳中和"战略的路径探索[J]. 天然气工业，2021，41（12）：1.
[2] 涂扬举，李林，曾庆，等. 可再生能源制生物天然气技术[M]. 北京：化学工业出版社，2022.
[3] 黄震，谢晓明，张庭婷. "双碳"背景下中国中长期能源需求预测与转型路线研究[J]. 中国工程科学，2022，24（6）：8.
[4] 蔡博峰，李琦，张贤，等. 中国二氧化碳捕集利用与封存（CCUS）年度报告（2021）——中国CCUS路径研究[R]. 生态环境部环境规划院，中国科学院武汉岩土力学研究所，中国21世纪议程管理中心，2021.
[5] 何东博，贾成业，位云生，等. 世界天然气产业形势与发展趋势[J]. 天然气工业，2022，42（11）：1.
[6] 张玉，赵玉. 促进清洁能源产业发展政策支持体系研究[M]. 北京：北京理工大学出版社，2018.
[7] 丛然，徐威，邢通. 中国油气行业在"双碳"目标下的挑战与机遇[J]. 天然气与石油，2022，40（2）：136.
[8] 贾文发. 可再生燃料的现状与发展趋势[J]. 中国煤炭，2008，34（5）：98.
[9] U.S. Energy Information Administration. Preliminary monthly electric generator inventory [R]. June 2024.
[10] 中国石油集团经济技术研究院. 2050年世界与中国能源展望[R]. 北京：中国石油集团经济技术研究院，2020.
[11] 罗东晓，刘宏波，肖金华. 生物燃气生产技术研究与应用[J]. 煤气与热力，2014，34（7）：B22.
[12] 张鹏程. 2019年《BP世界能源展望》解读[J]. 世界石油工业，2019，26（2）：70-71.
[13] 常春，孙培勤，孙绍晖，等. 中国生物质能源现代化应用前景展望（二）[J]. 中外能源，2014，19

（7）：16.

[14] 勾勾婕，李广东，王振华，等.固体氧化物电解池技术的应用前景与挑战[J].石油化工高等学校学报，2022，35（6）：28.

[15] 邹才能，李建明，张茜，等.氢能工业现状、技术进展、挑战及前景[J].天然气工业，2022，42（4）：1.

[16] 中国汽车工程学会.世界氢能与燃料电池汽车产业发展报告（2019）[M].北京：机械工业出版社，2020.

[17] 王培灿，万磊，徐子昂，等.碱性膜电解水制氢技术现状与展望[J].化工学报，2021，72（12）：6161.